高职高专智能控制技术专业系列教材

自动化生产线系统设计与调试项目化教程

汤荣秀　编著

西安电子科技大学出版社

内 容 简 介

本书以自动化模拟生产线为载体，基于工作过程组织内容，将进行自动化生产线设计与调试所需的理论知识与实践技能分解到不同项目和任务中，分为基础篇自动化生产线核心技术和实战篇自动化生产线单元设计与调试。

本书主要面向高职高专智能控制技术、电气自动化技术、机电一体化技术、工业过程自动化技术等专业学生，以提高学生综合技术的应用能力为培养目标。本书也可以作为其他专业学生自主学习的参考资料。

图书在版编目(CIP)数据

自动化生产线系统设计与调试项目化教程 / 汤荣秀编著. —西安：西安电子科技大学出版社，2020.12
ISBN 978-7-5606-5893-3

Ⅰ. ①自… Ⅱ. ①汤… Ⅲ. ①自动生产线—控制系统设计—高等职业教育—教材 ②自动生产线—调试方法—高等职业教育—教材 Ⅳ. ①TP278

中国版本图书馆 CIP 数据核字(2020)第 190433 号

策划编辑 秦志峰
责任编辑 孟晓梅 秦志峰
出版发行 西安电子科技大学出版社(西安市太白南路 2 号)
电　　话 (029)88242885 88201467 邮　　编 710071
网　　址 www.xduph.com 电子邮箱 xdupfxb001@163.com
经　　销 新华书店
印刷单位 咸阳华盛印务有限责任公司
版　　次 2020 年 12 月第 1 版 2020 年 12 月第 1 次印刷
开　　本 787 毫米×1092 毫米 1/16 印张 12.5
字　　数 291 千字
印　　数 1～2000 册
定　　价 32.00 元
ISBN 978-7-5606-5893-3/TP
XDUP 6195001-1

前　言

随着科学技术的飞速发展，机电一体化技术已经融入各个不同领域，进入社会生活中的每个角落，如机器人、MPS系统(柔性制造系统)、楼宇智能化系统、自动化测量工具等。自动化生产线正是基于机电一体化技术发展起来的。数字控制机床、工业机器人和电子计算机等技术的发展以及成组技术的应用，使自动化生产线的灵活性更大，可实现多品种、中小批量的自动生产。多品种可调自动化生产线降低了生产的经济批量，因而在机械制造业中的应用越来越广泛，并向更高度自动化的柔性制造系统发展。

本书以天津源峰科技公司的TVT-AFT自动化模拟生产线为载体，基于工作过程组织内容，按照项目引领、任务驱动的编写模式将进行自动化生产线安装与调试所需的理论知识与实践技能分解到不同项目和任务中，旨在加强学生综合技术的应用能力和培养学生的实践技能。本书主要内容包括自动化生产线概述、自动化生产线核心技术及应用、自动化生产线组成单元设计与调试等。本书结构紧凑，理实结合，图文并茂，配套资源丰富，具有较强的可读性、实用性和先进性。

本书作者是多年从事一线教育的专任教师，曾经多次讲授“自动化生产线程序设计与调试”课程，积累了丰富的经验，对于企业对学生专业技能以及职业素养的诉求有深入的了解。

在编写本书的过程中，作者参阅了大量书刊和相关资料，吸取了其中的成果和有益经验，在此向诸位作者表示衷心的感谢！需要特别指出的是，在编写本书的过程中，天津工业职业学院相关领导一直给予作者支持和关怀，同仁鼎力相助，西安电子科技大学出版社相关工作人员对本书的出版付出了辛苦的劳动，在此一并深表感谢！

由于作者水平有限，加之可借鉴的材料较少，书中难免存在不足，恳请读者批评指正。

作　者

2020年8月

目　录

基础篇　自动化生产线核心技术

实战篇　自动化生产线组成单元设计与调试

基础篇　自动化生产线核心技术

第 1 章　自动化生产线概述

1.1　了解自动化生产线

1.1.1　自动化生产线简介

1. 自动化生产线的发展历程

在 20 世纪前 10 年，汽车工业中首先出现了流水生产线和半自动化生产线。20 世纪 20 年代，随着汽车、滚动轴承、小型电动机和缝纫机等工业的发展，机械制造中开始出现自动化生产线，第二次世界大战以后，工业发达国家的自动化生产线的数目急剧增加。自动化生产线是在流水线和自动化专机的功能基础上逐渐发展形成的、自动工作的机电一体化的装置系统。图 J1－1 为半自动化生产线示意图。

图 J1－1　半自动化生产线示意图

2. 自动化生产线的定义

自动化生产线是按一定工艺顺序排列的若干台自动化机床，用工件传送装置和控制系统联结起来，按照规定的生产节拍，工件自动地依次经过各个加工工位进行自动加工、自动完成产品全部或部分制造过程的生产系统，这种自动工作的机电一体化系统被称为自动化生产线，简称自动线。自动化生产线的生产过程是：通过自动输送系统及其他辅助装置，按照特定的生产流程，将各种自动化专机连接成一体，并通过气动、液压、电动机、传感器和电气控制系统使各部分联合动作，使整个系统按照规定的程序自动地工作，连续稳定地生产出符合技术要求的特定产品。

3. 自动化生产线的特点

在自动线上，加工对象的传送、加工、装卸、检验等都是自动进行的；工人的任务仅是调整、监督和管理自动线，不参加直接操作；所有的机器设备都按统一的节拍运转，生产过程是高度连续的。

自动线不仅可以把人从繁重的体力劳动、部分脑力劳动以及恶劣、危险的工作环境中解放出来，而且能扩展人的器官功能，极大地提高劳动生产率，增强人类认识世界和改造世界的能力。

自动线的特点可以总结为以下几个方面：

(1) 采用自动线进行生产的产品应有足够大的产量。

(2) 产品设计和工艺应先进、稳定、可靠，并在较长时间内保持基本不变。

(3) 在大批量生产中采用自动线能提高劳动生产率，稳定和提高产品质量。

(4) 改善劳动条件，缩减生产占地面积。

(5) 降低生产成本，缩短生产周期，保证生产均衡性，有显著的经济效益。

4. 自动化生产线的组成部分

自动线主要由传送系统和控制系统两大部分组成。

1) 传送系统

自动线的工件传送系统一般包括机床上下料装置、传送装置和储料装置。在旋转体加工自动线中，传送装置包括重力输送式或强制输送式的料槽或料道，提升、转位和分配装置等，有时还采用机械手完成传送装置的某些功能。在组合机床自动线中，当工件有合适的输送基面时，大多采用直接输送方式，其传送装置有各种步进式输送装置、转位装置和翻转装置等；对于外形不规则、无合适的输送基面的工件，通常装在随行夹具上定位和输送，这种情况下要增设随行夹具的返回装置。

2) 控制系统

自动线的控制系统主要用于保证线内的机床、工件传送系统以及辅助设备按照规定的工作循环和连锁要求正常工作，并设有故障寻检装置和信号装置。为适应自动线的调试和正常运行的要求，控制系统有 3 种工作状态：调整、半自动和自动。在调整状态时可手动操作和调整，实现单台设备的各个动作；在半自动状态时可实现单台设备的单循环工作；在自动状态时自动线能连续工作。

控制系统大多有"预停"控制机能，即自动线在正常工作情况下需要停车时，能在完成一个工作循环后各机床的有关运动部件都回到原始位置后才停车的控制机能。自动线的其他辅助设备是根据工艺需要和自动化程度设置的，如有清洗机工件自动检验装置、自动换刀装置、自动排屑系统和集中冷却系统等。为提高自动线的生产率，必须保证自动线的工作可靠性。影响自动线工作可靠性的主要因素是加工质量的稳定性和设备工作可靠性。

5. 自动化生产线应用技术

如图 J1－2 所示，自动线技术最大的特点在于它的综合性和系统性。技术的综合性是指将机械、气动、传感检测、电机驱动、PLC(可编程控制器)、网络通信以及人机界面等多种技术进行有机结合，并综合应用到自动线上。技术的系统性是指自动线上的传感检测、传输与处理、分析控制、驱动与执行等部件在微处理单元的控制下协调有序地工作，并通过一定的辅助设备构成一个完整的机电一体化系统，自动地完成预定的全部生产任务。

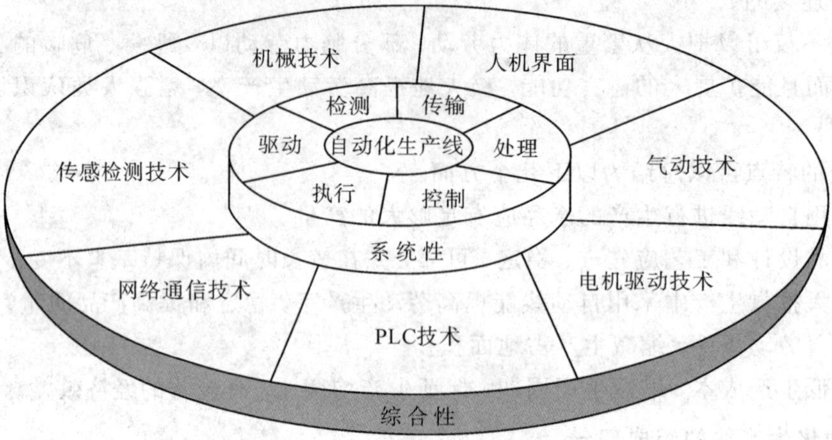

图 J1-2　自动化生产线应用技术

6. 自动化生产线的发展前景

自动线的发展方向主要是提高生产率和增大多用性、灵活性。为适应多品种生产的需要，自动线将发展成为能快速调整的可调自动线，更能满足生产商适时变化的生产要求。数控机床、工业机器人和电子计算机等相关领域的快速发展以及成组技术的应用，大大提升了自动线在生产过程中的灵活性，实现了多品种、中小批量生产的自动化。多品种可调自动线技术的发展，降低了自动线生产的经济批量，而且在机械制造业中的应用越来越广泛，更为可观的是已经有了向高度自动化的柔性制造系统发展的趋势。

1.1.2　自动化生产线的应用

自动线的应用范围十分广泛，机械制造业中有铸造、锻造、冲压、热处理、焊接、切削加工和机械装配等自动线，也有包括不同性质的工序，如毛坯制造、加工、装配、检验和包装等的综合自动线。

切削加工自动线在机械制造业中发展最快、应用最广，其种类主要有：用于加工箱体、壳体、杂类等零件的组合机床自动线；用于加工轴类、盘环类等零件的，由通用、专门化或专用自动机床组成的自动线；旋转体加工自动线；用于加工工序简单的小型零件的转子自动线等。

下面介绍几个典型的自动线应用实例。

图 J1-3 所示是某汽车公司的自动化生产线。在整条生产线的组成部分中，焊接机器人有着重要的地位。在进行流水线生产时，焊接机器人可以非常快速且高质量地完成汽车生产中的焊接过程。目前，焊接机器人已广泛应用在汽车制造业，如汽车底盘、座椅骨架、导轨、消声器以及液力变矩器等焊接过程中，尤其在汽车底盘焊接生产中得到了广泛的应用。

图 J1－3　某汽车公司的自动化生产线

图 J1－4 所示是某电子产品生产企业的自动化焊接生产线，它包括丝印、贴装、固化、回流焊接、清洗、检测等工序单元。生产线上每个工作单元都有相应独立的控制与执行功能，通过工业网络技术将自动线构成一个完整的工业网络系统，确保整条自动线高效有序地运行，实现大规模的自动化生产控制与管理。

图 J1－4　某电子产品生产企业的自动化焊接生产线

图 J1－5 所示是某烟草公司的自动化生产线。该生产线引入了工业网络，由其连接制丝生产、卷烟生产、包装成品等一体化的全过程自动化系统。通过采用先进的计算机技术、控制技术、自动化技术、信息技术，集成工厂自动化设备，对卷烟生产全过程实施控制、调度、监控，同时该生产线充分应用工控机、变频器、人机界面、PLC、智能机器人等自动化产品，使生产线实现高度自动化，生产过程完全不需要人参与。

图 J1-5　某烟草公司的自动化生产线

1.2　了解源峰 TVT-AFT 自动化模拟生产线

TVT-AFT 自动化模拟生产线是一套模拟实际工业生产中复杂控制过程的教学培训装置。该系统由供料单元、物料检测单元、多工位加工单元、表面处理单元、加热单元、机械手搬运单元、产品装配单元、印码检测单元、自动化仓库单元、货物分拣单元共 10 个单元系统组成，可完成货物的供给、搬运、检测、分类、识别、传输、仓储、管理、加工、加热、表面处理、装配等过程。系统要求具有漏电保护、短路保护、急停保护、限位保护、隔离保护、智能诊断保护等功能。系统的整体实物图如图 J1-6 所示。

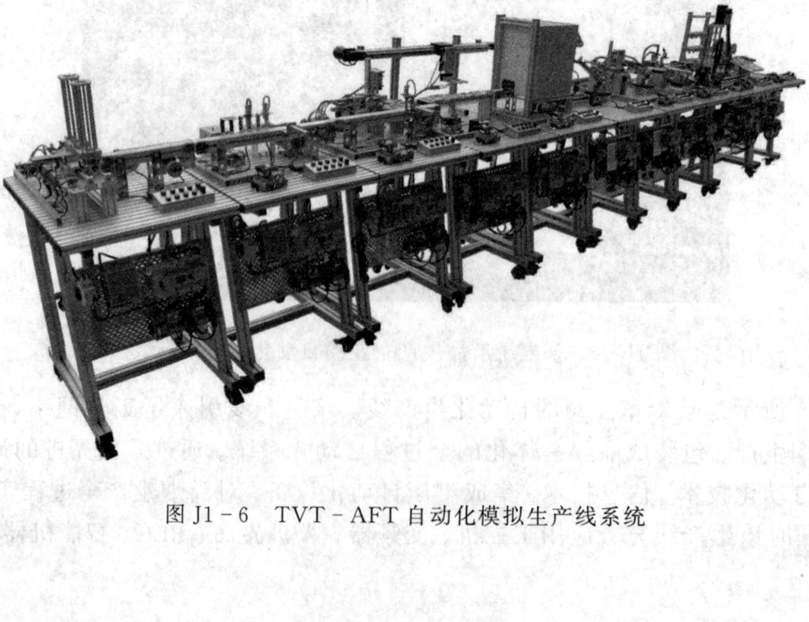

图 J1-6　TVT-AFT 自动化模拟生产线系统

1.2.1　TVT－AFT 自动化模拟生产线组成单元简介

1. 供料单元

供料单元主要由框架式底板及支架、系统调试维修控制模块、可编程控制器接口模块、双通道井式供料模块、传送带模块、专用中继器模块以及气路控制装置组成。

供料单元的基本功能：将工件从供料模块的井式料仓中自动推出，然后借助传送带将供料模块推出的工件自动转送到下一个工作单元。

2. 物料检测单元

物料检测单元主要由框架式底板及支架、系统调试维修控制模块、可编程控制器接口模块、传感器检测模块、传送带模块、废品回收槽、专用中继器模块以及气路控制装置组成。

物料检测单元的基本功能为：对接收到的待处理工件进行颜色和材质检测，然后将检测结果向下一工作单元传送或将工件推入废品回收槽。

3. 多工位加工单元

多工位加工单元主要由框架式底板及支架、系统调试维修控制模块、可编程控制器接口模块、冲压装置、供料装置、多工位旋转工作台、带式传输机和专用中继器模块等组成。

多工位加工单元基本功能为：旋转工作台模块在接收到新工件后启动工作，分步实现对其上待加工工件的冲压加工，并对加工质量进行模拟检测等功能，然后将加工合格的工件传送到下一单元，如未达到要求，还要重新加工处理。

4. 表面处理单元

表面处理单元主要由框架式底板及支架、系统调试维修控制模块、可编程控制器接口模块、表面处理工作台、直线行走搬运装置和专用中继器模块等组成。

表面处理单元的基本功能为：用机械手将上一个单元加工完成后的工件取出，移到表面处理一工位，处理完成后转移至下一个工位处，依次完成 4 个工位的工艺处理后将其移至下一个加工单元的传送带处。

5. 加热单元

加热单元主要由框架式底板及支架、系统调试维修控制模块、可编程控制器接口模块、加热炉、传送带和专用中继器模块等组成。

加热单元的基本功能为：工件进入热处理工位，系统根据触摸屏上的设定值自动进行 PID 调节，当温度达到指定值或达到加热时间后，传送带启动运行将货料送到出料口。在系统加热过程中，触摸屏上会显示当前温度值。

6. 机械手搬运单元

机械手搬运单元主要由框架式底板及支架、系统调试维修控制模块、可编程控制器接口模块、行走机械手和专用中继器模块等组成。

搬运单元的基本功能为：机械手向前运行到达取料工位，将上一个单元加热完成后的工件吸住，通过机械手运行到达下一个单元的取件槽内后放下工件。

7. 产品装配单元

产品装配单元主要由框架式底板及支架、系统调试维修控制模块、可编程控制器接口模块、井式供料机、气动搬运装置、输送导轨、冲压装配装置和专用中继器模块等组成。

产品装配单元的基本功能为：系统检测到井式供料塔中有料芯时，推动料芯气缸动作，然后装配气缸动作，装配杆向下运行，将料芯压入料块中，接着推料芯和装配气缸复位。装配完成后，取料气缸动作将取料槽伸出，摆臂将工件吸住，到达下一个单元后将工件放下。

8. 印码检测单元

印码检测单元主要由框架式底板及支架、系统调试维修控制模块、可编程控制器接口模块、传感器检测组、带式传输机、次品回收装置、印码装置和专用中继器模块等组成。

印码检测单元的基本功能为：当工作台上检测到有料块时，推料气缸动作将其推到传送带上。当料块到达印码工位后，印油气缸伸出，印码气缸下压蘸一下印油后回缩，印油气缸复位。随后印码气缸下压，给料块进行印码，完成后传送带启动运行。

9. 自动化仓库单元

自动化仓库单元主要由框架式底板及支架、系统调试维修控制模块、可编程控制器接口模块、立体仓库主体、伺服电机模块和专用中继器模块等组成。

自动化仓库单元的基本功能为：当入库位检测到料块后，气动抓手到达料块位置后抓手夹紧料块并回缩，巷道起重机将工件依次送到仓位中。当没有入库操作时，检测到仓库中有货物时，巷道起重机将货物取出并送到下一个单元中。

10. 货物分拣单元

货物分拣单元主要由框架式底板及支架、系统调试维修控制模块、可编程控制器接口模块、气动分拣模块、传感器检测模块、传送带和专用中继器模块组成。

货物分拣单元的基本功能为：区分料块来自哪一层仓库，传送带将其送到相应料槽处由推料气缸将其推入。当其中一个料槽满仓时，推料气缸停止动作，等待手动移走货物。

1.2.2　TVT - AFT 自动化模拟生产线运行方式简介

源峰 TVT - AFT 自动线由 10 个模块式工作单元组成，每个工作单元电气控制板上都配备有一台 GE Fanuc 的 VersaMax 系列 PLC，分别控制每一工作单元的功能执行，各单元之间可采用网络通信方式进行通信。自动线中各单元可自成一个独立的系统运行，也可以通过网络互联构成一个分布式的整机控制系统运行。

当单个工作单元自成一个独立的系统运行时，独立设备运行的主令信号以及运行过程中的状态显示信号来源于该工作单元操作面板，各模块在自身 PLC 控制下自动完成本站的执行功能。

当自动线采用网络通信方式互联成一个整机系统运行时，各工作单元之间的各种信息通过网络进行数据通信与交换，各运行设备之间能自动协调工作，实现自动线整机稳定有序地运行。

当自动线采用了触摸屏或组态软件等人机界面运行时，自动线中主令信号可通过触摸屏或组态软件系统给出。同时，人机界面上也实时显示系统运行的各种状态信息。

习　题　1

一、填空题

1. 自动化生产线是在________和________的功能基础上逐渐发展形成的、自动工作的机电一体化的装置系统。

2. 自动化生产线通过________及其他辅助装置，按照特定的________，将各种______连接成一体，并通过________、________、________、________和电气控制系统使各部分联合动作，使整个系统按照规定的________自动地工作，连续稳定地生产出符合技术要求的特定产品。

3. 自动化生产线的工件传送系统一般包括________装置、________装置和________装置。

4. 自动化生产线的控制系统有 3 种工作状态：________、________和________。在________状态时可实现单台设备的单循环工作。

5. 自动化生产线技术的综合性是指将________、________、________、________、________、________以及人机界面等多种技术进行有机结合。

二、简答题

1. 简述采用自动化生产线的优点。

2. 什么是自动化生产线的“预停”控制机能？

3. 简述 TVT－AFT 自动化模拟生产线包括哪些单元。

第 2 章　传感检测技术

在 TVT－AFT 自动化模拟生产线中，以供料单元为例，单元基本功能是将工件从供料模块的井式料仓中自动推出，借助传送带将供料模块推出的工件自动转送到下一个工作单元。在单元自动化运行过程中，系统控制器要判断两个供料仓里是否有料，要判断哪一个料仓在出料的位置，要判断料仓控制的气缸是否完全回位等。系统控制器用这些判断的结果来作为是否要出料、哪一个料仓出料以及防撞保护等一些动作的先决条件。那么如何实现这些判断呢？换句话说，如何把这些条件变成一种电信号，交给控制器去判断并决策呢？这就需要用到自动化技术中必不可少的传感检测技术。

人的体力和脑力劳动通过感觉器官接收外界信号，将这些信号传送给大脑，大脑把这些信号分析处理传递给肌体。如果用机器完成这一过程，计算机就相当于人的大脑，执行机构相当于人的肌体，传感器就相当于人的五官和皮肤。

从广义的角度来说，信号检出器件和信号处理部分总称为传感器，它是能感受(或响应)规定的被测量并按照一定的规律转换成可用输出信号的器件或装置。这一定义包含了以下几个方面的含义：

(1) 传感器是测量装置，能完成测量任务；

(2) 它的输入量是某一被测量，可能是物理量、化学量、生物量等；

(3) 它的输出量是某一物理量，这种量要便于传输、转换、处理和显示，这就是所谓的“可用信号”的含义；

(4) 输出与输入有一定的对应关系，这种关系要有一定的规律。根据字义可以理解传感器为“一感二传”，即感受信息并传递出去。

在我们日常生活中，使用着各种各样的传感器，例如电冰箱、电饭煲中的温度传感器；空调中的温度和湿度传感器；煤气灶中的煤气泄漏传感器；水表、电表、电视机和影碟机中的红外遥控器；照相机中的光传感器；汽车中的燃料计和速度计等。按从传感器输出电信号的类型不同，可将其划分为开关量传感器、数字量传感器和模拟量传感器 3 种。

2.1　开关量传感器的认知与应用

开关量传感器又称为接近开关、无触点行程开关，它能在一定的距离(约几毫米至几十毫米)内检测有无物体靠近。当物体与其接近到设定距离时，就可以发出“动作”信号，它给出的是开关信号(即高电平或低电平)，多数接近开关具有较大的负载能力，能直接驱动中间继电器。

常用的接近开关包括电感式接近开关、电容式接近开光、磁感应式接近开关、光电式接近开关等。

1. 磁感应式接近开关

磁感应式接近开关简称磁性开关，它只对磁性较强的物体起作用。其工作方式是当有磁性物质接近磁性开关传感器时，传感器感应动作，并输出开关信号。

在自动化设备中，磁性开关主要与内部活塞(或活塞杆)上安装有磁环的各种气缸配合使用，用于检测气缸等执行元件的两个极限位置。为了方便使用，每一磁性开关上都具有动作指示灯。当检测到磁信号时，输出电信号，指示灯亮。同时，磁性开关内部都有过电压保护电路，即使磁性开关的引线极性接反，也不会将其烧坏，只是不能正常工作。图 J2－1 所示为常见磁性开关实物及电气符号图。

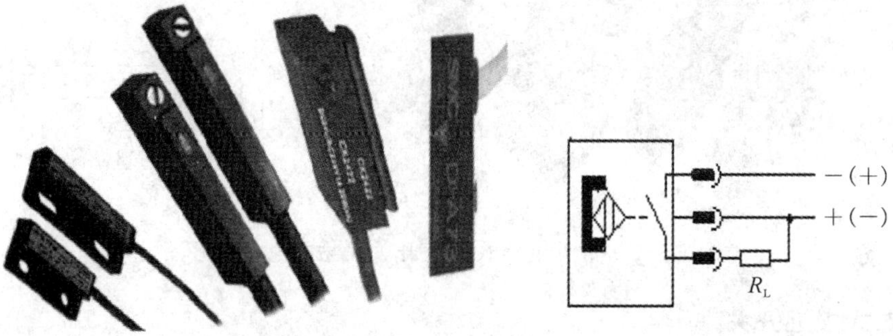

图 J2－1　常见磁性开关实物及电气符号图

2. 电容式接近开关

电容式接近开关利用自身的测量头构成电容器的一个极板，被检测物体构成另一个极板，当物体靠近接近开关时，物体与接近开关的极距或者介电常数发生变化，引起静电容量发生变化，使得和测量头连接的电路状态也相应地发生变化，并输出开关信号。它对接地的金属或地电位的导电物体起作用，对非地电位的导电物体灵敏度稍差。

电容式接近开关不仅能检测金属元件，而且能检测纸张、橡胶、塑料、木材等非金属物体，还可以检测绝缘的液体。电容式接近开关一般应用在一些尘埃多、易接触到有机溶剂及需要较高性价比的场合中。由于检测内容的多样性，它在现代工业检测中应用广泛，图 J2－2 为常见电容式接近开关实物及电气符号图。

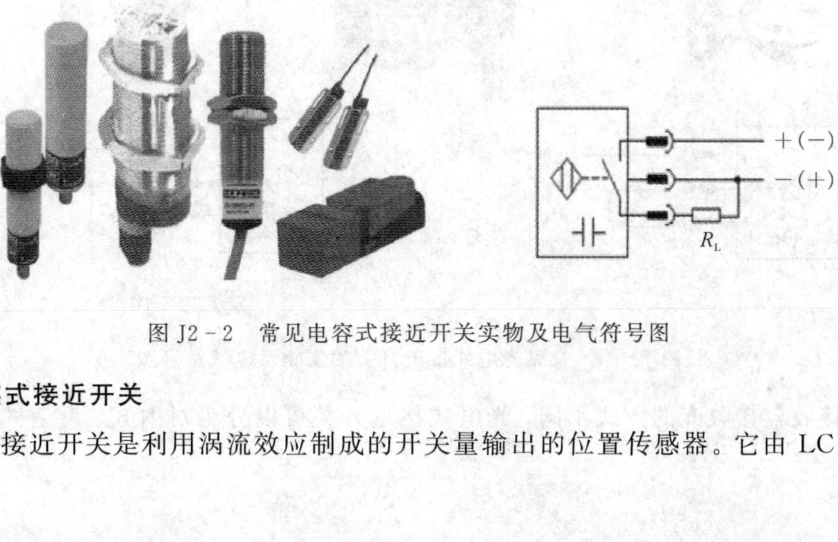

图 J2－2　常见电容式接近开关实物及电气符号图

3. 电感式接近开关

电感式接近开关是利用涡流效应制成的开关量输出的位置传感器。它由 LC 高频振荡器和放大处理电路组成。电感式接近开关利用金属物体在接近时能使其内部产生电涡流，使得接近开关振荡能力衰减，内部电路的参数发生变化，进而控制开关的通断。由于电感式接近开关基于涡流效应工作，因此它检测的对象必须是金属，只对导电良好的金属起作用。由于电感式接近开关对金属与非金属的筛选性能好，工作稳定可靠，抗干扰能力强，在现代工业检测中也得到广泛应用。图 J2－3 所示为常见电感式接近开关实物及电气符号图。

图 J2－3　常见电感式接近开关实物及电气符号图

4. 光电式接近开关

光电式接近开关是利用光电效应制成的开关量传感器，主要由光发射器和光接收器组成。光发射器和光接收器有一体式和分体式两种。光发射器用于发射红外光或可见光，光接收器用于接收发射器发射的光，并将光信号转换成电信号并以开关量形式输出。图 J2－4 所示为常见光电式接近开关的实物及电气符号图。

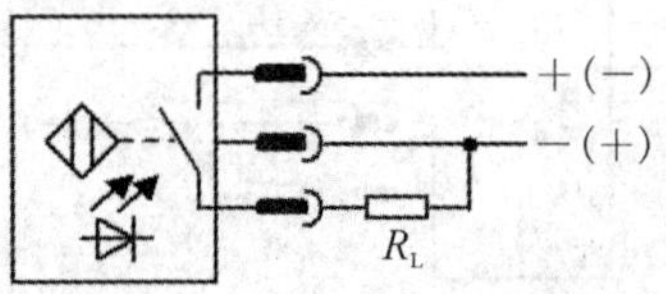

(a) 常开型

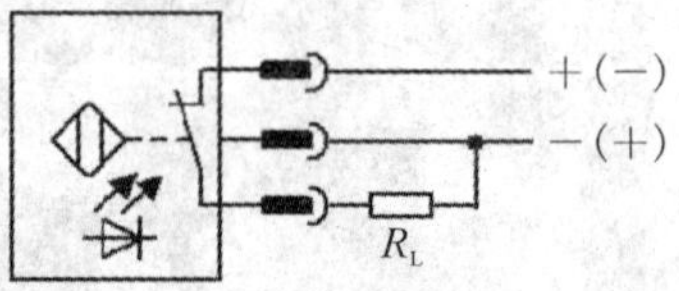

(b)常闭型

图 J2－4　常见光电式接近开关的实物及电气符号图

按照接收器接收光的方式不同，光电式接近开关可以分为对射式、反射式和漫射式 3

种。这 3 种形式的接近开关的检测原理和方式都有所不同。

对射式光电接近开关是指光发射器与光接收器处于相对的工作位置，根据光路信号的有无判断信号是否进行输出改变的光电接近开关。此类开关最常用于检测不透明物体。对射式光电接近开关的光发射器和光接收器也有一体式和分体式两种。

反射式光电接近开关的光发射器与光接收器为一体化的结构，在其相对的位置上安置一个反射镜，光发射器发出的光以反射镜是否有反射光线被光接收器接收来判断有无物体。

漫反射式光电接近开关的光发射器和光接收器集于一体，利用光照射到被测物体上反射回来的光线进行工作。漫反射式光电开关的可调性很好，其敏感度可通过其背后的旋钮进行调节。

安装光电接近开关时，不能安装在水、油、灰尘多的地方，应回避强光及室外太阳光等直射的地方，并注意消除背景物的影响。光电接近开关主要用于自动包装机、自动灌装机、自动封装机、自动或者半自动装配流水线等自动化机械。

2.2　数字量传感器的认知

数字量传感器是能把被测(模拟)量直接转换成数字量输出的传感器，可直接与计算机系统连接。数字量传感器的特点有：具有高的测量精度和分辨率，测量范围大；信号易于处理、传送和自动控制；稳定性好，抗干扰能力强，电磁兼容性好；便于动态及多路测量，读数直观；安装方便，维护简单，工作可靠性高。

目前常用的数字量传感器主要包括数字编码器、数字光栅传感器、感应同步器和频率式传感器。

1. 数字编码器

数字编码器以其高精度、高分辨率和高可靠性而被广泛用于各种位移量测量。数字编码器按结构形式有直线式编码器和旋转式编码器之分。由于旋转式光电编码器是用于角位移测量的最有效和最直接的数字量传感器，并已有各种系列产品可供选用，故本节着重讨论旋转式光电编码器。图 J2－5 所示为常见旋转式光电编码器的实物图。

图 J2－5　常见旋转式光电编码器的实物图

光电编码器是一种角度(角速度)检测装置，它将输入给轴的角度量，利用光电转换原理转换成相应的电脉冲或数字量。

编码器可分为增量编码器和绝对编码器。增量编码器的输出是一系列脉冲，需要一个计数系统对脉冲进行累计计数。一般还需有一个基准数据即零位基准才能完成角位移的测量。严格地说，绝对编码器才是真正的直接数字量传感器，它不需要基准数据，更不需要计数系统。它在任意位置都可给出与位置相对应的固定数字码输出。目前应用最广的是利用光电转换原理构成的非接触式光电编码器。

2. 数字光栅传感器

数字光栅传感器是根据标尺光栅与指示光栅之间形成的莫尔条纹制成的一种脉冲输出数字量传感器。它广泛应用于数控机床等闭环系统的线位移和角位移的自动检测以及精密测量方面，测量精度可达几微米。图 J2－6 所示为常见数字光栅传感器实物图。

图 J2－6　常见数字光栅传感器实物图

数字光栅传感器适合于非接触式动态测量，易于实现自动控制，广泛用于数控机床和精密测量设备中。但是光栅在工业现场使用时对工作环境要求较高，不能承受大的冲击和振动，要求密封，以防止尘埃、油污和铁屑等的污染，故成本较高。

3. 感应同步器

感应同步器是应用电磁感应原理把位移量转换成数字量的传感器。它具有两个平面型的印刷绕组，相当于变压器的初级和次级绕组。通过两个绕组的互感变化来检测其相互的位移。感应同步器可分为两大类，测量直线位移的直线式感应同步器和测量角位移的旋转式感应同步器。前者由定尺和滑尺组成，后者由转子和定子组成。感应同步器是一种多极感应元件，由于多极结构能对误差起到补偿作用，所以用感应同步器来测量位移具有精度高、工作可靠、抗干扰能力强、寿命长、接线便利等优点。图 J2－7 所示是常见的感应同步器的实物图。

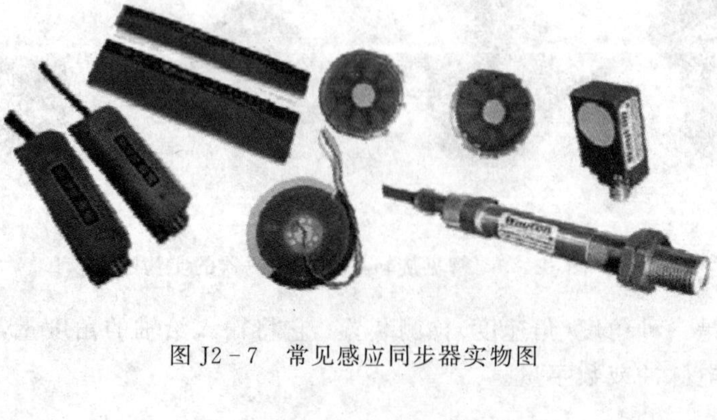

图 J2－7　常见感应同步器实物图

感应同步器可用于大量程的线位移和角位移的静态和动态测量。在数控机床、加工中心及某些专用测试仪器中常用它作为测量元件。与光栅传感器相比，它抗干扰能力强，对环境要求低，机械结构简单，接线方便。

4. 频率式传感器

频率式传感器的输出虽然也是一系列脉冲，但与被测量对应的是脉冲的频率。这种能把被测量转换成与之相对应且便于处理的频率输出的传感器，即为频率式传感器。

目前构成频率式传感器最简单的方法有两种：一种是利用电子振荡器的原理，只要使振荡电路中某个部分由于被测量的变化而改变，就可改变振荡器的振荡频率，典型例子如改变 LRC 振荡电路中的电容、电感或电阻；另一种方法是利用机械振动系统，通过其固有振动频率的变化来反映被测参数的值。

2.3　模拟量传感器的认知

模拟量传感器是将被测量的非电学量转化为模拟量电信号的传感器，它检测在一定范围内变化的连续数值，发出的是连续信号，用电压、电流、电阻等表示被测参数的大小。在工程应用中模拟量传感器主要用于生产系统中位移、温度、压力、流量及液位等常见模拟量的检测。

在工业生产实践中为了保证模拟信号检测的精度，提高抗干扰能力，便于与后续处理器进行自动化系统集成，所使用的各种模拟量传感器一般都配有专门的信号转换与处理电路，两者组合在一起使用，把检测到的模拟量变换成标准的电信号输出，这种检测装置称为变送器。各种常见变送器的实物图如图 J2－8 所示。

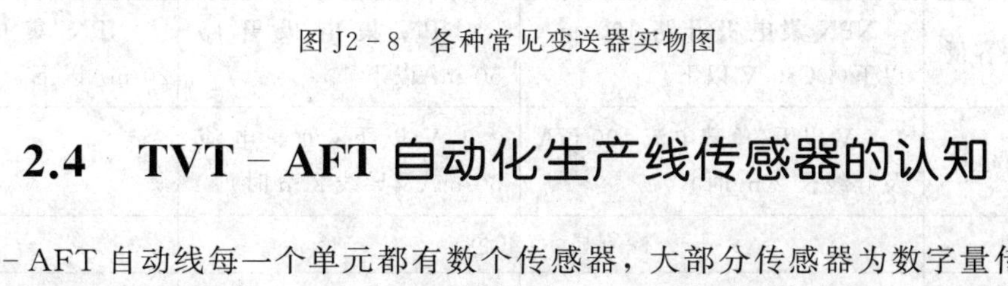

图 J2－8　各种常见变送器实物图

2.4　TVT－AFT 自动化生产线传感器的认知

TVT－AFT 自动线每一个单元都有数个传感器，大部分传感器为数字量传感器，包括检测金属部件的接近开关、检测气缸活塞位置的磁性开关以及根据光电原理检测物体存在与否的光电开关等。下面我们逐一认识一下这些传感器的外观、参数以及工作原理。

1. Omron TL－Q5MC1－Z 接近开关

如图 J2－9 所示，是 TL－Q5MC1－Z 接近开关的实物图。

图 J2-9　接近开关 TL-Q5MC1-Z 的外观

Omron TL-Q5MC1-Z 接近开关采用直流 3 线式，NPN 接线方式。

1）额定值/性能

TL-Q5MC1-Z 接近开关的技术参数如表 J2-1 所示。

表 J2-1　TL-Q5MC1-Z 技术参数

项目/型号		TL-Q2MC1	TL-Q5MC1-□	TL-G3D-3
检测距离		2 mm±15%	5 mm±10%	(7.5±0.5)mm
设定距离		0~1.5 mm	0~4 mm	10 mm
应差距离		检测距离的 10%以下		
检测物体		磁性金属(非磁性金属会降低检测距离)		
标准检测物体		铁 8 mm×8 mm×1 mm	铁 15 mm×15 mm×1 mm	铁 10 mm×5 mm×0.5 mm
响应时间		—	2 ms 以下	1 ms 以下
响应频率		500 Hz		
电源电压(电压范围)		DC12~24 V，峰峰值脉动 10%以下(DC10~30 V)		DC12~24 V，峰峰值脉动 10%以下
消耗电流		15 mA 以下(DC24 V 无负载时)	10 mA 以下(DC24 V)	2 mA 以下(DC24 V 无负载时)
控制输出	开关容量	NPN 集电极开路 100 mA 以下(DC30 V 以下)	NPN 集电极开路 50 mA以下	NPN 集电极开路 20 mA以下
控制输出	残留电压	1 V 以下(负载电流 100 mA 及导线长 2 m 时)	1 V 以下(负载电流 50 mA及导线 2 m 时)	—
显示灯		检测显示(红色)		—
动作状态(检测物体接近时)		NO	C1 型：NO C2 型：NC	NO
保护回路		逆向连接保护、浪涌吸收		浪涌吸收
环境温度		工作时、保存时：-10~+60℃(不结冰、结露)	工作时、保存时：各-25~+70℃(不结冰、结露)	

续表

项目/型号	TL－Q2MC1	TL－Q5MC1－□	TL－G3D－3
环境湿度	工作时、保存时：各 35％～95％RH（不结露）		
温度的影响	－10～＋60℃温度范围内，＋23℃时检测距离的±10％以下	－25～＋70℃温度范围内，＋23℃时检测距离的±20％以下	－10～＋55℃温度范围内，＋23℃时检测距离的±10％以下
电压的影响	额定电源电压±10％范围内，额定电源电压时检测距离的±2.5％以下		
绝缘电阻	50 MΩ 以上（充电部整体与外壳间）		50 MΩ 以上
耐电压	AC1000 V 1 min	AC1000 V 1 min 充电部与外壳间	
振动（耐久）	10～55 Hz 上下振幅 1.5 mm X、Y、Z 各方向 2 h		
冲击（耐久）	1000 m/s^2 X、Y、Z 各方向 10 次	200 m/s^2 X、Y、Z 各方向 10 次	
保护结构	IEC 规格 IP67 g（耐浸型、耐油型）	IEC 规格 IP67 g（JEM 规格耐浸型）	IEC 规格 IP66（JEM 规格耐水型））
连接方式	导线引出式（标准导线长 2 m）		
质量（捆包状态）	约 30 g	约 60 g	约 30 g
材质　外壳	耐热 ABS		PPO
材质　检测面			

2）工作原理

金属型传感器基本上都属于高频振荡型。和普通型一样，它也有一个振荡电路，电路中因感应电流在目标物内流动引起的能量损失影响到振荡频率。目标物接近传感器时，不论目标物金属种类如何，振荡频率都会提高，传感器能检测到这个变化并输出检测信号。

3）安装注意事项

(1) 注意事项。无负载情况下将传感器直接连接电源会使传感器内部单元破裂或烧损，所以必须要加入负载后才能进行配线。

(2) 周围金属的影响。为避免干扰，传感器要与周围金属物保持表 J2－2 所示尺寸以上的距离，距离的计量方式如图 J2－10 所示。

表 J2－2　周围金属的安装距离

型号	A/mm	B/mm
TL－Q5MC	20	20
TL－N7MD	40	35
TL－N12MD	50	40

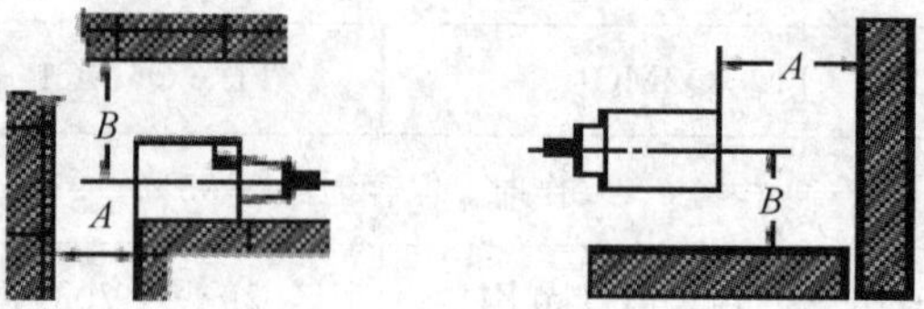

图 J2－10　TL－Q5MC1－Z 周围金属的安装距离

（3）相互干扰。对置或并列配置时，两传感器要保持表 J2－3 所示值以上的距离，距离的计量方式如图 J2－11 所示。

表 J2－3　TL－Q5MC 对置（并列）安装距离

型 号	A/mm	B/mm
TL－Q5MC	60(17)	120(60)
TL－N7MD	60(30)	120(80)
TL－N12MD	100(50)	120(60)

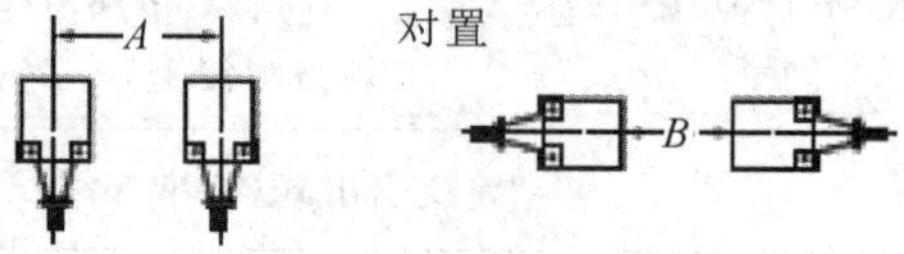

图 J2－11　TL－Q5MC1－Z 对置或并列安装距离

2. D－C73 磁性开关

磁性开关 D－C73 的外观如图 J2－12 所示。其外壳一般是一根密封的玻璃管，管中装有两个铁质的弹性簧片电板。平时，玻璃管中的两个由特殊材料制成的簧片是分开的。当有磁性物质靠近玻璃管时，在磁场磁力线的作用下，管内的两个簧片被磁化而互相吸引接触，簧片就会吸合在一起，使结点所连接的电路连通。外磁力消失后，两个簧片由于本身的弹性而分开，线路也就断开了。

图 J2－12　磁性开关 D－C73 的外观

1）D－C73 型磁性开关的技术参数

表 J2－4 所示是 D－C73 型磁性开关的技术参数。

表 J2 - 4　D - C73 磁性开关技术参数

负载电压及电流范围	DC:24 V/5～40 mA AC:100 V/5～20 mA
安装方式	环带安装
类型	直线型
电线长度/m	0.5
指示灯	LED
反应时间/ms	1.2
使用温度范围	－10～60℃
线制	2 线制，有触点
抗冲击性/(m/s^2)	300
保护等级	IP67
适用气缸型号	CG1/CJ2

2）D - C73 型磁性开关的工作原理

磁性开关是一种非接触式位置检测开关，这种非接触式位置检测不会磨损和损伤检测对象物，响应速度高。一般用它检测磁性物质的存在与否。当有磁性物质接近传感器时，传感器动作并输出开关信号。在实际应用中，我们在被测物体上如气缸的活塞上安装磁性物质，在气缸缸筒外面的两端位置各安装一个磁性开关，就可以用这两个传感器分别标识气缸运动的两个极限位置。

3）D - C73 型磁性开关的安装要求

磁性开关从安装方式上可分为导线引出型、接插件式和接插件中继型。根据安装场所环境的要求磁性开关可选择屏蔽式和非屏蔽式。在接线方面，重点要考虑传感器的尺寸、位置、布线工艺、电缆长度以及周围工作环境等因素对传感器工作的影响，将磁性开关与 PLC 的输入端口连接。一般在磁性开关上设置有 LED 显示灯，用于显示传感器的信号状态，供调试与运行监视时观察。

当有物体靠近时，磁性开关输出动作，LED 灯亮；当没有物体靠近时，磁性开关不动作，LED 灯不亮。另外，如果安装不合理会使气缸动作不正确。当气缸活塞移向磁性开关并接近到一定距离时，磁性开关才有“感知”，开关才会动作，通常把这个距离叫检出距离。在气缸上安装磁性开关时，先把磁性开关装在气缸上，磁性开关的安装位置要根据控制对象的要求调整。调整方法较简单，只要让磁性开关到达指定位置后，用螺丝刀旋紧固定螺丝即可。

3. CX - 411D 和 CX - 441 光电传感器

1）光电传感器 CX - 411D 基本知识

光电传感器 CX - 411D 外观如图 J2 - 13 所示。光电传感器将光的电信号转换为开关信号，使用交流电源取代接触式行程开关，防止互相干扰。光电传感器是一种小型电子设备，它可以检测出其接收到的光强的变化。

CX－411D 基本参数如表 J2－5 所示。

图 J2－13　光电传感器 CX－411D 外观图

表 J2－5　CX－411D 基本参数

种类		形状	检测距离/m	型号		投光元件
				NPN 输出	PNP 输出	
透过型	长距离	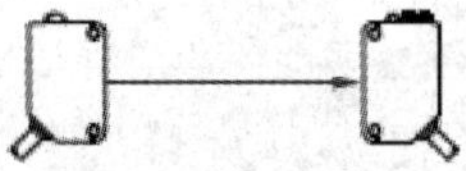	10	CX－411	CX－411－P	红色 LED
			15	CX－412	CX－412－P	红外 LED

2）光电传感器 CX－441 基本知识

图 J2－14 所示是光电开关 CX－441 外观图。

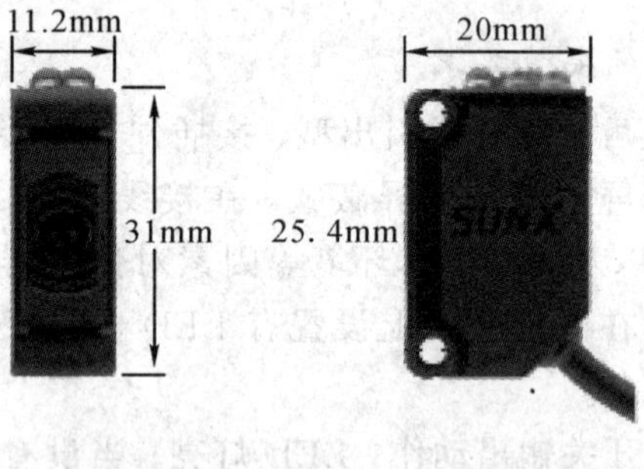

图 J2－14　光电传感器 CX－441 外观图

（1）组成。CX－441 由发射器和接收器构成，是一种标准配置。

（2）工作原理。从发射器发出的光束在对面的反射镜被反射，并由接收器接收，当光束被中断时就会产生一个开关信号的变化。光的通过时间是两倍的信号持续时间，有效作用距离为 0.1～20 m。

（3）使用特点。CX－441 的主要使用特点有：辨别不透明的物体；借助反射镜部件，有效检测距离范围较大；不易受干扰，可以工作在野外或者有灰尘的环境中；应差小于 2%，故可检测小到 0.4 mm 的高低差；不易受颜色的影响，无论是白色工件还是黑色工件，均可按照几乎相同的距离进行检测。即使流水线上存在不同颜色的工件，需要切换工序时，也无须使用调节器调节。设定距离为 50 mm 的白色无光泽纸张和亮度为 5 的无光泽纸张(灰色)之间的检测距离差低于 1%；采用高亮度光点光，便于对准光轴，大幅提高抗击变频光束等的干扰光束、高压变频马达等产生的高频干扰、电气干扰的能力。

(4) 详细参数。CX－441 的详细技术参数如表 J2－6 所示。

表 J2－6　CX－441 详细参数

项目＼种类		小光点	距离设定反射型		
型号	NPN 输出	CX－441	CX－443	CX－444	CX－442
	PNP 输出	CX－441－P	CX－443－P	CX－444－P	CX－442－P
可调节距离①/mm		20～50		20～100	40～300
检测距离(白色无光泽纸)/mm		20～50		15～100	20～300
电源电压		DC12～24 V±10%			
输出类型		NPN 输出型：NPN 开路集电极晶体管 PNP 输出型：PNP 开路集电极晶体管			
输出工作选择		可用开关选择检测时 ON/非检测时 ON			
反应时间		1 ms 以下			
检测模式		BGS/FGS 功能可根据检测模式的转换输入选择			
保护构造		IP67(IEC)			
周围温度/℃		－25～＋55			
投光二极体		红色 LED(调制式)			

注：①可调节范围指的是用范围调节器进行设定的最大检测距离。如 CX441－P 传感器可检测 2 mm 以外的物体。

4. FX301 光纤传感器

1) 光纤传感器基本构成及原理

光纤传感器由光源、入射光纤、出射光纤、光调制器、光探测器以及解调制器组成。其基本原理是将光源的光经入射光纤送入调制区，光在调制区内与外界被测参数相互作用，使光的光学性质(如强度、波长、频率、相位、偏正态等)发生变化而成为被调制的信号光，再经出射光纤送入光探测器、解调器而获得被测参数。光纤传感器按传感原理可分为两类，一类是传光型(非功能型)传感器，另一类是传感型(功能型)传感器。在传光型光纤传感器中，光纤仅作为光的传输媒质，对被测信号的感觉是靠其它敏感元件来完成的，这种传感器中出射光纤和入射光纤是不连续的，两者之间的调制器是光谱变化的敏感元件或其他性质的敏感元件。在传感型光纤传感器中光纤兼有对被测信号的敏感及光信号的传输作用，将信号的“感”和“传”合而为一，因此这类传感器中光纤是连续的。由于这两种传感器中光纤所起的作用不同，对光纤的要求也不同。在传光型传感器中光纤只起传光的作用，采用通信光纤甚至普通的多模光纤就能满足要求，而敏感元件可以灵活地选用优质的材料来实现，因此这类传感器的灵敏度可以做得很高，但需要较多的光耦合器件，结构较复杂；传感型光纤传感器的结构相对来说比较简单，可少用一些耦合器件，但对光纤的要求较高，往往需采用对被测信号敏感、传输特性又好的特殊光纤。到目前为止，实际中大多数采用前者，但随着光纤制造工艺的改进，传感型光纤传感器也必将得到广泛的应用。按光在光纤中被调制的原理不同，光纤传感器可分为强度调制型、相位调制型、偏振态调制型、频率调制型和波长调制型等。迄今为止，光纤传感器能够测定的物理量已达七十多种。

2）主要规格参数

光纤传感器的技术参数如表 J2－7 所示。

表 J2－7　FX301 光纤传感器技术参数

<table>
<tr><td colspan="2">类型</td><td>连接器型</td><td>电缆型</td></tr>
<tr><td rowspan="2">项目　型号</td><td>NPN 输出</td><td>FX－301</td><td>FX－301－C1</td></tr>
<tr><td>PNP 输出</td><td>FX－301P</td><td>FX－301P－C1</td></tr>
<tr><td colspan="2">电源电压/V</td><td colspan="2">DC12～24 V±10%，峰峰值脉动 10%以下</td></tr>
<tr><td colspan="2">消耗电力</td><td colspan="2">通常操作：960 m 以下(电源电压 24 V时，消耗电流 40 mA 以下)
ECO 模式：600 m 以下(电源电压 24 V时，消耗电流 25 mA 以下)</td></tr>
<tr><td colspan="2" rowspan="3">输　出</td><td>＜NPN 输出型＞
NPN 开路集电极晶体管
最大流入电流：100 mA
外加电压：30 V DC 以下(在输出和 0 V之间)
剩余电压：1.5 V 以下
(流入电流在 100 mA 时)</td><td>＜PNP 输出型＞
PNP 开路集电极晶体管
最大流出电流：100 mA
外加电压：30 V DC 以下(在输出和＋V 之间)
剩余电压：1.5 V 以下
(流出电流在 100 mA 时)</td></tr>
<tr><td colspan="2">输出模式　入光时 ON，或遮光时 ON，可通过突出开关转换</td></tr>
<tr><td colspan="2">短路保护　装备</td></tr>
<tr><td colspan="2">应答时间</td><td colspan="2">H－SP：65 μs 以下，FAST：150 μs 以下　S－D：250 μs 以下
STD：250 μs 以下，LONG：2 ms 以下</td></tr>
<tr><td colspan="2">显示</td><td colspan="2">4 位红色 LED 显示</td></tr>
<tr><td colspan="2">灵敏度设定</td><td colspan="2">两点教导/限定教导/全自动教导/最大灵敏度教导/手动调节</td></tr>
<tr><td colspan="2">灵敏度微调功能</td><td colspan="2">装备</td></tr>
<tr><td colspan="2">定时器功能/ms</td><td colspan="2">装备有 ON 延迟/OFF 延迟/单触式定时，可转换为有效或无效
(定时时间：约 0.5～9999)</td></tr>
<tr><td colspan="2">防干扰功能</td><td colspan="2">装备</td></tr>
<tr><td colspan="2">使用环境温度/℃</td><td colspan="2">使用时：－10～＋55　保存时：－20～＋70</td></tr>
<tr><td colspan="2">光源</td><td colspan="2">红色 LED(调制式)</td></tr>
<tr><td colspan="2">材质</td><td colspan="2">外壳：耐热 ABS；透明罩；聚碳酸酯；开关：丙烯</td></tr>
<tr><td colspan="2">重量/g</td><td>约 20</td><td>约 60</td></tr>
</table>

3）光纤传感器特点

与传统的传感器相比，光纤传感器具有独特的优点：

（1）灵敏度高。由于光是一种波长极短的电磁波，通过光的相位差和光的波长，可以计算出光学长度。以光纤干涉仪为例，由于所使用的光纤直径很小，受到微小的机械外力的作用或温度变化时其光学长度要发生变化，从而引起较大的相位变化。假设用 10 米的光纤，1℃的变化引起 1000 rad 的相位变化，若能够检测出的最小相位变化为 0.01 rad，那么所能测出的最小温度变化为 10℃，可见其灵敏度之高。

（2）抗电磁干扰、电绝缘、耐腐蚀，本质安全。由于光纤传感器是利用光波传输信息，而光纤又是电绝缘、耐腐蚀的传输媒质，并且安全可靠，这使它可以方便有效地用于各种大型机电、石油化工、矿井等强电磁干扰和易燃易爆等恶劣环境中。

（3）测量速度快。光的传播速度最快且能传送二维信息，因此可用于高速测量。对雷达等信号的分析要求具有极高的检测速率，应用电子学的方法难以实现，利用光的衍射现象的高速频谱分析便可解决。

（4）信息容量大。被测信号以光波为载体，而光的频率极高，所容纳的频带很宽，同一根光纤可以传输多路信号。

（5）适用于恶劣环境。光纤是一种电介质，耐高压、耐腐蚀、抗电磁干扰，可用于其他传感器所不适应的恶劣环境中。此外，光纤传感器还具有质量轻、体积小、可绕曲、测量对象广泛、复用性好、成本低等特点。

5. BLJ18A4－8－Z/B1Z 电感传感器

图 J2－15 所示是 BLJ18A4－8－Z/B1Z 电感传感器的外形图。

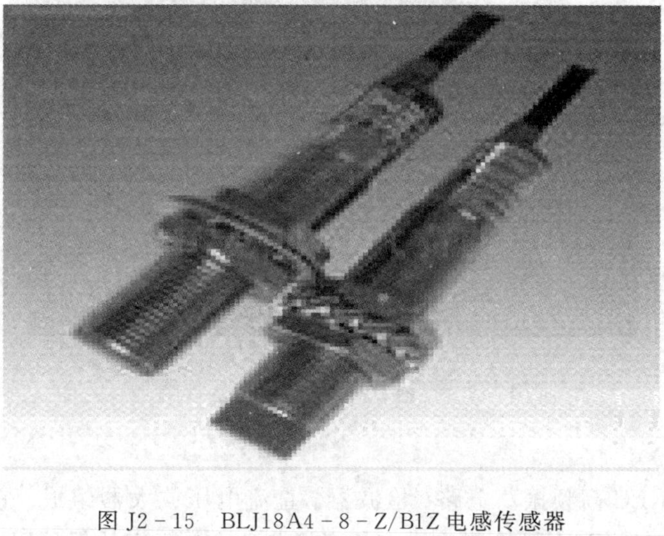

图 J2－15　BLJ18A4－8－Z/B1Z 电感传感器

1）基本知识

BLJ18A4－8－Z/B1Z 电感传感器由振荡器、开关电路及放大输出电路组成。电感传感器只能检测金属，检测距离较近，一般为 1～200 mm。

2）接线示意图

BLJ18A4－8－Z/B1Z 电感传感器接线示意图如图 J2－16 所示。

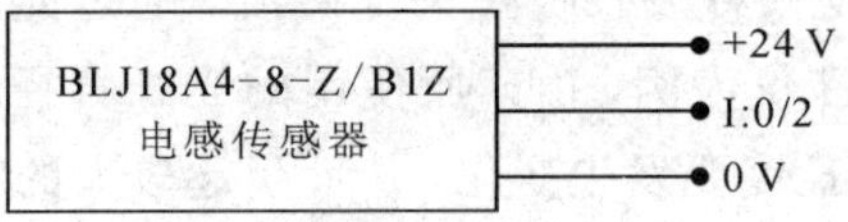

图 J2－16　BLJ18A4－8－Z/B1Z 电感传感器接线示意图

3）工作原理

电感传感器工作时，振荡器产生一个交变磁场，当有金属目标接近这一磁场并达到感应距离时，会在金属目标内产生涡流，从而导致振荡衰减以至停振。振荡器振荡及停振的变化被后级放大电路处理并转换成开关信号，触发驱动控制器件，从而达到非接触式检测目的。

4）主要功能

电感传感器的主要功能就是感应金属物体。在物料检测单元中当货物从传送带送来时，利用电感传感器检测货物并进行分类，当电感传感器感应到货物为金属时就会产生一个信号，并自动把货物送入相应的货道。

6. E2K－X8ME1 电容传感器

图 J2－17 所示是 E2K－X8ME1 电容传感器外形图。

图 J2－17　E2K－X8ME1 电容传感器

1）基本知识

电容传感器由 LC 高频振荡电路、检波器、直流电压放大器组成。它几乎能感应包括金属在内的任何物体，在物料检测单元中负责检测非金属。它的保护回路中采用了逆接保护、浪涌吸收。

2）参数说明

E2K－X8ME1 电容传感器参数说明见表 J2－8。

表 J2－8　E2K－X8ME1 电容传感器参数说明

项目型号		E2K－X8ME1
检测距离		8 mm±10%
设定距离		0～5.6 mm
应差距离		检测距离的 4%～20%
检测物体		导体及电介质体
标准检测物体		接地金属板 50 mm×50 mm×1 mm
应答频率		100 Hz
电源电压(使用电压范围)		DC12～24 V(DC10～30 V)
消耗电流		15 mA 以下
控制输出	开关容量	200 mA 以下
	残留电压	1 V 以下(负载电流 200 mA、导线长 2 m 时)
显示灯		检测显示(红色)

3）接线示意图

E2K－X8ME1 电容传感器接线示意图如图 J2－18 所示。

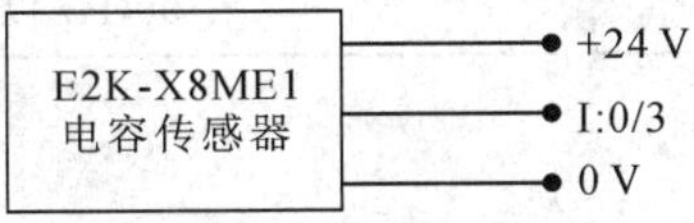

图 J2－18　E2K－X8ME1 电容传感器接线示意图

4）工作原理

电容传感器一般采用圆形金属薄膜或镀金属薄膜作为电容器的一个电极，当薄膜感受压力而变形时，薄膜与固定电极之间形成的电容量发生变化，通过测量电路即可输出与电压成一定关系的电信号。

7. EE－SPY402 光电开关

如图 J2－19 所示为 EE－SPY402 光电开关的外形图。

图 J2－19　EE－SPY402 光电开关

1）组成

EE－SPY402 光电开关由发射器、接收器和检测电路组成。

2）参数说明

EE－SPY402 光电开关参数说明见表 J2－9。

表 J2－9　EE－SPY402 光电开关参数说明

检测方式项目	反射型＊1
型号	EE－SPY402
检测距离	5 mm(反射率 90％　15 mm×15 mm 白纸)
标准检测物体	—
应差距离	0.2 mm(检测距离 3 mm、横方向)以下
光源(发光波长)	GaAs 红外发光二极管(940 nm)
显示灯	入光时灯亮(红色)
电源电压	DC5～24 V±10％，峰峰值脉动 5％以下
消耗电流	平均值 15 mA 以下、前端值 50 mA 以下
控制输出	NPN 电压输出，负载电源电压 DC5～24 V，负载电流 80 mA 以下 残留电压 1.0 V 以下(负载电流 80 mA 时) 残留电压 0.4 V 以下(负载电流 10 mA 时)
应答频率	100 Hz 以上

3）接线示意图

如图 J2－20 所示，EE－SPY402 光电开关有 3 个接线端，分别接入电源＋24 V、PLC 输入接线端子 I：0/4 及接地 0 V。

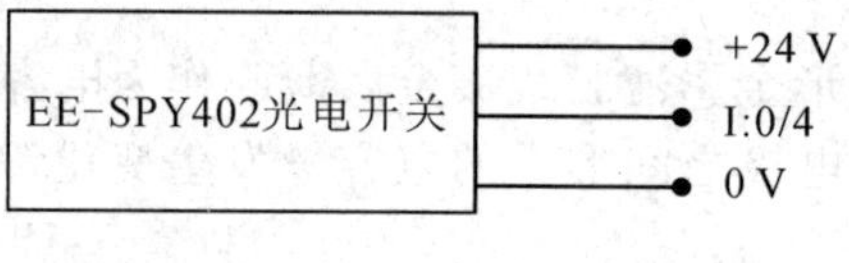

图 J2－20　EE－SPY402 光电开关接线示意图

4）工作原理

光电开关是利用被检测物对光束的遮挡或反射，由同步回路选通电路从而检测物体有无的。物体不限于金属，所有能反射光线的物体均可被检测。光电开关将输入电流在发射器上转换为光信号射出，接收器再根据接收到的光线的强弱或有无对目标物体进行探测。多数光电开关选用的是波长接近可见光的红外线光波。

5）主要功能

光电开关可用于物位检测、液位控制、产品计数、宽度判别、速度检测、定长剪切、孔洞识别、信号延时、自动门传感、色标检出、冲床和剪切机以及安全防护等诸多领域。在物料检测单元中用于检测物品的有无和计数。

6）术语解释

(1) 检测距离：检测体按一定方式移动，当开关动作时测得的基准位置(光电开关的感应表面)到检测面的空间距离。额定动作距离指接近开关动作距离的标称值。

(2) 回差距离：动作距离与复位距离之间的绝对值。

(3) 响应频率：在规定的 1s 的时间间隔内，允许光电开关动作循环的次数。

(4) 输出状态：分常开和常闭。当无检测物体时，常开型的光电开关所接通的负载由于光电开关内部的输出晶体管的截止而不工作，当检测到物体时，晶体管导通，负载得电工作。

(5) 检测方式：根据光电开关在检测物体时发射器所发出的光线被折回到接收器的途径的不同，可分为漫反射式、镜面反射式和对射式。

(6) 输出形式：分 NPN 二线、NPN 三线、NPN 四线、PNP 二线、PNP 三线、PNP 四线、AC 二线、AC 五线(自带继电器)，及直流 NPN/PNP/常开/常闭多功能等几种常用的输出形式。

(7) 表面反射率：漫反射式光电开关发出的光线需要经检测物表面才能反射回漫反射开关的接收器，所以检测距离和被检测物体的表面反射率将决定接收器接收到光线的强度。粗糙的表面反射回的光线强度必将小于光滑表面反射回的强度，而且，被检测物体的表面最好垂直于光电开关的发射光线。

(8) 环境特性：光电开关应用的环境亦会影响其长期工作可用性。当光电开关工作于最大检测距离状态时，由于光学透镜会被环境中的污物粘住，甚至会被一些强酸性物质腐蚀，以致其使用参数和可用性降低。较简便的解决方法就是根据光电开关的最大检测距离(Sn)降额使用来确定最佳工作距离。

7) 使用注意事项

(1) 避免强光源。光电开关在环境照度较高时，一般都能稳定工作。但应回避将传感器光轴正对太阳光、白炽灯等强光源。在不能改变传感器(受光器)光轴与强光源的角度时，可在传感器上方四周加装遮光板或套上遮光长筒。

(2) 防止相互干扰。防止相互干扰最有效的办法是投光器和受光器交叉设置，超过 2 组时还要拉开组距。当然，使用不同频率的机种也是一种好办法。

(3) 镜面角度影响。当被测物体有光泽或遇到光滑金属面时，一般反射率都很高，有近似镜面的作用，这时应将投光器与检测物体安装成 $10^\circ \sim 20^\circ$ 的夹角，以使其光轴不垂直于被检测物体，从而防止误动作。

(4) 排除背景物影响。使用反射式扩散型投、受光器时，有时由于检出物离背景物较近，如果被检测物体或者背景是光滑的，或者反射率较高的物体，就可能会使光电开关不能稳定检测。因此可以改用距离限定型投、受光器，或者采用远离背景物、拆除背景物、将背景物涂成无光黑色、或设法使背景物粗糙、灰暗等方法加以排除。

(5) 自诊断功能使用。在安装或使用光电开关时，有时可能会由于台面或背景影响以及使用振动等原因而造成光轴的微小偏移、透镜玷污、积尘、外部噪声、环境温度超出范围等问题。这些问题有可能会使光电开关偏离稳定工作区，这时可以利用光电开关的自诊断功能，使其通过 STABLITY 绿色稳定指示灯发出通知，以提醒使用者及时对其进行调整。

(6) 消除台面影响。投光器与受光器在贴近台面安装时，可能会出现台面反射的部分光束照到受光器而造成工作不稳定。对此可使受光器与投光器离开台面一定距离并加装遮光板。

（7）严禁用稀释剂等化学物品，以免损坏塑料镜。

（8）高压线、动力线和光电传感器的配线不应放在同一配线管或用线槽内，否则会由于感应而造成(有时)光电开关的误动作或损坏，所以原则上要分别单独配线。

8）工作时应避开的场所

下列场所有可能造成光电开关的误动作，应尽量避开：

（1）灰尘较多的场所。

（2）腐蚀性气体较多的场所。

（3）水、油、化学品有可能直接飞溅的场所。

（4）户外或太阳光等有强光直射而无遮光措施的场所。

（5）环境温度变化超出产品规定范围的场所。

（6）振动、冲击大，而未采取避震措施的场所。

8. E6A2－CW5C 旋转编码器

E6A2－CW5C 旋转编码器外形如图 J2－21 所示。

图 J2－21　E6A2－CW5C 旋转编码器

1）参数说明

E6A2－CW5C 旋转编码器参数说明见表 J2－10。

表 J2－10　E6A2－CW5C 旋转编码器参数说明

型　号	E6A2－C5C
电源电压	DC12 V－10％～24 V＋15％脉动(p－p)5％以下
消耗电流	20 mA 以下
分辨率(脉冲/旋转)	100、200、360、500
输出相	B 相 A 相
输出状态	集电极开路输出

续表

输出容量	外加电压：DC30 V 以下 同步电流：30 mA 以下 残留电压：0.4 V 以下（同步电流 30 mA 时）
最高响应频率	30 kHz
输出位相差	A 相、B 相的位相差 90°±45°
起动转矩	1 mN·m 以下
惯性力矩	1×10^{-7} kg·m^2 以下
径向	10 N
轴向	5 N
允许最高转速	5000 r/min
环境温度范围	工作时：－10～＋55℃保存时：－25～＋80℃（不结冰）
环境湿度范围	工作时、保存时：各 35%～85%RH(不凝露)
绝缘电阻	20 MΩ 以上(DC 500 V 兆欧表)充电部整体与外壳间
耐电压	AC 500 V 50/60 Hz 1 min 充电部整体与外壳间

2）接线示意图

如图 J2－22 所示，E6A2－CW5C 旋转编码器有四个接线端，分别接入电源＋24 V、PLC 输入端子 I：0/0、I：0/1 及接地 0 V。

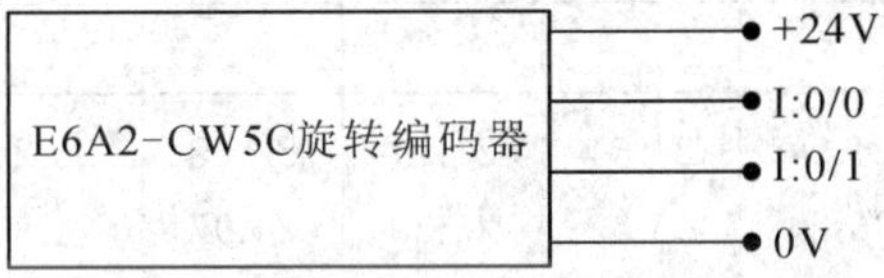

图 J2－22　E6A2－CW5C 接线示意图

3）工作原理

光电编码器是利用光栅衍射原理实现位移-数字变换，通过光电转换将输出轴上的机械几何位移量转换成脉冲数字量的传感器。

常见的光电编码器由光栅盘，发光元件和光敏元件组成。光栅实际上是一个刻有规则透光和不透光线条的圆盘，光敏元件接收的光通量随透光线条同步变化，光敏元件输出波形经整形后变为脉冲信号，每转一圈输出一个脉冲。根据脉冲的变化可以精确测量和控制设备位移量。在自动生产线的货物分拣单元，系统就是采用光电编码器检测传送带的速度的。

4）应用方向

(1) 测角度：通过旋转后编码器码值的变化测角度。

(2) 测直线长度与高度：很多直线运动是通过旋转的电机来带动的，同样的思考方法，通过旋转的编码器也可以测直线运动。而有些运动还有曲线型的，那就要进行非线性计算了。

(3) 测运动方向(旋转的和直线的)：增量型编码器有 A/B 相判向功能，而绝对值有大小变化，以此都可以判断运动方向。

(4) 测速度：通过单位时间内角度或长度的变化量计算运动速度。如果再将时间微分一次，还可以计算加速度。

(5) 作同步：通过对多个轴的运动变化比较，可作同步。

5) 使用注意事项

使用时尽量降低轴向之间的有线跳动。否则，即便是使用金属制作的联轴器，长期使用对工作轴和旋转编码器也会有损伤。

9. Pt100 温度传感器

1) 设计原理

Pt100 温度传感器是铂热电阻，它的阻值跟温度的变化成正比。Pt100 的阻值与温度变化关系为：当 Pt100 温度为 0℃时它的阻值为 100 欧姆，在 100℃时它的阻值约为 138.5 欧姆。Pt100 温度传感器的工作原理为当 Pt100 在 0 摄氏度的时候阻值为 100 欧姆，它的阻值会随着温度上升而成匀速增长，可以用线性方程表示二者之间的对应关系。

2) 分度表

表 J2-11 所示是 Pt100 的分度表。

表 J2-11 Pt100 分度表

温度/℃	0	1	2	3	4	5	6	7	8	9
	电阻值/Ω									
−200	18.52									
−190	22.83	22.40	21.97	21.54	21.11	20.68	20.25	19.82	19.38	18.95
−180	27.10	26.67	26.24	25.82	25.39	24.97	24.54	24.11	23.68	23.25
−170	31.34	30.91	30.49	30.07	29.64	29.22	28.80	28.37	27.95	27.52
−160	35.54	35.12	34.70	34.28	33.86	33.44	33.02	32.60	32.18	31.76
−150	39.72	39.31	38.89	38.47	38.05	37.64	37.22	36.80	36.38	35.96
−140	43.88	43.46	43.05	42.63	42.22	41.80	41.39	40.97	40.56	40.14
−130	48.00	47.59	47.18	46.77	46.36	45.94	45.53	45.12	44.70	44.29
−120	52.11	51.70	51.29	50.88	50.47	50.06	49.65	49.24	48.83	48.42
−110	56.19	55.79	55.38	54.97	54.56	54.15	53.75	53.34	52.93	52.52
−100	60.26	59.85	59.44	59.04	58.63	58.23	57.82	57.41	57.01	56.60
−90	64.30	63.90	63.49	63.09	62.68	62.28	61.88	61.47	61.07	60.66
−80	68.33	67.92	67.52	67.12	66.72	66.31	65.91	65.51	65.11	64.70
−70	72.33	71.93	71.53	71.13	70.73	70.33	69.93	69.53	69.13	68.73
−60	76.33	75.93	75.53	75.13	74.73	74.33	73.93	73.53	73.13	72.73
−50	80.31	79.91	79.51	79.11	78.72	78.32	77.92	77.52	77.12	76.73

续表一

温度/℃	0	1	2	3	4	5	6	7	8	9
	电阻值/Ω									
−40	84.27	83.87	83.48	83.08	82.69	82.29	81.89	81.50	81.10	80.70
−30	88.22	87.83	87.43	87.04	86.64	86.25	85.85	85.46	85.06	84.67
−20	92.16	91.77	91.37	90.98	90.59	90.19	89.80	89.40	89.01	88.62
−10	96.09	95.69	95.30	94.91	94.52	94.12	93.73	93.34	92.95	92.55
0	100.00	99.61	99.22	98.83	98.44	98.04	97.65	97.26	96.87	96.48
0	100.00	100.39	100.78	101.17	101.56	101.95	102.34	102.73	103.12	103.51
10	103.90	104.29	104.68	105.07	105.46	105.85	106.24	106.63	107.02	107.40
20	107.79	108.18	108.57	108.96	109.35	109.73	110.12	110.51	110.90	111.29
30	111.67	112.06	112.45	112.83	113.22	113.61	114.00	114.38	114.77	115.15
40	115.54	115.93	116.31	116.70	117.08	117.47	117.86	118.24	118.63	119.01
50	119.40	119.78	120.17	120.55	120.94	121.32	121.71	122.09	122.47	122.86
60	123.24	123.63	124.01	124.39	124.78	125.16	125.54	125.93	126.31	126.69
70	127.08	127.46	127.84	128.22	128.61	128.99	129.37	129.75	130.13	130.52
80	130.90	131.28	131.66	132.04	132.42	132.80	133.18	133.57	133.95	134.33
90	134.71	135.09	135.47	135.85	136.23	136.61	136.99	137.37	137.75	138.13
100	138.51	138.88	139.26	139.64	140.02	140.40	140.78	141.16	141.54	141.91
110	142.29	142.67	143.05	143.43	143.80	144.18	144.56	144.94	145.31	145.69
120	146.07	146.44	146.82	147.20	147.57	147.95	148.33	148.70	149.08	149.46
130	149.83	150.21	150.58	150.96	151.33	151.71	152.08	152.46	152.83	153.21
140	153.58	153.96	154.33	154.71	155.08	155.46	155.83	156.20	156.58	156.95
150	157.33	157.70	158.07	158.45	158.82	159.19	159.56	159.94	160.31	160.68
160	161.05	161.43	161.80	162.17	162.54	162.91	163.29	163.66	164.03	164.40
170	164.77	165.14	165.51	165.89	166.26	166.63	167.00	167.37	167.74	168.11
180	168.48	168.85	169.22	169.59	169.96	170.33	170.70	171.07	171.43	171.80
190	172.17	172.54	172.91	173.28	173.65	174.02	174.38	174.75	175.12	175.49
200	175.86	176.22	176.59	176.96	177.33	177.69	178.06	178.43	178.79	179.16
210	179.53	179.89	180.26	180.63	180.99	181.36	181.72	182.09	182.46	182.82
220	183.19	183.55	183.92	184.28	184.65	185.01	185.38	185.74	186.11	186.47
230	186.84	187.20	187.56	187.93	188.29	188.66	189.02	189.38	189.75	190.11
240	190.47	190.84	191.20	191.56	191.92	192.29	192.65	193.01	193.37	193.74
250	194.10	194.46	194.82	195.18	195.55	195.91	196.27	196.63	196.99	197.35
260	197.71	198.07	198.43	198.79	199.15	199.51	199.87	200.23	200.59	200.95
270	201.31	201.67	202.03	202.39	202.75	203.11	203.47	203.83	204.19	204.55
280	204.90	205.26	205.62	205.98	206.34	206.70	207.05	207.41	207.77	208.13
290	208.48	208.84	209.20	209.56	209.91	210.27	210.63	210.98	211.34	211.70

续表二

温度/℃	0	1	2	3	4	5	6	7	8	9
	电阻值/Ω									
300	212.05	212.41	212.76	213.12	213.48	213.83	214.19	214.54	214.90	215.25
310	215.61	215.96	216.32	216.67	217.03	217.38	217.74	218.09	218.44	218.80
320	219.15	219.51	219.86	220.21	220.57	220.92	221.27	221.63	221.98	222.33
330	222.68	223.04	223.39	223.74	224.09	224.45	224.80	225.15	225.50	225.85
340	226.21	226.56	226.91	227.26	227.61	227.96	228.31	228.66	229.02	229.37
350	229.72	230.07	230.42	230.77	231.12	231.47	231.82	232.17	232.52	232.87
360	233.21	233.56	233.91	234.26	234.61	234.96	235.31	235.66	236.00	236.35
370	236.70	237.05	237.40	237.74	238.09	238.44	238.79	239.13	239.48	239.83
380	240.18	240.52	240.87	241.22	241.56	241.91	242.26	242.60	242.95	243.29
390	243.64	243.99	244.33	244.68	245.02	245.37	245.71	246.06	246.40	246.75
400	247.09	247.44	247.78	248.13	248.47	248.81	249.16	249.50	245.85	250.19
410	250.53	250.88	251.22	251.56	251.91	252.25	252.59	252.93	253.28	253.62
420	253.96	254.30	254.65	254.99	255.33	255.67	256.01	256.35	256.70	257.04
430	257.38	257.72	258.06	258.40	258.74	259.08	259.42	259.76	260.10	260.44
440	260.78	261.12	261.46	261.80	262.14	262.48	262.82	263.16	263.50	263.84
450	264.18	264.52	264.86	265.20	265.53	265.87	266.21	266.55	266.89	267.22
460	267.56	267.90	268.24	268.57	268.91	269.25	269.59	269.92	270.26	270.60
470	270.93	271.27	271.61	271.94	272.28	272.61	272.95	273.29	273.62	273.96
480	274.29	274.63	274.96	275.30	275.63	275.97	276.30	276.64	276.97	277.31
490	277.64	277.98	278.31	278.64	278.98	279.31	279.64	279.98	280.31	280.64
500	280.98	281.31	281.64	281.98	282.31	282.64	282.97	283.31	283.64	283.97
510	284.30	284.63	284.97	285.30	285.63	285.96	286.29	286.62	286.85	287.29
520	287.62	287.95	288.28	288.61	288.94	289.27	289.60	289.93	290.26	290.59
530	290.92	291.25	291.58	291.91	292.24	292.56	292.89	293.22	293.55	293.88
540	294.21	294.54	294.86	295.19	295.52	295.85	296.18	296.50	296.83	297.16
550	297.49	297.81	298.14	298.47	298.80	299.12	299.45	299.78	300.10	300.43
560	300.75	301.08	301.41	301.73	302.06	302.38	302.71	303.03	303.36	303.69
570	304.01	304.34	304.66	304.98	305.31	305.63	305.96	306.28	306.61	306.93
580	307.25	307.58	307.90	308.23	308.55	308.87	309.20	309.52	309.84	310.16
590	310.49	310.81	311.13	311.45	311.78	312.10	312.42	312.74	313.06	313.39
600	313.71	314.03	314.35	314.67	314.99	315.31	315.64	315.96	316.28	316.60
610	316.92	317.24	317.56	317.88	318.20	318.52	318.84	319.16	319.48	319.80
620	320.12	320.43	320.75	321.07	321.39	321.71	322.03	322.35	322.67	322.98
630	323.30	323.62	323.94	324.26	324.57	324.89	325.21	325.53	325.84	326.16
640	326.48	326.79	327.11	327.43	327.74	328.06	328.38	328.69	329.01	329.32
650	329.64	329.96	330.27	330.59	330.90	331.22	331.53	331.85	332.16	332.48
660	332.79									

3）工作原理

Pt100 温度传感器是一个模拟信号传感器，它在实际应用中有两种形式：一种是不需要显示，直接采集到 PLC，这样的话在使用的时候只需要一块 Pt100 的集成电路，要注意的是这个集成电路采集的不是电流信号而是电阻值。Pt100 的集成电路(需要一个±12 V DC 电源提供工作电压)直接把采集到的电阻变为 1～5 V DC 输入到 PLC，经过简单的加减乘除计算就可以得到相应的温度值，这样的形式可以同时采集多路。还有一种就是单独的一个 Pt100 温度传感器(工作电源是 24 V DC)，产生一个 4～20 mA 的电流，然后再通过一个4～20 mA电流电路板把这个电流信号等比例转变为 1～5 V 电压信号。

4）Pt100 温度传感器的主要技术参数

(1) 测量范围：−200～+850℃；

(2) 允许偏差值 Δ℃：A 级±(0.15 +0.002｜t｜)，B 级±(0.30+0.005｜t｜)；

(3) 热响应时间：<30 s；

(4) 允通电流：≤5 mA。

另外，Pt100 温度传感器还具有抗振动、稳定性好、准确度高、耐高压等优点。

5）安装注意事项

Pt100 温度传感器三根芯线的接法：

Pt100 铂电阻传感器有三条引线，可用 A、B、C(或黑、红、黄)来代表，三根线之间有如下规律：A 与 B 或 C 之间的阻值常温下在 110 Ω 左右，B 与 C 之间为 0 Ω，即 B 与 C 在内部是直通的，原则上 B 与 C 没什么区别。仪表上接传感器的固定端子有 3 个，A 线接在仪表上接传感器的一个固定的端子。B 和 C 接在仪表上的另外两个固定端子，B 和 C 线的位置可以互换，但都得接上，如果中间接有加长线，三条导线的规格和长度要相同。

习　题　2

填空题

1. 按照从传感器输出电信号的类型不同，可将其划分为________传感器、________传感器和________传感器。

2. ________又称无触点行程开关。它能在一定的距离(约几毫米至几十毫米)内检测有无物体靠近。当物体与其接近到设定距离时，就可以发出“动作”信号，它给出的是______(即高电平或低电平)。

3. 常用的接近开关可分为________接近开关、________接近开光、________接近开关、________接近开关等。

4. 在自动化设备中，磁性开关主要与________上安装有磁环的各种气缸配合使用，用于检测气缸等执行元件的________。

5. 电容式接近开关不仅能检测________，而且能检测纸张、橡胶、塑料、木材等非金属物体，还可以检测绝缘的________。

6. 电感式接近开关是利用________制成的开关量输出的位置传感器，因此它检测的对象必须是________。

7. 光电式接近开关是利用________制成的开关量传感器，主要由________和________组成。

8. 按照接收器接收光的方式不同，光电式接近开关可以分为________、________和________3种。

9. 目前常用的数字式传感器主要有以下几种：________，________，________，________等。

10. 编码器按结构形式有________编码器和________编码器之分。

11. 光纤传感器由________、________、________、________以及解调制器组成。

第 3 章　气压传动技术

自动线中许多动作如机械手的抓取、料块的推出和零件的装配等都是靠气压传动实现的。气压传动是利用空气压缩机，将电动机或其他原动机输出的机械能转变为空气的压力能，然后在控制元件的控制和辅助元件的配合下，通过执行元件再把空气的压力能转变成机械能，驱动和控制各种机械设备以实现生产过程机械化和自动化的一种技术。气压传动技术的应用对提高劳动生产率、提高产品质量、降低成本、减轻劳动强度和改善劳动环境具有重要意义。简单的气动控制系统如图 J3－1 所示，通常可分为气源装置、气动辅助元件、气动控制元件和气动执行元件 4 大部分。

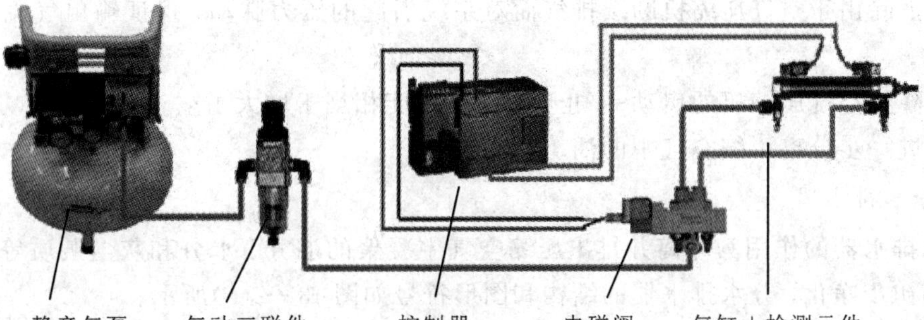

图 J3－1　简单的气动控制系统

3.1　气源装置与气动辅助元件

气源装置和气动辅助元件是气动系统两个不可缺少的重要组成部分。气源装置给系统提供足够清洁、干燥的具有一定压力和流量的压缩空气；气动辅助元件是进行元件连接和提高系统可靠性、使用寿命及改善工作环境等所必需的。

1. 气源装置

气源装置一般由 3 部分组成：产生压缩空气的气压发生装置，如空气压缩机；压缩空气储存和净化装置如储气罐、过滤器、分水排水器、干燥器等；输送压缩空气的供气管道系统。

1）空气压缩机

空气压缩机是将原动机提供的机械能转换成气体压力能的一种能量转换装置，即气压发生装置，空气压缩机的作用是为气动装置提供具有一定压力和流量的压缩空气。空气压缩机按结构形式可分为活塞式空气压缩机、叶片式空气压缩机和螺杆式空气压缩机。空气压缩机的基本参数主要有空气压缩机的工作压力；压缩空气的流量；空气压缩机的功率等。

空气压缩机的使用注意事项：

(1) 空气压缩机的安装位置要求。空气压缩机的安装地点必须清洁，无粉尘、通风好、湿度小、温度低且要留有维护保养空间，一般要安装在专用机房内。

(2) 噪音问题解决。空气压缩机运转会产生较大噪音。噪音防治方法主要有设置隔声罩、设置消声器、选择噪音较低的空压机等。

(3) 空气压缩机要使用专用润滑油并定期更换。启动空气压缩机前应检查润滑油位，并用手拉动传动带使机轴转动几圈，以保证启动时的润滑。启动前和停车后，都应及时排除空压机气罐中的水分。

2) 储气罐

储气罐的主要作用：

(1) 储存一定数量的压缩空气，以备发生故障或临时需要应急使用；

(2) 消除由于空气压缩机断续排气而对系统引起的压力脉动，保证输出气流的连续性和平稳性；

(3) 降低空气压缩机的启动-停止频率，其功能相当于增大了空气压缩机的功率；

(4) 进一步分离压缩空气中的油、水等杂质。

3) 分水排水器

分水排水器的作用为分离并排出压缩空气中凝聚的油分、水分和灰尘杂质等，使压缩空气得到初步净化。分水排水器的结构和图形符号如图 J3-2(a)所示。

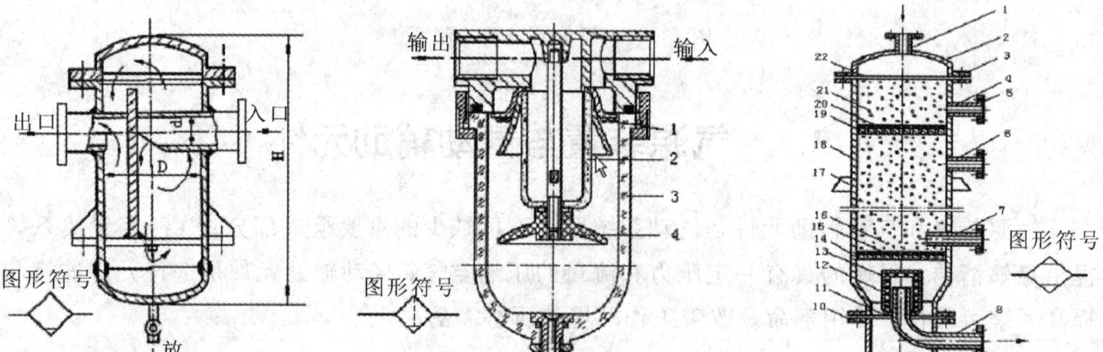

(a) 分水排水器　　(b) 空气过滤器　　(c) 干燥器

图 J3-2　分水排水器、空气过滤器和干燥器的结构和图形符号

分水排水器的结构形式包括环形回转式、撞击折回式、离心旋转式、水浴式以及以上形式的组合等。

4) 空气过滤器

空气过滤器的作用是进一步滤除压缩空气中的杂质。其结构和图形符号如图 J3-2(b)

所示。

5）干燥器

经过后冷却器、分水排水器和储气罐后得到的初步净化的压缩空气，已满足一般气压传动的需要，但这种压缩空气中仍含一定量的油、水以及少量的粉尘。如果用于精密的气动装置、气动仪表等，上述压缩空气还必须进行干燥处理。通常利用具有吸附性能的吸附剂(如硅胶、铝胶或分子筛等)来吸附压缩空气中含有的水分而使其干燥。干燥器的结构和图形符号如图 J3－2(c)所示。分水排水器、空气过滤器和干燥器的图形符号如图 J3－3 所示。

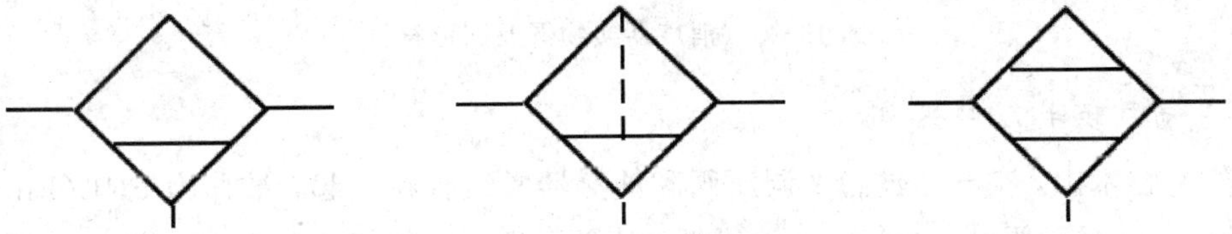

(a) 分水排水器　(b) 空气过滤器　(c) 干燥器

图 J3－3　分水排水器、空气过滤器、干燥器的图形符号

2. 气动辅助元件

气动辅助元件包括过滤器、油雾器、消声器、管道及管路附件和其他辅助元件等，是保证气压传动系统正常工作必不可少的组成部分。

1）过滤器

过滤器用于除去压缩空气中的油污、水分和灰尘等杂质。

2）油雾器

油雾器是一种特殊的注油装置，它的作用机理是以压缩空气为动力，将润滑油喷射成雾状并混合于压缩空气中，使该压缩空气具有润滑气动元件的能力。

油雾器的工作原理如图 J3－4 所示，当气流经过节流小口后，压力为 P2。若输入压力 P1 和 P2 的压力差大于位能 ρgh 时，油液被向上吸入管道，并被节流处的高速气流射散，雾化后从输出口流出，实现后续润滑作用。

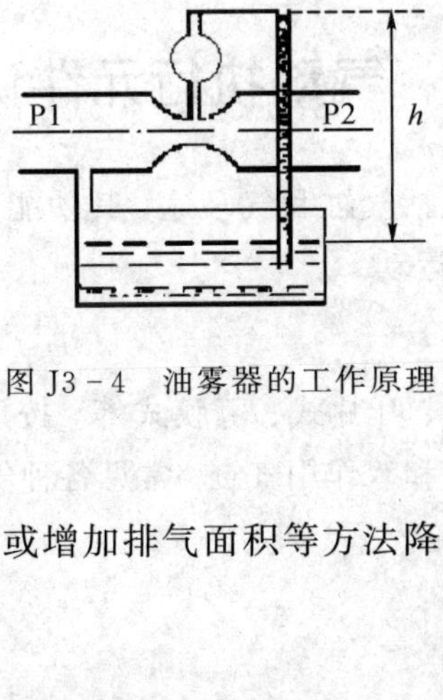

图 J3－4　油雾器的工作原理

3）消声器

消声器的作用就是通过阻尼或增加排气面积等方法降低气体速度和功率，达到降低噪

声的目的。常用的消声器有吸收型、膨胀型和膨胀干涉吸收型 3 种。图 J3 - 5 所示是消声器实物图及图形符号。

BSL-B型消声器

BSL-SSMT型消声器

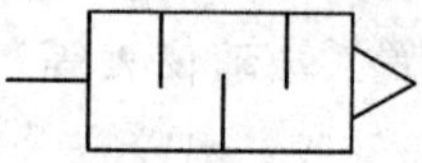

消声器的图形符号

图 J3 - 5　消声器实物图及图形符号

4）气动三联件

在气动技术中，空气过滤器、调压阀和油雾器常组合在一起，被称为 FRL(Filter-过滤器，Regulator-减压阀，Lubricator-油雾器)组合元件，也称气动三联件。气动三联件及其图形符号如图 J3 - 6 所示。

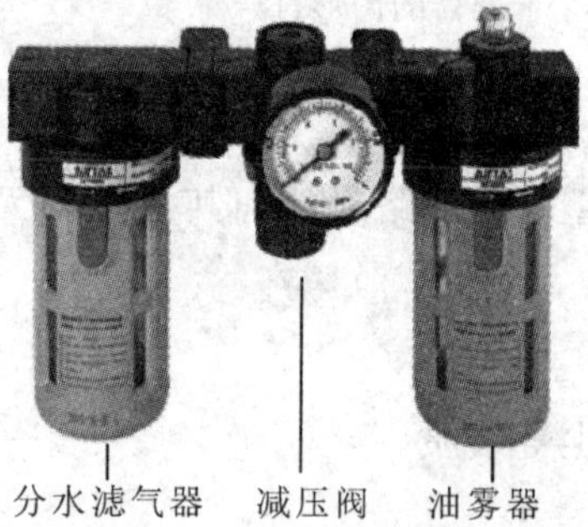

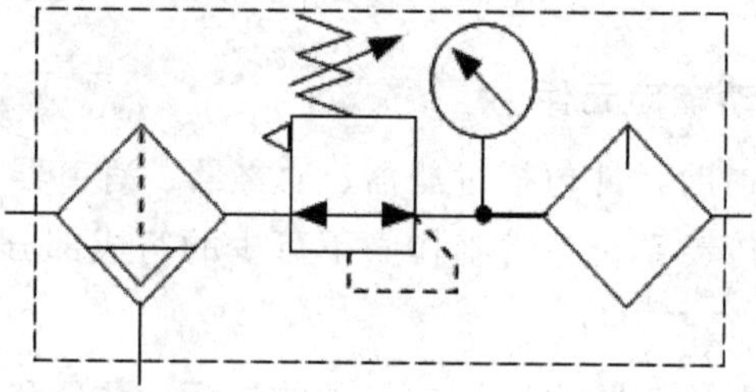

FRL的图形符号

图 J3 - 6　气动三联件及其图形符号

过滤器也称分水滤气器，用于对气源的清洁，可过滤压缩空气中的水分，避免水分随气体进入气动装置。调压阀可对气源进行稳压，使气源处于恒定状态，可减小因气源气压突变时对阀门或执行器等硬件的损伤。油雾器可对机体运动部件进行润滑，可以对不方便加润滑油的部件进行润滑，大大延长机体的使用寿命。

3.2　气动执行元件认知

气压传动系统的执行元件包括气缸和气马达，其功能是将压缩空气的压力能转化为机械能，实现直线、摆动或者回转运动。

1. 气缸的分类

气缸按结构特点分为活塞式、叶片式、薄膜式等。按压缩空气作用在活塞端面上的方向不同可将气缸分为单作用气缸和双作用气缸。常见各种气动执行元件的实物图如图 J3 - 7 所示。

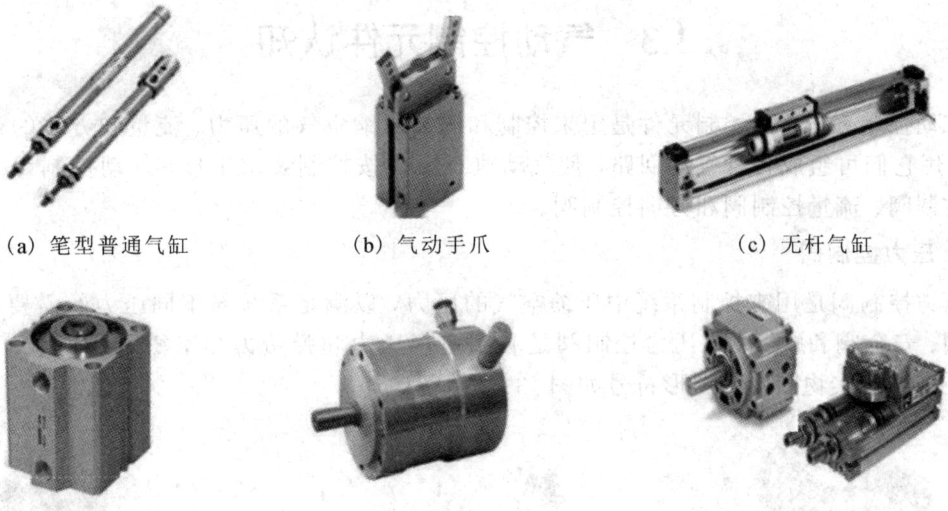

(a) 笔型普通气缸　(b) 气动手爪　(c) 无杆气缸

(d) 薄型气缸　(e) 气马达　(f) 摆动气缸

图 J3-7　常见各种气动执行元件实物图

2. 单作用气缸

单作用气缸的活塞杆伸出依靠气压，活塞杆返回依靠弹簧力(或其他外力)，通常采用二位三通阀或三位三通阀控制实现换向。

单作用气缸结构简单，耗气量少，缸体内安装了弹簧，缩短了气缸的有效行程，活塞杆的输出力随运动行程的增大而减小，弹簧具有吸收动能的能力，可减小行程终端的撞击作用。单作用气缸一般用于行程短，对输出力和运动速度要求不高的场合。

3. 双作用气缸

双作用气缸利用压缩空气使活塞向两个方向运动，前进或后退都能输出力(推力或拉力)，活塞行程可根据实际需要选定，双向作用的力和速度可根据需要调节。

双作用气缸通过双腔的交替进气和排气驱动活塞杆伸出与缩回，实现往复直线运动。通常采用二位五通阀或三位五通阀控制实现换向。

4. 摆动气缸

摆动气缸利用压缩空气驱动输出轴在一定角度范围内作往复回转运动，其摆动角度可在一定范围内调节，常用的固定角度有 90°、180°、270°，用于物体的转位、翻转、分类、夹紧、阀门的开闭以及机器人的手臂动作等。

5. 气动手爪(手指气缸)

气动手爪是一种变型气缸。气动手爪的开闭一般是通过由气缸活塞产生的往复直线运动带动与手爪相连的曲柄连杆、滚轮或齿轮等机构，驱动各个手爪同步做开、闭运动。它主要是针对机械手的用途而设计的，在自动化系统中，气动手爪常应用在搬运、传送工件机构中抓取、拾放物体。

3.3　气动控制元件认知

气动控制系统中，控制元件是用来控制和调节压缩空气的压力、流量和方向的重要元件，利用它们可组成各种气动回路，使气动执行元件按控制要求工作。气动控制元件包括压力控制阀、流量控制阀和方向控制阀。

1. 压力控制阀

压力控制阀是用来控制系统中压缩空气的压力，以满足系统对不同压力的需要，包括减压阀、安全阀和顺序阀。压力控制阀是利用空气压力和弹簧力相平衡的原理来工作的。压力控制阀的实物图及其图形符号如图 J3－8 所示。

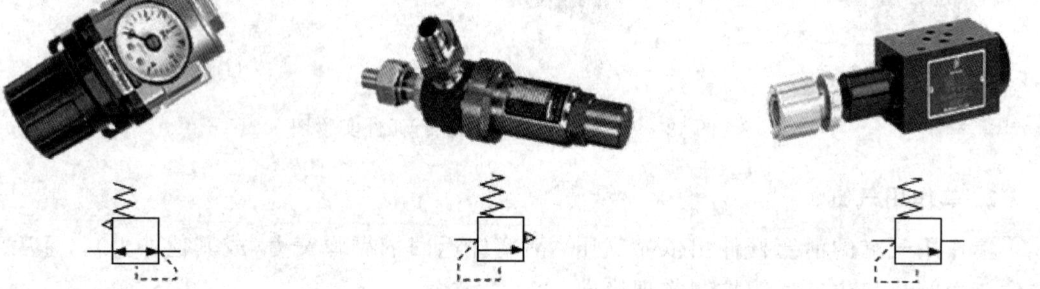

减压阀　　　　安全阀　　　　顺序阀

图 J3－8　压力控制阀及其图形符号

减压阀的作用是对来自供气气源的压力进行二次压力调节，使气源压力减小到各气动装置需要的压力，并保证压力值保持稳定。

安全阀也称为溢流阀，在系统中起过压保护作用。当储气罐或气动回路中的压力超过规定值时，安全阀能立即打开，将系统中一部分气体排入大气，使得系统压力不超过允许值，从而保证系统不因压力过高而发生事故。

顺序阀是依靠气路中压力的作用来控制执行元件按顺序动作的一种压力控制阀，顺序阀一般与单向阀配合在一起，构成单向顺序阀。

减压阀常用于气源系统的压力控制。在一次压力控制回路中，减压阀使储气罐送出的气体压力不超过规定压力，如图 J3－9 所示。在二次压力控制回路中，减压阀用于气动控制系统中气源压力的控制，以保证系统使用的气体压力为一稳定值，如图 J3－10 所示。

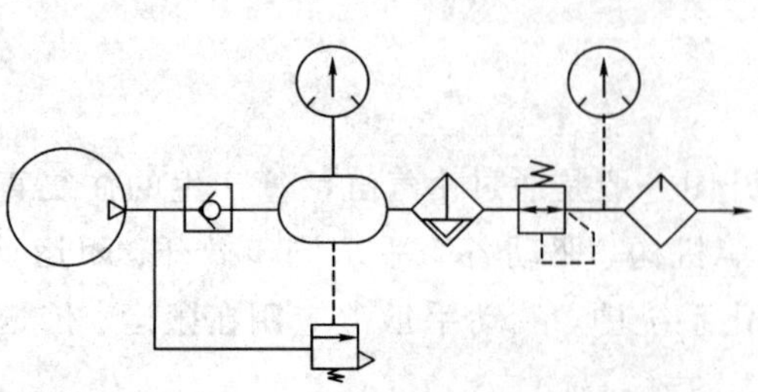

图 J3－9　一次压力控制回路

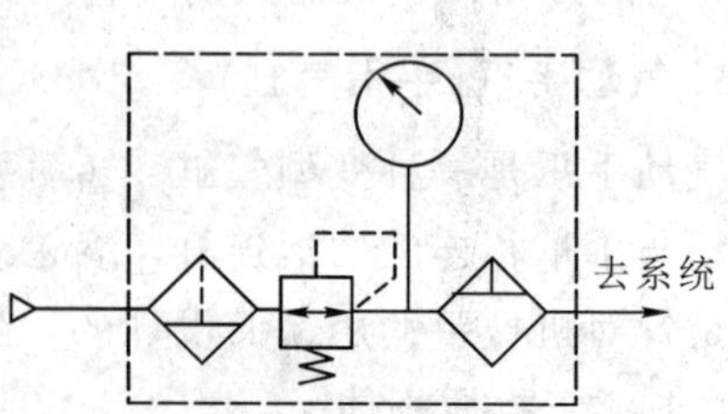

图 J3－10　二次压力控制回路

2. 流量控制阀

为了使气缸的动作平稳可靠，常用流量控制阀对气缸的运动速度加以控制。流量控制阀是通过控制气体的流量来控制气动执行元件的运行速度的，而气体流量的大小是通过改变流量控制阀的流通截面积来控制的。流量控制阀包括调速阀、单向节流阀和带消声器的排气节流阀等。

单向节流阀是由单向阀和节流阀并联而成的流量控制阀，常用于控制气缸的运动速度，故常称为速度控制阀。单向节流阀是最常用的流量控制阀，如图 J3－11 所示为单向节流阀及其图形符号。

图 J3－11　单向节流阀及其图形符号

图 J3－12 为两个单向节流阀组成的典型速度控制回路，当压缩空气从 A 端进气、从 B 端排气时，单向节流阀 A 的单向阀开启，向气缸无杆腔快速充气；由于单向节流阀 B 的单向阀关闭，有杆腔的气体只能经节流阀排气，调节节流阀 B 的开度，便可改变气缸伸出的运动速度。反之，调节节流阀 A 的开度则可改变气缸缩回的运动速度。这种控制方式下的活塞运行稳定，是最常用的方式。

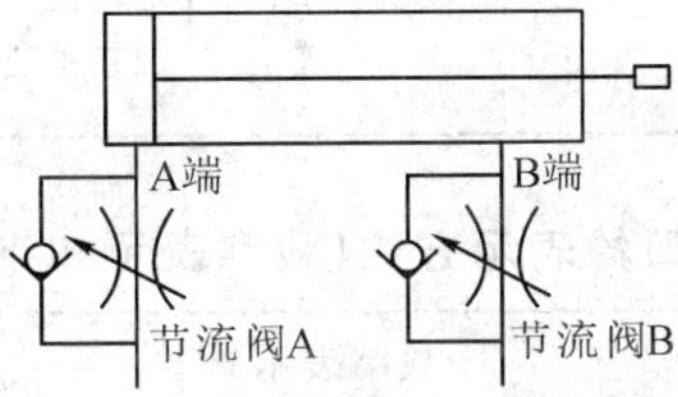

图 J3－12　两个单向节流阀组成的速度控制回路

3. 方向控制阀

方向控制阀是气动系统中通过改变压缩空气的流动方向和气流通断，来控制执行元件启动、停止及运动方向的气动控制元件。

1）方向控制阀分类

按作用特点不同，方向控制阀可分为单向阀和换向阀。单向阀控制气流只能向一个方向流动而不能反向流动通过。换向阀通过改变气体通路使气流方向发生改变。按驱动方式不同，方向控制阀可分为电磁控制式、气压控制式、机械控制式、人力控制式等。电磁换向阀是利用电磁铁推动阀芯来控制气流方向的。采用电磁换向阀可以使操作轻便，容易实现自动化操作，因此应用极广。按通口数和阀芯工作位置数可分为二位二通、二位三通、三位五通等多种。

2）换向阀的“位”和“通”

换向阀的“位”表示其工作时能切换的位置数或工作状态数。换向阀图形符号中每个工作位用一个方框表示，有几个方框，这个阀就有几位。

换向阀的“通”表示在一个工作位置电磁阀与外界连接的通口数。换向阀符号中，一个方框内的箭头首尾和堵截符号（┬或┴）与方框有几个交点就表示有几个与外部连接的接口，即为几通。换向阀的符号、通口数和位数见表 J3－1，气口符号的含义见表 J3－2。

表 J3－1 换向阀的符号、通口数和位数

通口数	二　位	三　位	备　注
2 通	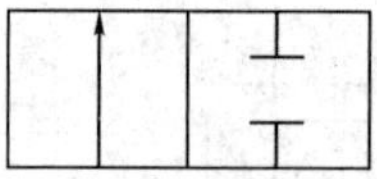	—	
3 通	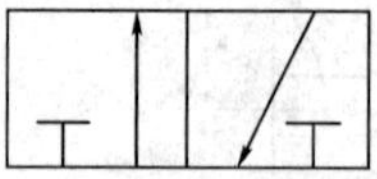	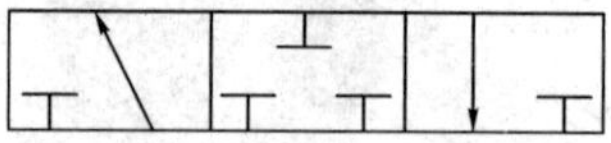	
4 通	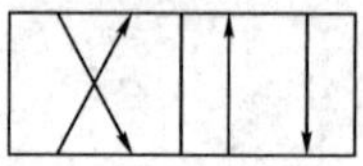	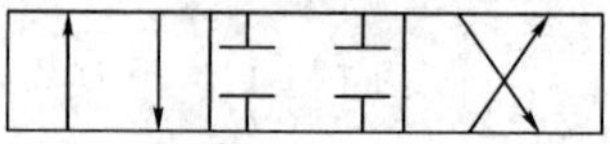	
5 通	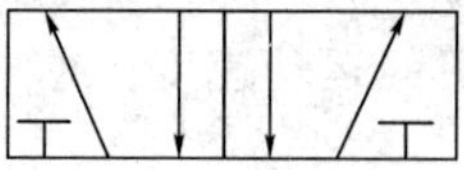	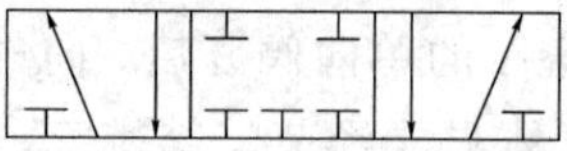 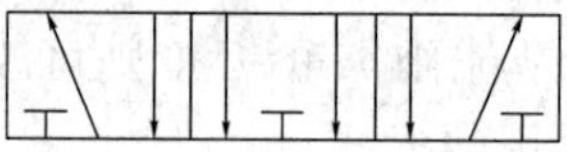 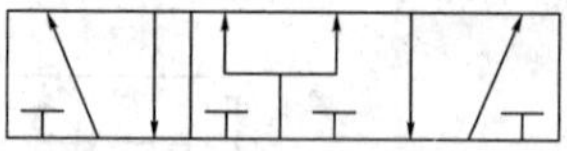	中间封闭式 中间泄压式 中间加压式

表 J3－2 气口的表示方法（数字表示和字母表示对照）

气　口	数字表示 （符合 ISO5599 标准）	字母表示 （实际中常见）
进气口	1	P
工作口（输出口）	2	B
工作口（输出口）	4	A
排气口	3	S(T)(O)
排气口	5	R(T)(O)

3）对换向阀符号的几点说明

（1）方框内的箭头：表示油路处于接通状态，但箭头方向不一定表示气流的实际流动方向。

(2) 堵截符号：方框内符号“┻”或“┳”表示该通路不通。

(3) 换向阀的常态位置：换向阀都有两个或两个以上的工作位置，其中一个为常态位，即阀芯未受到操纵力时所处的位置。图形符号中的中位是三位阀的常态位。利用弹簧复位的二位阀则以靠近弹簧的方框内的通路状态为其常态位。绘制系统图时，气路一般应连接在换向阀的常态位上。

(4) 不同气口在图形中的位置：P 为进气口，位置通常在左下；T(O，R，S)为排气口，通常位置在右下；A 和 B 为连接执行元件的工作口，通常的位置在左上和右上。

4. 电磁控制换向阀

电磁控制换向阀简称电磁阀，是气动控制中最主要的元件。它是利用电磁线圈通电时，静铁芯对动铁芯产生电磁吸引力使阀芯切换以改变气流方向的阀。根据阀芯复位的控制方式不同，可以分为单电控和双电控两种。单电控电磁阀和双电控电磁阀及其图形符号如图 J3－13 所示，其中只有一个两位五通双电控电磁阀，其他三个是两位五通单电控电磁阀。

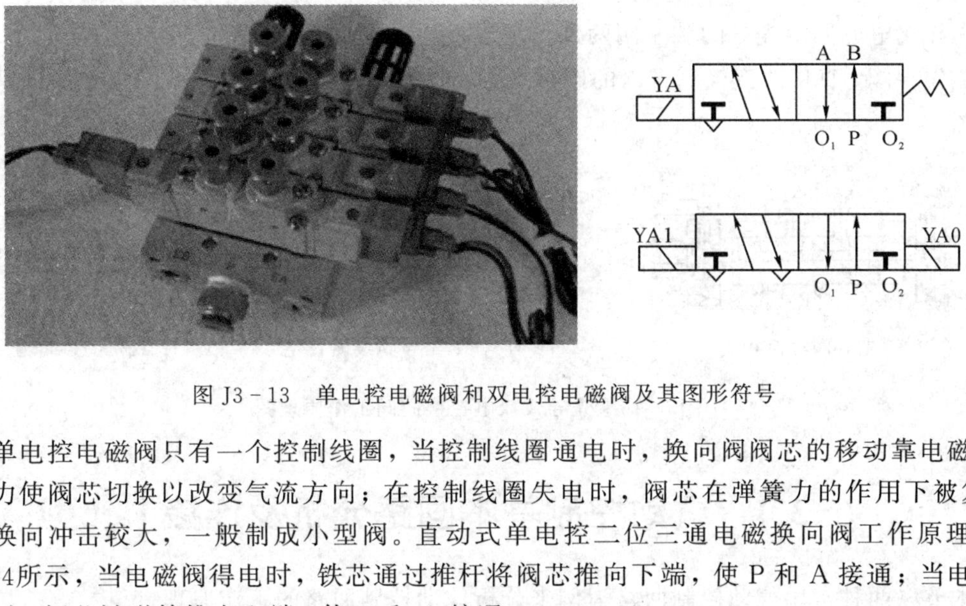

图 J3－13　单电控电磁阀和双电控电磁阀及其图形符号

单电控电磁阀只有一个控制线圈，当控制线圈通电时，换向阀阀芯的移动靠电磁铁电磁吸力使阀芯切换以改变气流方向；在控制线圈失电时，阀芯在弹簧力的作用下被复位，因而换向冲击较大，一般制成小型阀。直动式单电控二位三通电磁换向阀工作原理如图 J3－14所示，当电磁阀得电时，铁芯通过推杆将阀芯推向下端，使 P 和 A 接通；当电磁阀断电时，阀芯被弹簧推向上端，使 O 和 A 接通。

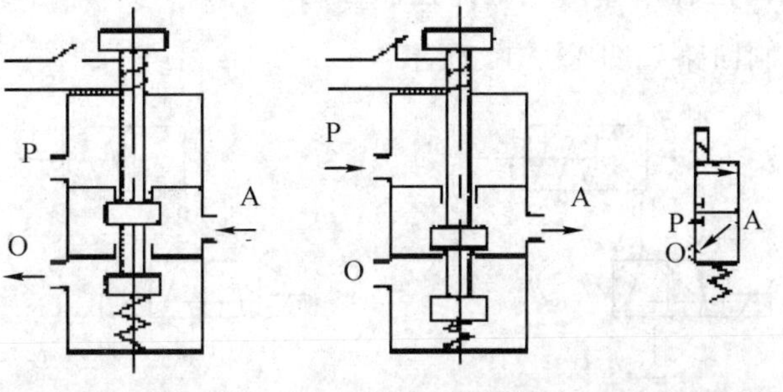

(a) 电磁阀线圈断电　　(b) 电磁阀线圈得电　　(c) 图形符号

图 J3－14　直动式单电控二位三通电磁换向阀工作原理图

将单电控电磁阀阀芯复位弹簧改成电磁铁就成为双电控电磁直动式换向阀。双电控电磁阀具有记忆功能，即线圈通电后立即失电，电磁阀也会保持通电时的状态不变。只有当另一个电磁线圈通电时，才会切换为另一种状态。在两端都无电控信号时，阀芯的位置是取决于前一个电控信号。该阀的两个电磁铁只能交替工作，不能同时得电，否则会产生误动作或烧坏线圈。图 J3－15 是直动式双电控二位五通电磁换向阀工作原理图。

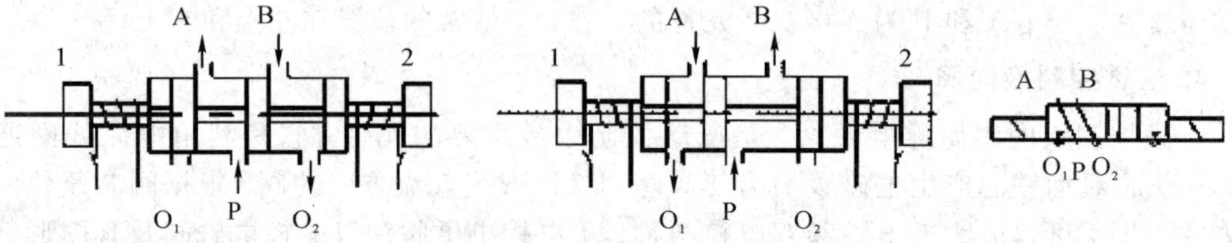

(a) 电磁阀线圈1得电　(b) 电磁阀线圈2得电　(c) 图形符号

图 J3－15　直动式双电控二位五通电磁换向阀工作原理图

先导式电磁阀由先导阀和主阀两部分组成。电磁控制部分实际上是一个电磁阀，称之为电磁先导阀，直接改变气流方向的阀称之为主阀。图 J3－16 是先导式双电控换向阀工作原理图。

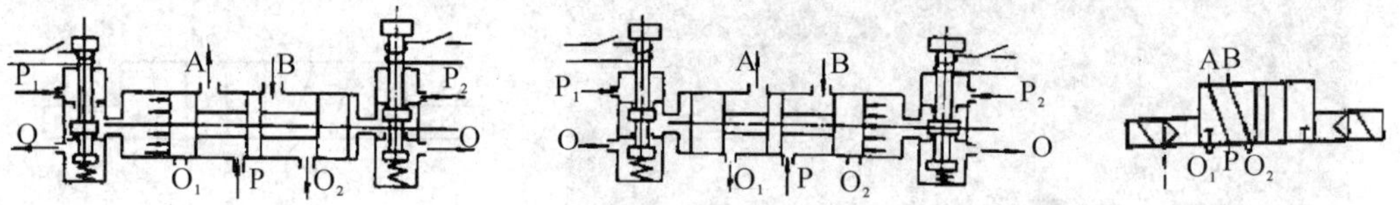

(a) 左侧先导阀线圈得电　(b) 右侧先导阀线圈得电　(c) 图形符号

图 J3－16　先导式双电控换向阀工作原理图

3.4　气动控制基本回路分析及连接

本节以两种常用气动控制回路为例来分析气动控制回路的工作原理。

1. 二位三通电磁阀控制单作用气缸的控制回路

单作用气缸的控制回路如图 J3－17 所示。

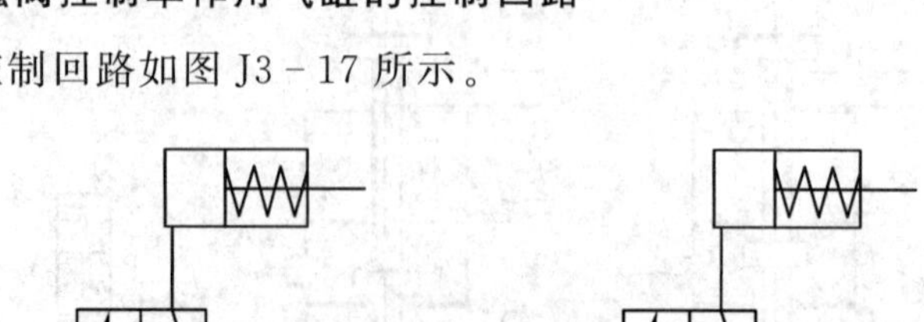

(a) 单作用气缸的单电控回路　(b) 单作用气缸的双电控回路

图 J3－17　二位三通电磁阀控制单作用气缸活塞杆推出与返回

(1) 图 J3－17(a)为单电控换向控制回路。当换向阀电磁铁得电时，换向阀切向左位，向气缸左腔供气，活塞杆伸出；当电磁铁断电时，换向阀由弹簧力切换到右位，气缸左腔排气，活塞杆依靠弹簧力复位。此回路如果气缸在伸出时突然断电，则单电控阀将立即复位，气缸得以返回。

(2) 图 J3－17(b)为双电控换向控制回路。双电控阀为双稳态阀，具有记忆功能，当气缸在伸出时突然断电，换向阀不切换，气缸仍将保持原来的状态。如果回路需要考虑失电保护控制，则选用双电控阀为好，双电控阀应水平安装。

2. 二位五通电磁阀控制双作用气缸的控制回路

双作用气缸的换向回路是通过控制气缸两腔的供气和排气来实现气缸的伸出和缩回运动，一般采用二位五通阀或三位五通阀控制。

双作用气缸也分为单电控电磁换向阀控制和双电控电磁换向阀控制。图 J3－18 所示为采用了二位五通阀控制的换向回路，图 J3－18(a)为单电控方式，图 J3－18(b)为双电控方式。

(a) 双作用气缸的单电控的换向回路　　(b) 双作用气缸的双电控的换向回路

图 J3－18　二位五通阀控制双作用气缸活塞杆推出与返回

双电控电磁阀与单电控电磁阀的区别在于，对于单电控电磁阀，在无电控信号时，阀芯在弹簧力的作用下会被复位；而双电控电磁阀，在两端都无电控信号时，阀芯的位置是取决于前一个电控信号。需要注意的是，双电控电磁阀的两个电控信号不能同时为“1”，即在控制过程中不允许两个线圈同时得电，否则，可能会造成电磁线圈烧毁。而且在这种情况下阀芯的位置是不确定的。

习　题　3

一、填空题

1. 简单的气动控制系统通常可分为________、________、________和________四大部分。

2. 在气动技术中，________、________和________常组合在一起，被称作气动三联件。

3. 气缸按压缩空气作用在活塞端面上的方向分为________气缸和________气缸。

4. 换向阀的“位”表示其工作时能切换的________或工作状态数。换向阀符号中每个工作位用一个方框表示，有几个方框，这个阀就有几位。

5. 气动控制元件包括________阀、________阀和________阀。

6. 电磁控制换向阀简称________，是气动控制中最主要的元件，它是利用电磁线圈通电时，静铁芯对动铁芯产生电磁吸引力使阀芯切换以改变________的阀。

7. 电磁换向阀是利用________推动阀芯来控制气流方向的。按通口数和阀芯工作位置数可分为________、________、________等多种。

二、简答题

1. 单电控电磁阀和双电控电磁阀的区别是什么？

2. 气动控制元件有哪些？

第 4 章　电动机驱动技术

自动线是一种机电一体化的设备，要完成一些既定的工作任务。而这些任务的完成需要一系列的动作配合，比如供料单元的料块出仓、传送带运输、物料检测单元的产品检测、废品入库、多工位加工单元的工作台旋转、表面处理单元的机械手移位等。生产线的每一个动作，都需要一个动力源，工业生产中常用的驱动系统主要包括 3 种：液压驱动、气压驱动和电机驱动。TVT - AFT 自动线主要运用了后两种驱动技术，其中 10 个单元中有 9 个单元用到了电机驱动技术。下面我们来了解一下各种电动机的知识。

4.1　交流电动机的认知

交流电动机是利用定子和转子之间的电磁相互作用，将输入的交流电能转换成机械能输出的电动机。交流电动机主要由一个用以产生磁场的电磁铁绕组或分布的定子绕组和一个旋转电枢或转子组成，电动机是利用通电线圈在磁场中受力转动的现象而制成的。交流电动机的工作效率较高，又没有烟尘、气味，不污染环境，噪声也较小。由于它的一系列优点，所以在工农业生产、交通运输、国防、商业及家用电器、医疗电器设备等各方面得到广泛应用。

图 J4 - 1 所示为一些常见交流电动机图片。

图 J4 - 1　常见交流电动机图片

交流电动机根据转子转速与旋转磁场之间的关系不同可以分为异步电动机和同步电动机；同时，根据电动机正常运行时通电的相数不同又可分为单相和三相交流电动机。同步电动机是由直流供电的励磁磁场与电枢的旋转磁场相互作用而产生转矩，以同步转速旋转的交流电动机。同步电动机还可分为永磁同步电动机、磁阻同步电动机和磁滞同步电动机。

所谓永磁同步电动机，是采用永磁磁极转子的同步电动机。永磁同步电动机的组成包括定子、永久磁钢转子、位置传感器、电子换向开关等。永磁同步电动机具有结构简单，体积小、重量轻、损耗小、效率高、功率因数高等优点，主要用于要求响应快速、调速范围宽、定位准确的高性能伺服传动系统和作为直流电机的更新替代电机。

永磁同步电动机按照永磁体结构不同可分为表面永磁同步电动机(SPMSM)、内置式永磁同步电动机(IPMSM)；按照定子绕组感应电势波形不同可分为正弦波永磁同步电动机、无刷永磁直流电动机。通常所说的永磁同步电动机是正弦波永磁同步电动机，同一般同步电动机一样，正弦波永磁同步电动机(PMSM)的定子绕组通常采用三相对称的正弦分布绕组，或转子采用特殊形状的永磁体以确保气隙磁密沿空间呈正弦分布。这样，当电动机恒速运行时，定子三相绕组所感应的电势则为正弦波，正弦波永磁同步电动机由此而得名。正弦波 PMSM 是一种典型的机电一体化电机。它不仅包括电机本身，而且还涉及位置传感器、电力电子变流器以及驱动电路等。

4.2　传送带驱动电机

源峰 TVT-AFT 自动线中多个单元都用到了传送带，传送带的驱动电机用的是一种永磁同步电动机，型号是 55TDY4。该电动机是一种无需减速齿轮装置而由电机直接得到低转速的新型同步电动机。应用该电动机可简化传动机构，免除齿轮减速机构的噪声。该电动机为封闭式结构，其特点是：可靠性高，使用寿命长；运行时振动小、噪音低、转速稳定；起动力矩大，起动电流无冲击；负载变化时电流变化极小，具有一定的自锁能力；且能瞬间起动、倒转和停机等。本电动机可作为低速驱动系统中的驱动元件，凡需要低速直接传动的场合均可使用本产品。若配以变频电源，则可变换电机转速以适合各种需要。图 J4-2所示为 55TDY4 永磁同步电动机的实物图片。

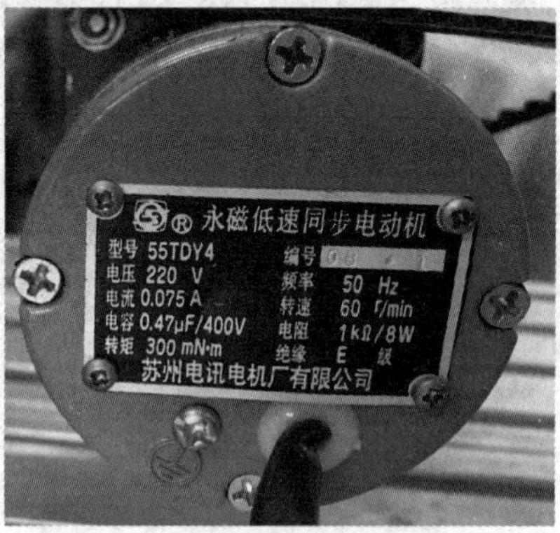

图 J4-2　55TDY4 永磁同步电动机

55TDY4 永磁低速同步电动机的主要参数如表 J4-1 所示。

表 J4-1　55TDY4 永磁同步电机参数说明

频率/Hz	转速/(r/min)	额定转矩/mN·m	额定电流/A	额定电压/V
50	60	3000	0.075	220

4.3　步进电动机的认知及应用

步进电动机(Stepping Motor)是把电脉冲信号变换成角位移以控制转子转动的微特电机。在自动控制装置中作为执行元件，每输入一个脉冲信号，步进电动机就前进一步，故又称脉冲电动机。步进电动机是一种开环控制元件，在非超载的情况下，电动机的转速、停止的位置只取决于脉冲信号的频率和脉冲数，而不受负载变化的影响，即给电动机加一个脉冲信号，电动机则转过一个步距角。这一线性关系的存在，加上步进电机只有周期性的误差而无累积误差等特点，使得在速度、位置等控制领域用步进电机来控制变得非常的简单。

目前比较常用的步进电动机分为永磁式(PM)、反应式(VR)及混合式(HB)三种基本类型，如图 J4-3 所示。

图 J4-3　各种步进电动机

步进电动机主要用于数字控制系统中，其控制精度高，运行可靠。如采用位置检测和速度反馈，亦可实现闭环控制。步进电动机已广泛地应用于数字控制系统中，如数模转换装置、数控机床、计算机外围设备、自动记录仪、钟表等之中，另外在工业自动化生产线、印刷设备等中亦有应用。

步进电动机的优点是没有累积误差、结构简单、使用维修方便、制造成本低，同时步进电动机带动负载惯量的能力大，适用于中小型机床和速度精度要求不高的地方。其缺点是效率较低，发热大，有时会“失步”。

生产设备中使用的步进电动机都配备有专门的步进电机驱动装置来直接控制与驱动步进电动机的运转工作。步进电动机受脉冲的控制，其转子的角位移量和转速与输入脉冲的数量和脉冲频率成正比，可以通过控制脉冲个数来控制角位移量，以达到准确定位的目的。同时，也可以通过控制脉冲频率来控制电动机转动的速度和加速度，从而达到调速的目的。步进电动机的运行特性还与其绕组的相数和通电运行的方式有关。

在实际应用步进电动机的过程中一般分 3 步，首先，按照步进电动机和驱动器装置具体对应的电气接口关系连接好硬件线路；然后，根据需要设置好驱动器装置上步距角细分选择与电流设置开关；接着，控制器只需要提供一组控制步进电动机转速和方向的毫瓦数量级功率的可调脉冲序列，就可驱动电动机工作了。

4.4　伺服电动机的认知及应用

伺服电动机(Servo Motor)也称为执行电动机，在控制系统中用作执行元件，将电信号转换为轴上的转角或转速，以驱动控制对象。按供电电源的不同，伺服电动机可分为交流伺服电动机和直流伺服电动机。

伺服电动机最大的特点是：在有控制信号输入时伺服电动机转动；没有控制信号输入它就停止转动；改变控制电压的大小和相位(或极性)可改变伺服电动机的转速和转向。图 J4－4 所示为各种伺服电动机及其驱动器图片。

图 J4－4　各种伺服电动机及其驱动器

伺服系统(Servomechanism)是使物体的位置、方位、状态等输出被控量能够跟随输入目标(或给定值)的任意变化的自动控制系统。伺服主要靠脉冲来定位，基本上可以这样理解，伺服电机接收到 1 个脉冲，就会旋转 1 个脉冲对应的角度，从而实现位移。因为伺服电动机本身具备发出脉冲的功能，所以伺服电动机每旋转一个角度都会发出对应数量的脉冲，这样就和伺服电动机接收的脉冲形成了呼应，或者叫闭环，如此一来，系统就会知道发了多少脉冲给伺服电动机，同时又接收了多少脉冲回来，就能够很精确地控制电动机的转动，从而实现精确的定位，精度可以达到 0.001 mm。

交流伺服电动机是无刷电动机，有同步和异步电动机之分，目前运动控制中一般都用同步电动机，它的功率范围大，可以做到很大的功率。其具有大惯量、最高转动速度低且随着功率增大而快速降低的特点，因而适合应用于低速平稳运行场合。

伺服电动机内部的转子是永磁铁，驱动器控制 U/V/W 三相电形成电磁场，转子在此磁场的作用下转动，同时电动机自带的编码器反馈信号给驱动器，驱动器根据反馈值与目标值进行比较，调整转子转动的角度。伺服电动机的精度决定于编码器的精度(线数)。

交流伺服电动机和无刷直流伺服电动机在功能上的区别：交流伺服要好一些，因为是正弦波控制，转矩脉动小。直流伺服是梯形波，但直流伺服比较简单、便宜。

目前，高性能的电伺服系统大多采用永磁同步型交流伺服电动机，控制驱动器多采用快速、准确定位的全数字位置伺服系统。典型生产厂家有德国西门子、美国科尔摩根和日本松下及安川等公司。交流伺服电动机具有控制精度高、矩频特性好、运行性能优良、响应速度快、过载能力较强等优点，但由于伺服电动机成本都比较高，所以，在控制系统的设计过程中要综合考虑控制要求、成本等多方面的因素，选用适当的控制电动机。

伺服驱动器(Servo Drives)又称为“伺服控制器”“伺服放大器”，是用来控制伺服电机的一种控制器，其作用类似于变频器作用于普通交流马达，属于伺服系统的一部分，主要应用于高精度的定位系统。一般是通过位置、速度和力矩三种方式对伺服电机进行控制，实现高精度的传动系统定位，目前是传动技术的高端产品。

4.5　西门子 SINAMICS V80 伺服驱动系统

源峰 TVT - AFT 自动线的第三个模块即多工位加工单元的旋转工作台模块采用了伺服电动机驱动转盘转动，此伺服电动机即为西门子 V80 交流伺服电动机。其主要由电动机机体、电动机转轴、电动机插座、编码器和编码器插座组成，具体实物图如图 J4 - 5 所示。

图 J4 - 5　SINAMICS V80 伺服驱动系统

西门子 V80 伺服驱动系统是一种全新设计的伺服驱动系统，性价比高，带有脉冲接口，适于定位型应用。SINAMICS V80 伺服驱动系统包括伺服驱动器和伺服电机两部分，伺服驱动器总是与其对应的同等功率的伺服电机一起配套使用。它的伺服驱动器通过脉冲输入接口来接收从上位控制器发来的脉冲序列，进行速度和位置的控制，通过数字量接口信号来完成驱动器运行的控制和实时状态的输出。SINAMICS V80 采用了全新的伺服驱动技术，无须设置任何参数，无须增益调节，便可以实现极高的定位精度。

SINAMICS V80 的调试很简单，组件连线工作完成之后，仅需采用旋转式开关选择设定点分辨率即可。系统集成有自动调节功能，可以根据所连接的机器，自动调整闭环控制器的参数设置，且对负载变化的响应极为快捷。系统还另外设计有一个旋转开关，可以根据具体应用，精细地调整驱动器的动态行为特性。

伺服驱动结构极紧凑，高为 120 mm(含所有选用电源规格)、宽为 35～70 mm，可以提供 100～750 W 的功率。

本驱动器设计有基准脉冲接口，与任何一款带有脉冲输出接口的标准控制器(如 S7 - 200 PLC)均可以构成理想的定位应用解决方案。驱动器的型号是 6SL3210 - 5CB08 - 4AA0，其中 6SL3210 - 5C 代表 SINAMICS V80，B 代表供电电压是“200～230 V”，08 - 4 代表电流是 0.84 A(100 W)。伺服电动机的型号是 1FL4021 - 0AF21 - 0AA0，1FL40 代表 SINAMICS V80 伺服电机，21 代表功率是 100 W。

图 J4 - 6 所示是 SINAMICS V80 伺服驱动器的接口部分。REF 是指令脉冲指示灯，AL1～AL3 是报警指示灯。PULSE 是用于设置指令脉冲的旋转开关，FIL 是指令滤波器设置的旋转开关，X1 是指令脉冲以及数字量 I/O 的连接插头，X2 是编码器信号连接插头，PWR 是供电电源指示灯，X20 是电机电源电缆插头，X10 是驱动器供电电源插头。

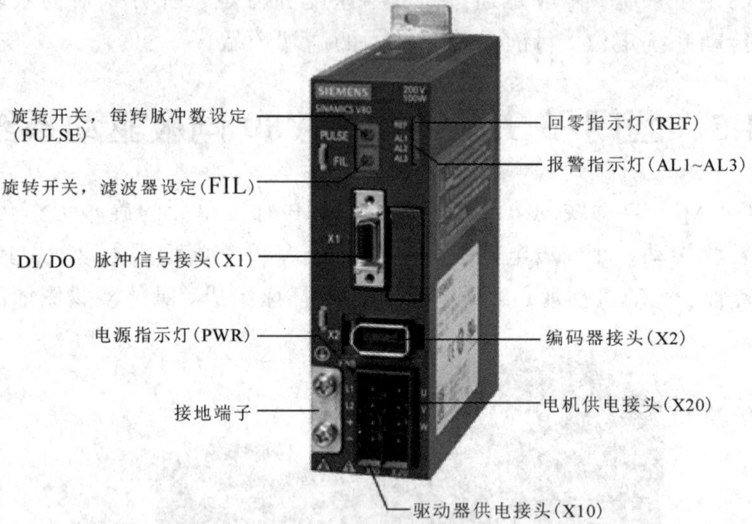

图 J4－6　SINAMICS V80 伺服驱动器接口

图 J4－7 所示为伺服驱动器与外围设备的接线图。将三相交流 200～230 V 电源经过断路器、接触器后连接到 SINAMICS V80 伺服驱动器的主控制回路电源端 L1、L2 上；SINAMICS V80 伺服驱动器上的电源输出端 U、V、W 连接到交流伺服电动机对应三相(U、V、W)上。注意，驱动器和伺服电机的相序不可接错，否则可能造成伺服电动机不转或乱转的情况。将伺服驱动器 X1 的连接座通过 I/O 信号线连接到 PLC。

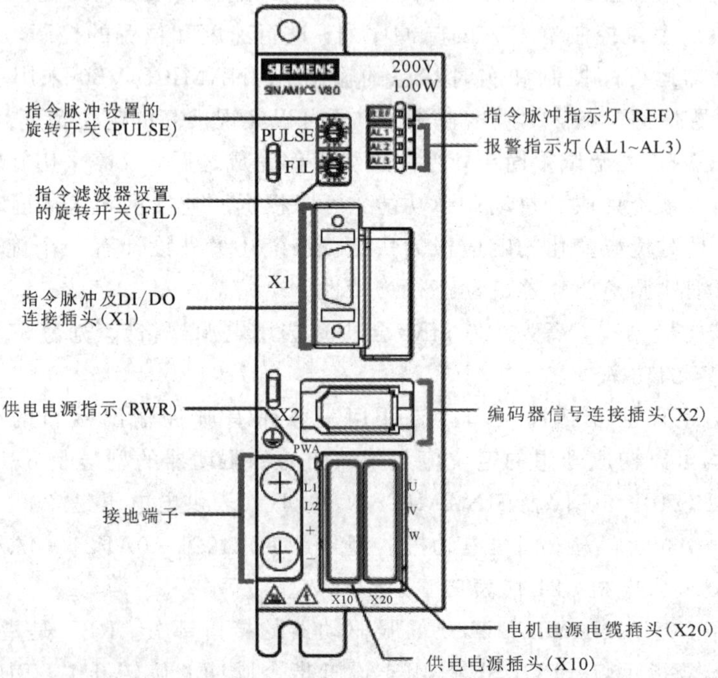

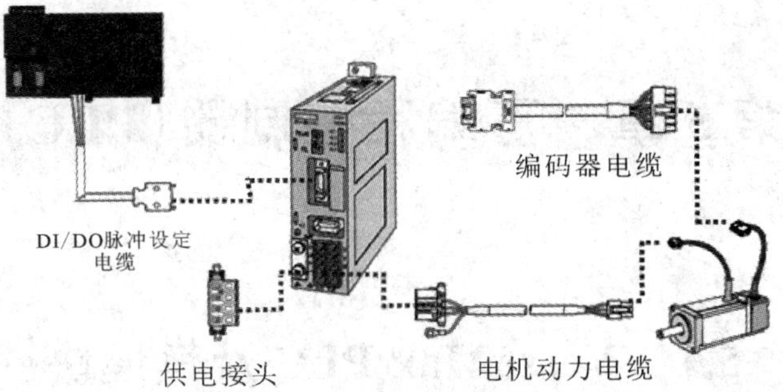

图 J4－7　SINAMICS V80 伺服驱动器与外围设备接线图

在 SINAMICS V80 伺服驱动系统硬件连接完成之后，还必须对其进行系统参数设置，才能使伺服驱动器按照期望的工作模式和要求运行。比如要设置指令脉冲的相关参数，需要通过旋转指令脉冲的开关转到相应的位置。详细设置可以参看 SINAMICS V80 的技术手册。

在伺服驱动系统硬件连接和参数设置完成之后，就可以通过控制器编程使其产生高速脉冲信号输出，对伺服驱动系统进行有效的运行控制。

习　题　4

填空题

1. 交流电动机是利用________和________之间的电磁相互作用，将输入的交流电能转换成________输出的电动机。

2. 所谓永磁同步电动机是采用________的同步电动机。

3. 步进电动机(Stepping Motor)是把________信号变换成________以控制转子转动的微特电机，又称________电动机。

4. 生产设备中使用的步进电动机都配备有专门的________装置来直接控制与驱动步进电动机的运转工作。

5. 伺服电动机又称执行电动机，即把所接收到的________转换成电动机轴上的________或________输出。

第 5 章　可编程控制器(PLC)

5.1　VersaMax PLC 及其模块

VersaMax PLC 是美国通用电气公司(GE)的小型 PLC 产品，其设计新颖、结构紧凑、通用性强、配置灵活、经济实用，它由 VersaMax CPU 及装配在 CPU 上的电源模块和一组 VersaMax I/O 构成，由装在 CPU 上的电源模块向 PLC、I/O 模块供电。VersaMax PLC 利用相应的编程软件(Proficy Machine Edition 9.0)可以在计算机上编程、在线调试，并能快速下载程序，适合于规模生产。VersaMax PLC 外形如图 J5 - 1 所示。

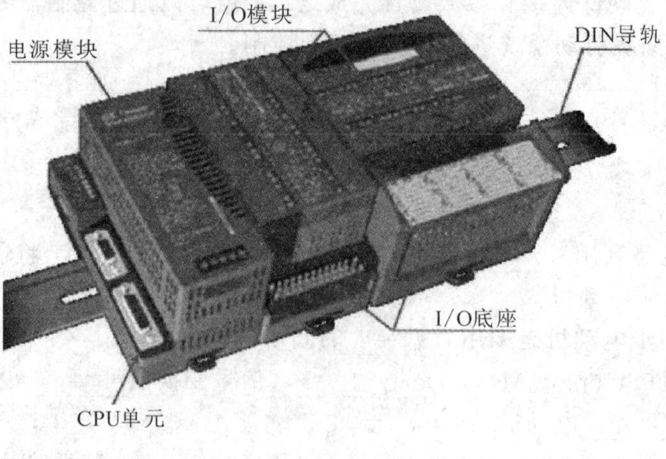

图 J5 - 1　VersaMax PLC 外形图

5.1.1　VersaMax PLC 概述

VersaMax 类产品提供了通用的分布式 I/O，拓宽了 PLC 和基于 PC 的体系结构，用于工业设计和商业自动化。VersaMax I/O 为局部和远程控制应用提供了通用的和灵活的 I/O 结构。

VersaMax 系列产品是一种通用的分布式 I/O 产品，应用它可以组成单独的 PLC 系统，或者是基于 PC Control 结构的分布式控制系统。本产品专门应用于工业和商业自动化控制领域，为本地和远程控制现场提供一种通用、灵活的解决方案。VersaMax 产品功能强大，基本 I/O 模块系列齐全，同时提供智能模块和其他可选模块。由网络接口模块(NIU)和各种 I/O 模块构成的 I/O 站可以下挂在多种工业现场总线上。作为一种灵活的自动化控制解决方案，VersaMax 集中了紧凑性和模块化的优点，而且使用简单。I/O 模块的纵向深度仅 70 mm，各种紧凑灵活组合非常节省物理空间，单一 I/O 模块最大点数为 32 点。系统采用 DIN 导轨方式安装，每个机架最多可以安装 8 个 I/O 模块或可选模块。一个 PLC 系统或 I/O 站最多可以有 8 个机架。扩展机架同主机架之间的最大距离可以达到 750 m。扩展机架上可以安装 VersaMax 的基本 I/O、可选模块或通讯模块。VersaMax 产品具有自动安排模块地址的能力，可以省去传统配置工具和手持编程工具的开销。模块接线端子灵活多样，支持 2、3 和 4 线设备。每一个 I/O 模块有多种现场 I/O 端子接线方式，如盒型、栅型、连接器型，且支持 2 线、3 线和 4 线制接线方式与现场设备相连。VersaMax I/O 模块具有带电热插拔特性，可在最短的时间内快速实施现场故障恢复，且当被控对象正在运行时，不需影响现场接线即可增加或替换 I/O 模块和现场通讯模块。

VersaMax 是唯一具有"三合一"功能的系列产品，它既可以作为单独的 PLC 控制机，具有可接受的价格和优越的性能；又可以作为 I/O 子系统，通过现场总线受控于其他主控设备，如 GE 90－70、90－30 以及第三方 PLC、DCS 或计算机系统；还可以构成由多台 PLC 组成的分布式大型控制系统。VersaMax 产品为模块化和可扩展结构，构成的系统可大可小，为现代开放式控制系统提供了一套通用的、便于实施应用的、经济的解决方案。

VersaMax 是 GE 公司按照独一无二的"Six Sigma"原则进行优化设计制造的。"Six Sigma"意味着应用全面的研究和开发技术、分析众多的客户要求、符合严格的质量控制标准。VersaMax 产品完全满足 UL、CUL、CE、Class I Zone2 和 Class I Division2 等标准。

VersaMax PLC 的特点如下：

1）使用方便，经济实用

（1）直观的特性设置；

（2）I/O 模块和通讯模块都可以带电插拔；

（3）自动配置 I/O 地址和参数；

（4）真正的即插即用；

（5）无机架的紧凑结构，安装方便；

（6）模块安装、扩展不需要工具；

（7）模块化结构，构成系统可大可小；

（8）安装费用低，减少工程成本。

2）可靠性和连续性好

（1）遵照"Six Sigma"原则进行优化设计；

（2）先进的故障诊断；

（3）可恢复的电子短路过载保护(ESCP)；

（4）拔掉模块的状态可预先设定。

5.1.2　VersaMax PLC 模块

1. CPU 模块

一个 VersaMax PLC 是由一个 VersaMax CPU 及装配在第一位置上的电源和一组 VersaMax 模块组成。它们被设计作为一个系统控制器，最多可以支持 64 个模块 2048 个点。模块上有两个串口，分别是 RS－232 和 RS－485，分别用于 SNP 通信和 RTU 通信。

CPU 的基本特性如下：

(1) 以梯形图、语句表和顺序功能图方式编程。

(2) 支持浮点(实型)数据函数。

(3) 非易失快闪内存存储程序。

(4) 程序、数据及日历时钟的电池后备。

(5) 带有一个运行/停止切换开关。

(6) 嵌入式 RS-232 和 RS-485 通讯。

常用的 CPU 模块的参数如表 J5-1 所示。

表 J5-1 常用的 CPU 模块的参数

CPU 型号	CPU 参数
IC200CPU001	带有两个串口,34KB 可配置内存的 CPU
IC200CPU002	带有两个串口,42KB 可配置内存的 CPU
IC200CPU005	带有两个串口,64KB 可配置内存的 CPU
IC200CPUE05	带有两个串口和嵌入式以太网接口,64KB 可配置内存的 CPU

IC200CPUE05 有一个内置的以太网接口,因此比其他的 CPU 用途更广泛。其外观如图 J5-2 所示。

图 J5-2 IC200CPUE05 模块

2. 电源模块

每一个 VersaMax 工作站配备一个 AC 或者 DC 电源,该电源为站上的模块提供+5 V 或者+3.3 V 电源。常用的电源模块和底座如表 J5-2 所示。

表 J5-2 VersaMax 常用电源模块和底座

电源型号	电源功能
IC200PWR001	24V DC 电源
IC200PWR002	24V DC 扩展 3.3V 电源
IC200PWR101	120V/240V AC 电源
IC200PWR102	120V/240V AC 扩展 3.3V 电源
IC200PWR201	12V DC 电源
IC200PWR202	12V DC 扩展 3.3V 电源
IC200PWB001	电源支持底座

下面以 IC200PWR002 电源模块为例，介绍其技术参数。其外观如图 J5－3 所示。

(1) 输入电压：18～30V DC，24V DC(额定)。

(2) 输入功率：11 W。

(3) 停顿时间：10 ms。

(4) 冲击电流：20 A 在 24 V 时，25 A 在 30 V 时。

(5) 输出电压：5V DC，3.3V DC。

(6) 保护：短路，过载，反极性。

(7) 输出电流：全部(最大 1.5 A)3.3V DC(最大 1 A)，5V DC(最大 1.5～3.3 A 输出电流)。

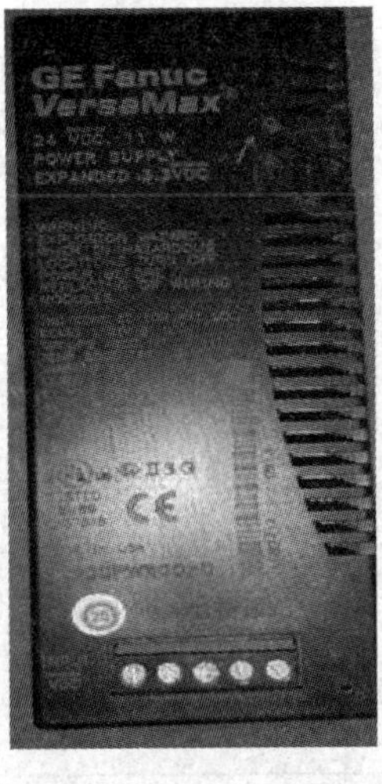

图 J5－3　电源模块 IC200PWR002

3. I/O 模块

VersaMax I/O 和可选模块的近似尺寸为 110 mm×66.8 mm。模块可以水平或者垂直装配在几种有效类型的 I/O 底座上，模块的深度为 50 mm，不包括底座的高度或匹配连接器的高度。VersaMax 的 I/O 模块包括离散量输入模块、离散量输出模块、混合离散量 I/O 模块、模拟量输入模块、模拟量输出模块、混合模拟量模块。下面以混合离散量 I/O 模块 IC200MDD841 为例介绍其技术参数，图 J5－4 所示为其面板图。

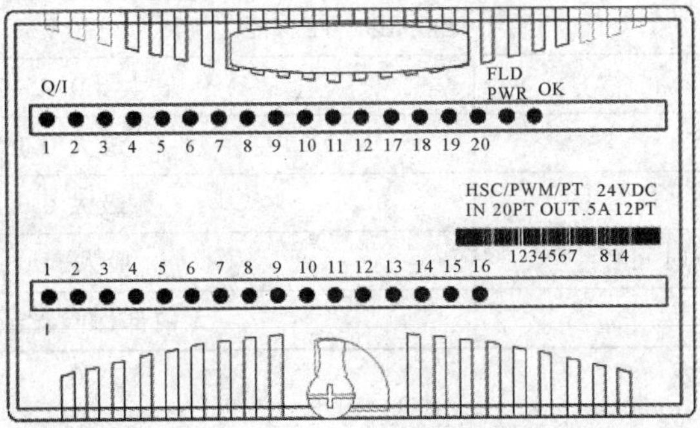

图 J5－4　混合离散量 I/O 模块 IC200MDD841 面板

1）模块概述

混合离散量高速计数器模块 IC200MDD841 提供 20 个 24 V DC 正逻辑输入点和 12 个 24 V DC 0.5 A 的正逻辑输出点。在缺省组态模式下，模块提供 A 类型的 4 路高速计数器输入和输出，以及标准类型的 12 路输入和 8 路输出。

2）模块参数

混合离散量高速计数器模块 IC200MDD841 模块具体的性能参数如表 J5－3 所示。

表 J5－3　IC200MDD841 模块参数

模　块　性　能	
点数	20 个正逻辑直流电输入点 12 个直流输出点
隔离 用户 I/O 到逻辑（光耦）到地 点到点	持续 250 V AC，1 分钟 1500 V AC 持续 250 V AC，1 分钟 1500 V AC
底板电流消耗	3.3 V 消耗：130 mA 5 V 输出：30 mA
外部电源	额定 24 V DC， 宽范围＋18～30 V DC
输　入　性　能	
输入电压	0～＋30 V DC，额定＋24 V DC
On 状态电压 Off 状态电压	＋15～＋30 V DC 0～＋5 V DC
On 状态电流 Off 状态电流	3.0～8.0 mA 0～0.5 mA
On 状态响应时间 Off 状态响应时间	最大 7.0 ms
输入阻抗	最大 6.6 kΩ
标准用户输入电流	24 V DC 时 4.0 mA
输　出　性　能	
浪涌电流	最大 2.0 A 100 ms
输出电压降	最大 0.3 V
负载电流	最大 0.5 A
On/off 状态响应时间	最大 500 μs
保护	无内部保险丝或缓冲器

3）现场配线

IC200MDD841 模块的接线端子编号如表 J5－4 所示。

表 J5-4　IC200MDD841 接线端子编号

编　号	连　　接	编　号	连　　接
A1	输出 1	B1	输入 1
A2	输出 2	B2	输入 2
A3	输出 3	B3	输入 3
A4	输出 4	B4	输入 4
A5	输出 5	B5	输入 5
A6	输出 6	B6	输入 6
A7	输出 7	B7	输入 7
A8	输出 8	B8	输入 8
A9	输出 9	B9	输入 9
A10	输出 10	B10	输入 10
A11	输出 11	B11	输入 11
A12	输出 12	B12	输入 12
A13	输入 17	B13	输入 13
A14	输入 18	B14	输入 14
A15	输入 19	B15	输入 15
A16	输入 20	B16	输入 16
A17	输出 1～12 和输入 17～20 的 DC－公共点	B17	输入 1～8 的 DC－公共点
A18	输出 DC＋公共点	B18	输入 9～16 的 DC－公共点

5.2　GE Proficy Machine Edition 9.0 编程软件

GE Fanuc 的 Proficy Machine Edition(PME)是一个适用于人机界面开发、运动控制及控制应用的通用开发环境。PME 提供了一个统一的用户界面、全程拖放的编辑功能及支持项目需要的多目标组件的编辑功能。它支持快速、强有力、面向对象的编程。PME 充分利用了工业标准技术的优势，如 XML、COM/DCOM. OPC 和 ActiveX，也包括了基于网络的功能，如它的嵌入式网络服务器，可以将实时数据传输给企业里任意一个人。PME 内部的所有组件和应用程序都共享一个单一的工作平台和工具箱。下面以在 PME 中新建一个项目为例讲解 PME 的使用。

1. 运行 PME 软件

第一次运行 PME 软件时，会出现如图 J5-5 所示的开发环境窗口。在创建或打开工程窗口中可选择“Empty project”创建一个空白项目；选择“Machine Edition template”创建一个临时项目；选择“Open an exiting project”在项目列表中选择一个已经存在的项目。这里选择“Empty project”创建一个空白项目。

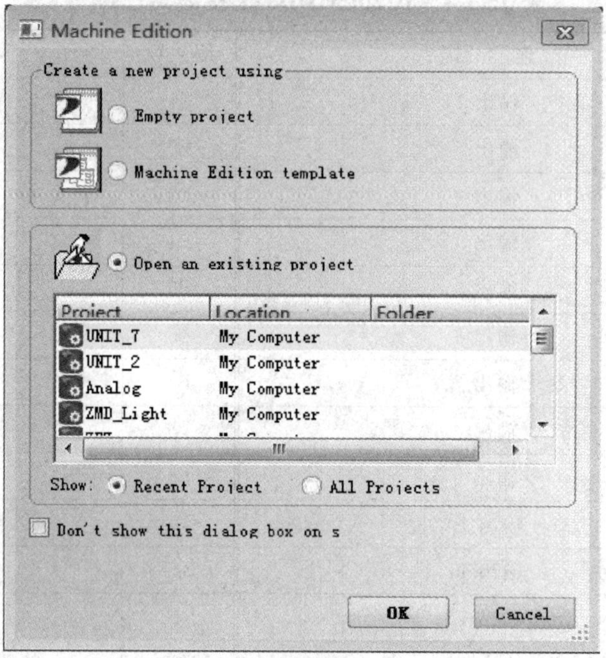

图 J5-5　创建或打开工程窗口

2. 新建一个项目

在如图 J5-6 所示的新建项目窗口中，输入项目名称为 MyFirst(要求使用英文名)，单击 OK 按钮，完成一个新项目的创建，显示如图 J5-7 所示的界面。

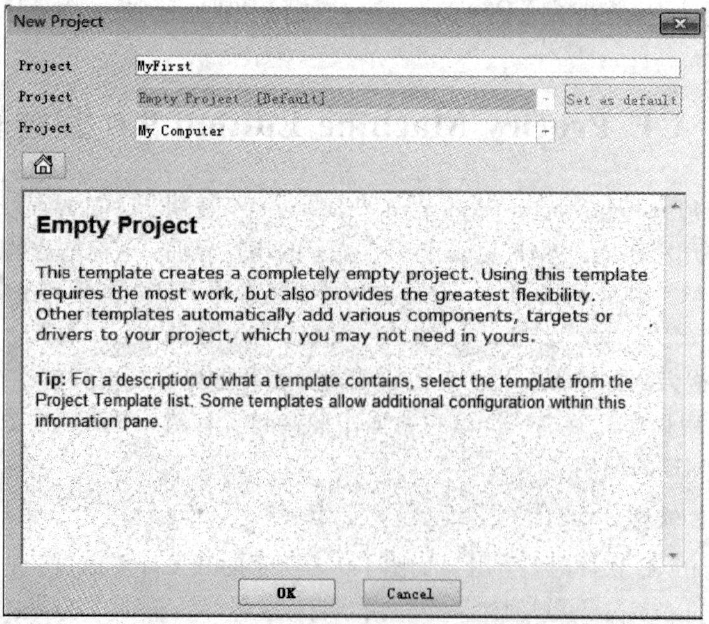

图 J5-6　新建项目窗口

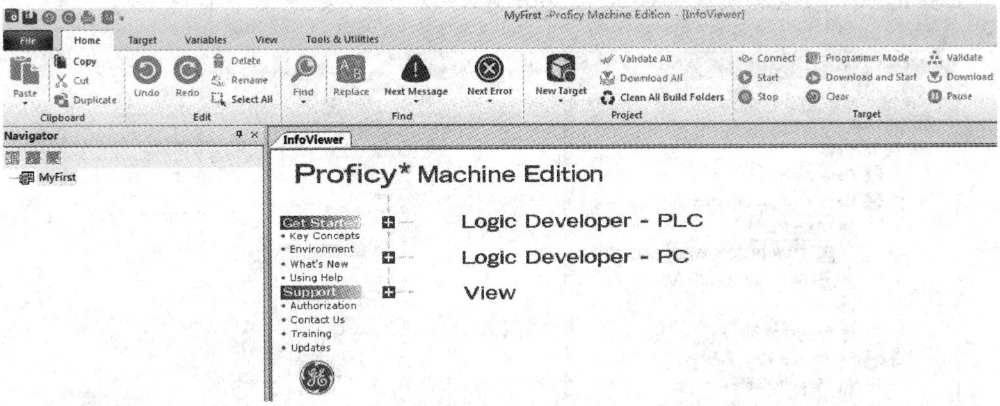

图 J5-7 创建一个空项目

3. 添加对象(Target)

在创建好的空项目中，需要添加一个控制器对象，在这里我们添加 VersaMax PLC，如图 J5-8 所示。添加对象后，对象的默认名称为 Target1，可根据需要修改对象的名称。

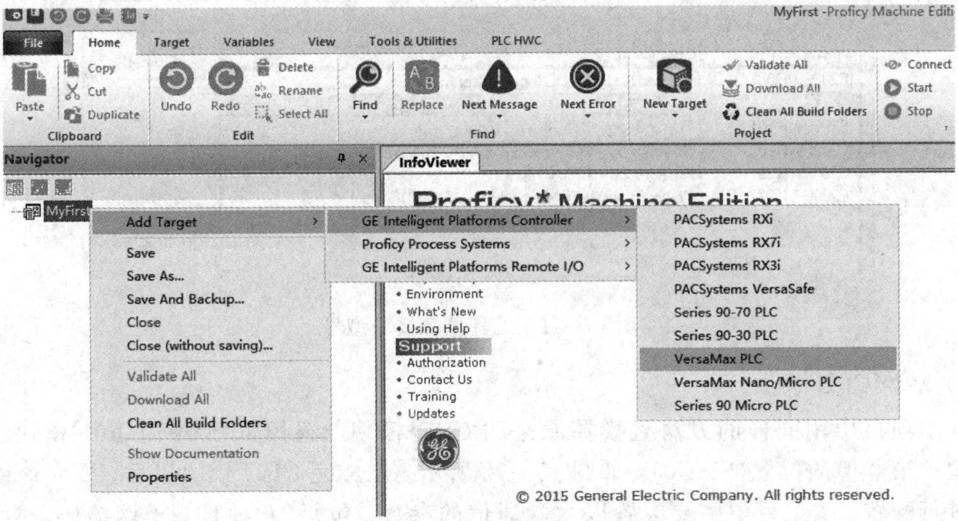

图 J5-8 添加控制器对象

注意观察添加对象有哪些类型？Controller、Remote I/O、QuickPanel 等是什么含义？

4. 硬件配置

添加模块是硬件组态的核心部分，可按以下 3 个步骤完成。

1) 添加电源模块

本项目中添加完控制器对象以后，在 Target1 下面有一个“Hardware Configuration”节点，意为“硬件组态”，单击前面的加号展开，可以看到“Main Rack”，代表 PLC 的主机架，里边默认有两个模块，第一个是电源模块，第二个是 CPU 模块，如图 J5-9 所示。这两个模块的型号和生产线中 PLC 的不符，所以可以删除，再添加新的模块，或者是直接替换。此处要把原来的电源模块替换成 IC200PWR002/012，如图 J5－10 和图 J5－11 所示。

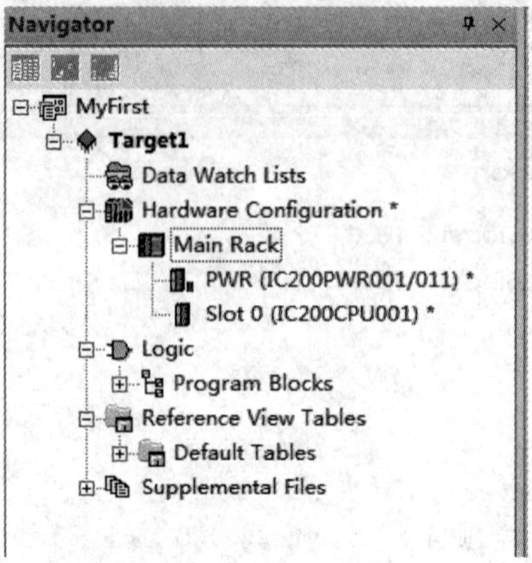

图 J5－9　硬件配置

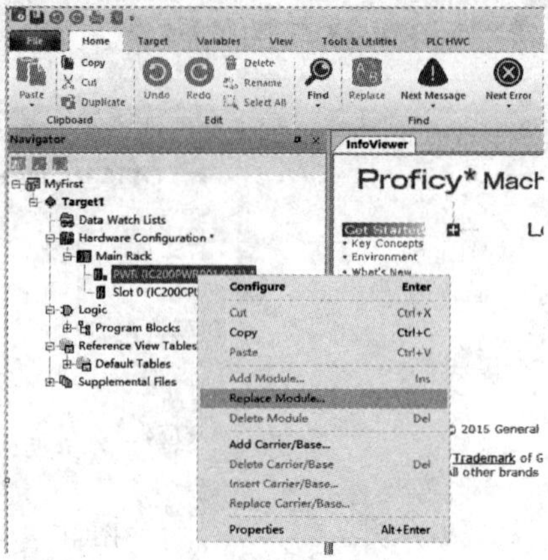

图 J5－10　替换电源模块

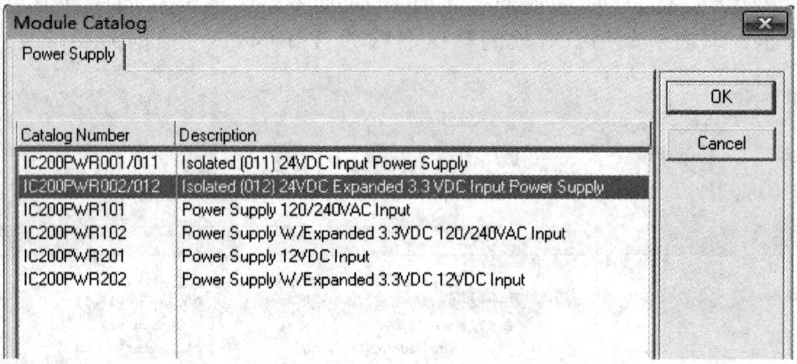

图 J5－11　选择电源模块型号

2）添加 CPU 模块

在本项目中用同样的方法替换掉原来的 CPU 模块，选择 IC200CPUE05 模块。CPU 模块位于第 0 槽的位置(Slot 0)，如图 J5－12 所示。添加完 CPU 模块以后，要对该模块的参数进行配置，本项目中主要配置以太网通信的参数，包括 IP 地址、子网掩码、网关等，如图 J5－13 所示。

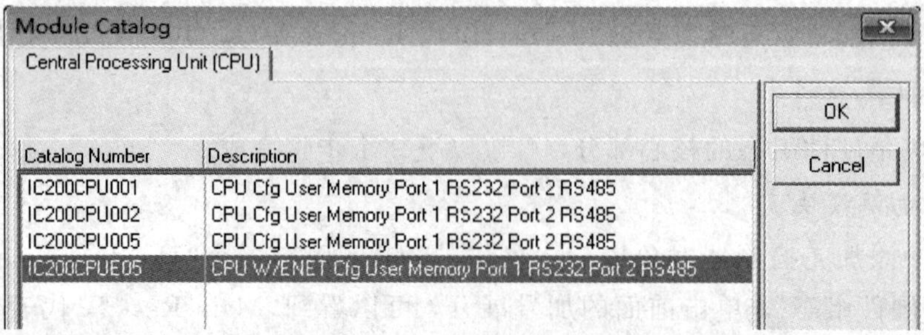

图 J5－12　替换 CPU 模块

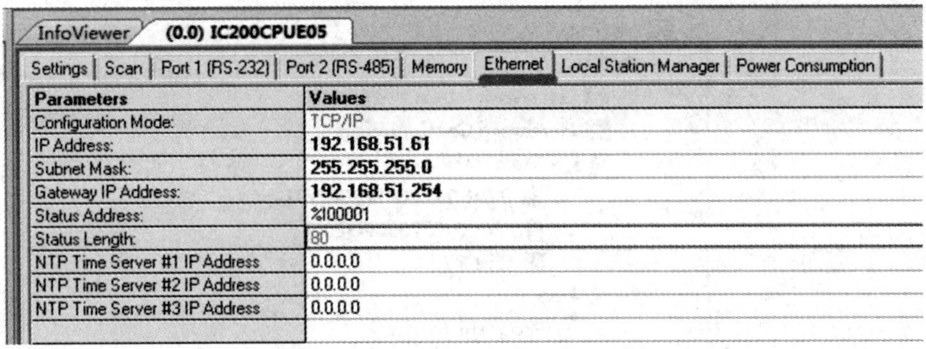

图 J5－13　CPU 以太网配置

3）添加 I/O 模块

本项目最后还要添加 I/O 模块。I/O 模块位于第 1 槽的位置。添加 I/O 模块之前，首先要添加一个底座，如图 J5－14 所示，选择“Add Carrier/Base”，选中型号为 IC200HS022 的底座，如图 J5－15 所示，单击 OK 按钮，在图 J5－16 所示界面中出现一个 Slot 1。

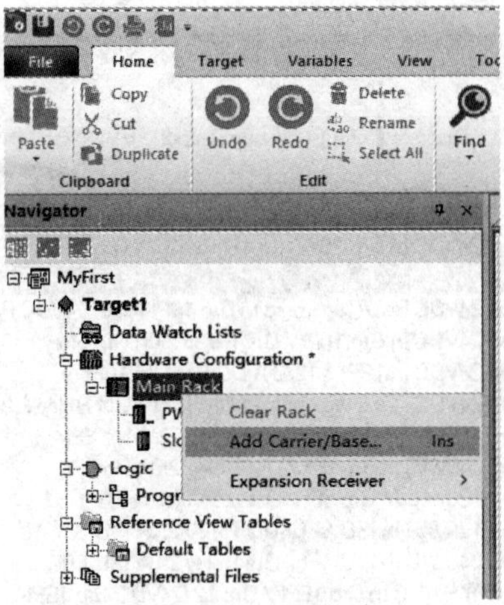

图 J5－14　添加底座

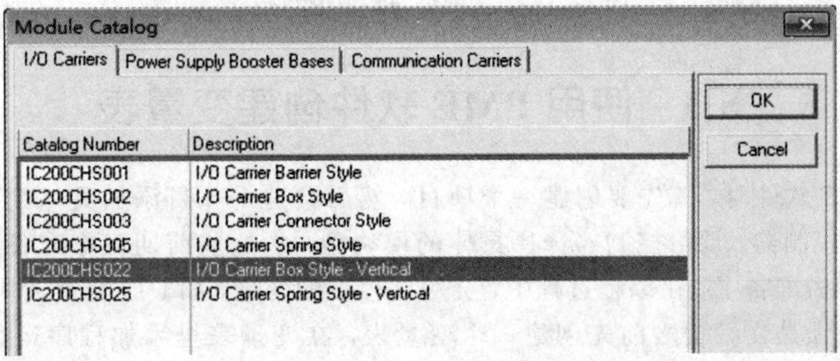

图 J5－15　选择底座型号

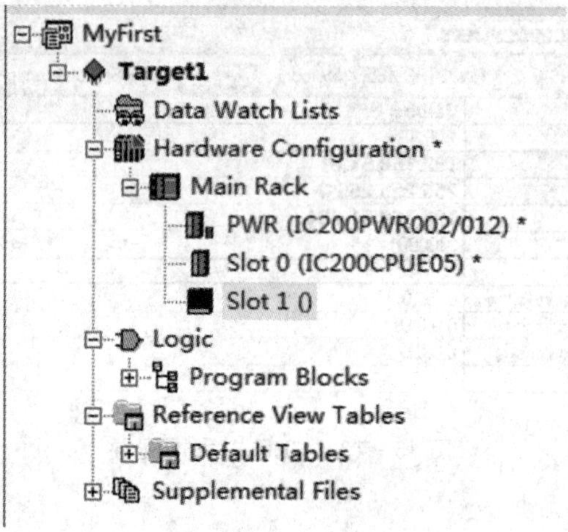

图 J5－16　添加完底座

然后选中 Slot 1，右键单击添加 I/O 模块，选择混合开关量模块 IC200MDD841，如图 J5－17 所示。这样就完成了硬件配置工作。

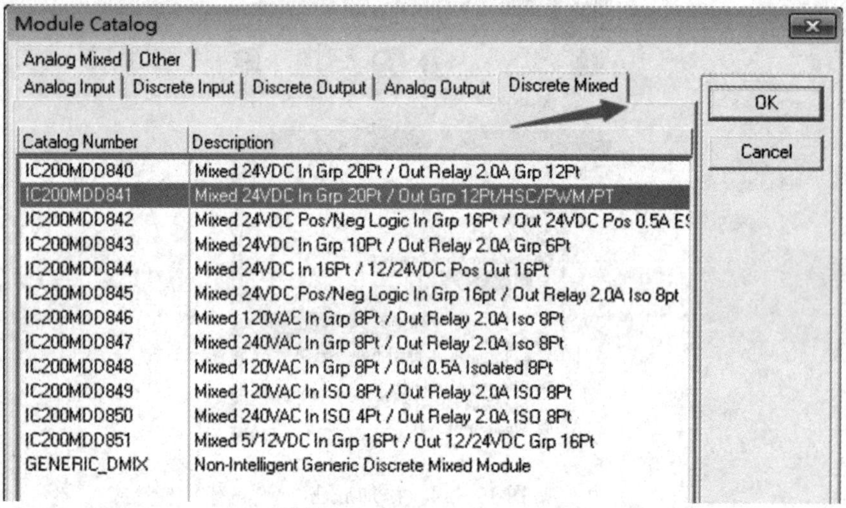

图 J5－17　添加 IC200MDD841 模块

5.3　使用 PME 软件创建变量表

使用 PME 软件时，首先要创建一个项目，然后给这个项目添加具体的控制器，比如 PLC。添加完控制器，要给控制器选择具体的模块型号。这些前期工作准备好以后，下一步就要为编程做准备了。在编程过程中，会用到很多的变量，如 I/O 变量、中间变量等。一个比较好的习惯是在编程之前先创建一个变量表，在变量表里添加程序运行要用到的变量。那么 PME 软件支持哪些类型的变量呢？变量的地址是什么样的？下面就具体地介绍一下变量的相关知识，以及如何进行创建。

1. 变量(Variable)的概念

变量是一个名称，用于替代表示一个特定的输入或输出的地址。如在表 J5－1 中，外接的启动开关对应的输入物理地址为%I00001，用户给它定义的变量名称为 SB1_START。

为什么有地址还采用变量？主要是地址多为数字，不易记忆与区分，而变量由一定含义的字符构成，便于记忆与区分。

2. 变量的命名

变量名可以同时包含字母和数字，但必须用 dollar 符号 $ 或一个字母开头，不许有空格，需要空格时必须使用下划线。

变量名只可以使用数字(0～9)、字母(a～z)、一个 $ 或一个下划线，字母可以是大写或小写或二者混合使用。

3. 变量的范围(Variable Scope)

(1) 全局变量(Global Variables)：在整个目标(Target)中可以使用。

(2) 局部变量(Local Variables)：只在特定的程序功能块中使用。

(3) 系统变量(System Variables)：由 PLC 系统提供，满足用户编程需要的变量。系统变量名都用一个"#"开头的名字，分配到%S、%SA、%SB 和%SC 存储器。

(4) 假名变量(Alias Variables)：可以指代一个拥有实际 PLC 地址的变量，假名变量允许同一个地址或数组元素使用多个变量名。

4. 变量的规划

在系统硬件接线确定后，需要规划 PLC 外接的输入、输出元件对应的 PLC 的物理地址以及赋予这些 I/O 点一个唯一的变量名，具体规划见表 J5－5 所示。

表 J5－5　I/O 地址与变量名对应表

序号	类型	描 述	物理地址	变量名称
1	输入	启动开关	%I00001	SB1_START
2	输入	停止开关	%I00002	SB2_STOP
3	输入	热继电器触点	%I00003	SB3_FR
4	输出	继电器线圈	%Q00001	RELAY

从表 J5－1 可以看出，PLC 所接每个外部元件都对应一个物理地址和变量名称。

5. 变量表的建立

在 PME 软件 Navigator(浏览)工具窗口的下方，用鼠标单击 

标签，浏览的内容切换到 Variable List(变量列表)，用鼠标右键单击 Variable List…，在弹出的快捷菜单中选择 New Variable(新建变量)→BOOL(布尔型变量)，如图 J5－18 所示。

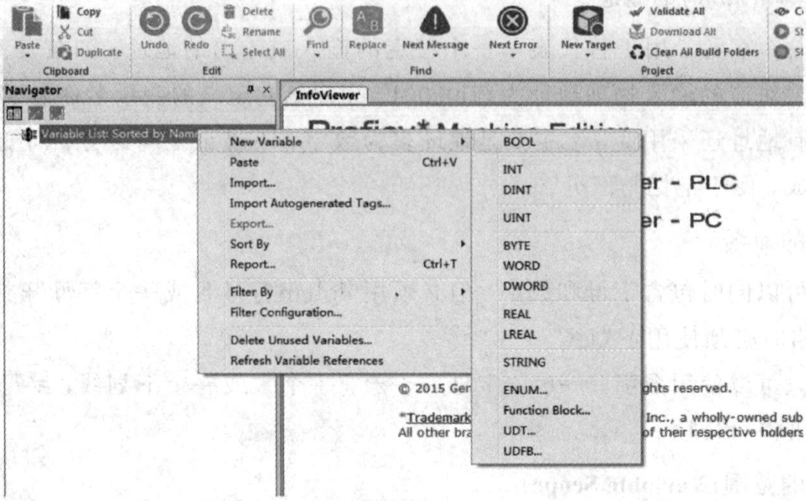

图 J5-18　新建变量命令

1）数据类型

在图 J5-18 所示的快捷菜单中，BOOL、INT……STRING 等都是变量的数据类型。VersaMax PLC 支持的数据类型如下：

(1) BOOL(位)：0 或 1。%I、%Q、%M 等地址存放的都是位数据；

(2) BYTE(字节)：8 位字符串，可以表示 0～255 的整数。

(3) WORD(字)：16 位字符串，可以表示 0～65 535 的整数

(4) DWORD(Double Word，双字)：32 位字符串，可以表示 0～4 294 967 295 的整数。相邻的两个字(Word)可以组成一个双字，表示一个无符号数。

(5) INT(Integer，整数)：16 位带符号数，最高位为 0 时为正数，为 1 时为负数，取值范围为－32 768～32 767。INT 变量通常用来存储大量的项目和从模拟 I/O 设备采集的数据。INT 变量不能存储小数。

(6) UINT(Unsigned Integer，无符号整数)：16 位不带符号数，取值范围为 0～65 535，只能存储正数。

(7) DINT(Double Integer，双精度整数)：32 位双精度整数，32 位整数和 16 位整数一样，为有符号数，最高位为符号位，1 表示负数，0 表示正数，范围为－2 147 483 648～2 147 483 647。

(8) REAL(Real，实数，浮点数)：可以存储 32 位实数(含小数)。

(9) LREAL(双精度实数)：可以存储 64 位实数(含小数)。

(10) STRING(字符串)：字符串变量存储为一系列字节，每个字节一个字符。每一个 16 位寄存器或内存位置可以存储两个字节。一个字符串变量的最大长度为 255 个字符。

2）新建变量表的步骤

(1) 添加变量 SB1_START。选择 BOOL 类型后，在变量窗口即增加了一个变量，如图 J5-19 所示。

图 J5－19　新增的变量

(2) 在图 J5－19 中，可以直接修改变量的名称，如：键入 SB1_START，然后回车。

(3) 每个变量添加完毕后，右键单击此变量，可弹出快捷菜单，如图 J5－20 所示。

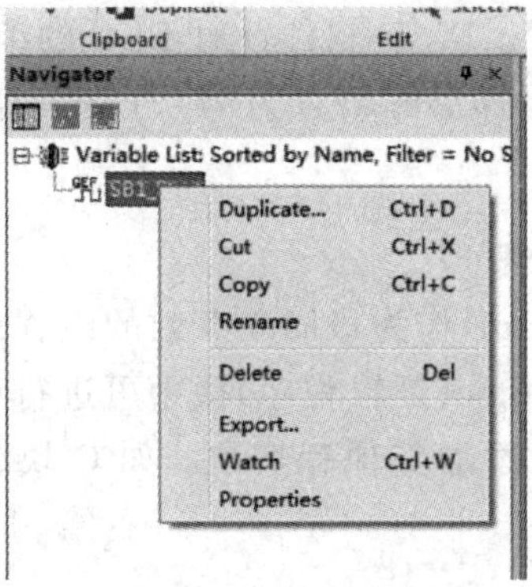

图 J5－20　变量的快捷菜单

(4) 在快捷菜单中包含对变量的操作命令，这些命令分别为：Duplicate(复制)、Cut(剪切)、Copy(复制)、Rename(重命名)、Delete(删除)、Export(输出)、Watch(监视)和 Properties(属性)。

(5) 使用 Properties 命令，会在 Variable List 窗口下方出现 Inspector(属性)窗口，可以用鼠标把该窗口拖拽到工作区，以便于编辑，如图 J5－21 所示。

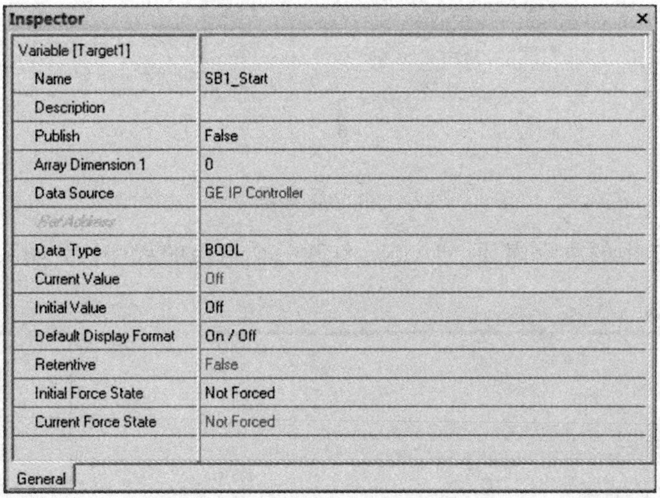

图 J5－21　设置变量属性窗口

(6) 在图 J5－21 中，可以编辑变量的 Name(名称)、Description(功能描述)、Ref Address(参考地址)等参数。单击左侧列出的某个参数，在第二列出现的窗口中可以进行编辑。将该按钮的 Description 设置为“起动按钮”，将 Ref Address 设置为%I00001。

练一练：按照上述步骤，再创建一个按钮 SB2_Stop(地址为%I00002)和一个继电器线圈 KA1(地址为%Q00001)。

5.4　梯形图逻辑程序的编写

创建完变量表以后，编程之前的所有准备工作就都做完了。下一步就开始学习使用 PME 软件编写 PLC 控制程序了。PME 软件针对 PLC 的编程，支持梯形图(LD)和指令表(IL)两种语言。下面，我们就以梯形图语言为例，学习一下如何创建程序块，并在程序块中使用 PLC 指令编写程序。

1. 创建程序块(Program Blocks)

梯形图(LD－Ladder Diagram)作为最简单有效的编程语言，在实际工程中得到了广泛的使用。在对象 Target1 中的 Logic(逻辑程序)项中可进行程序的编制，一个对象中只允许建立一个主程序 Main，也可以添加其他程序块，如 C 块、LD 块(梯形图程序)等，如图 J5－22所示。

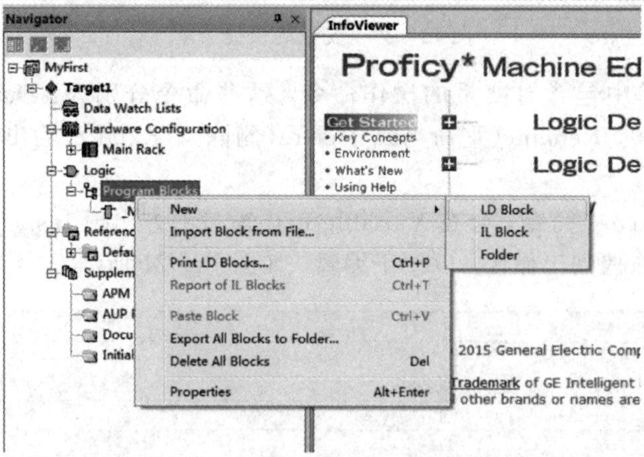

图 J5－22　新建程序块

双击图 J5－22 中的主程序块_MAIN，打开一个空白的程序块，如图 J5－23 所示。

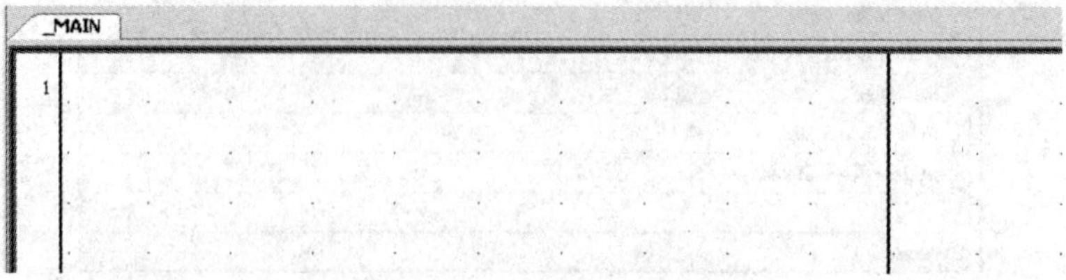

图 J5－23　空白的程序块

2. 在梯级中插入一个梯形图指令

参照图 J5－24 和图 J5－25，我们来建立它的梯形图程序。

1）基本方法

（1）在梯形图编辑器中，右键单击空单元格，在弹出的快捷菜单中选择 Place Instruction（放置指令）命令，如图 J5－24 和图 J5－25 所示。

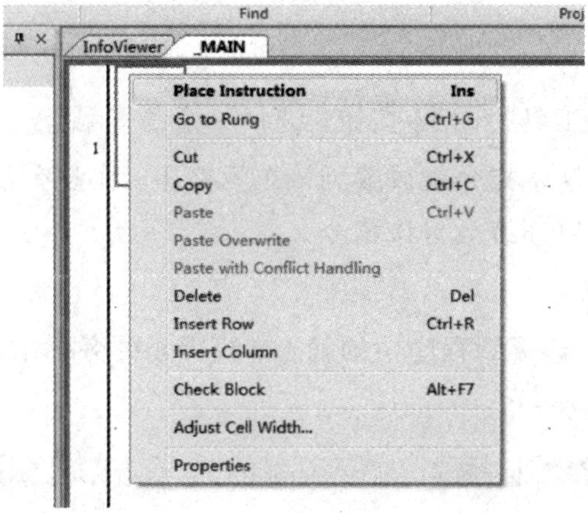

图 J5－24　Place Instruction 命令

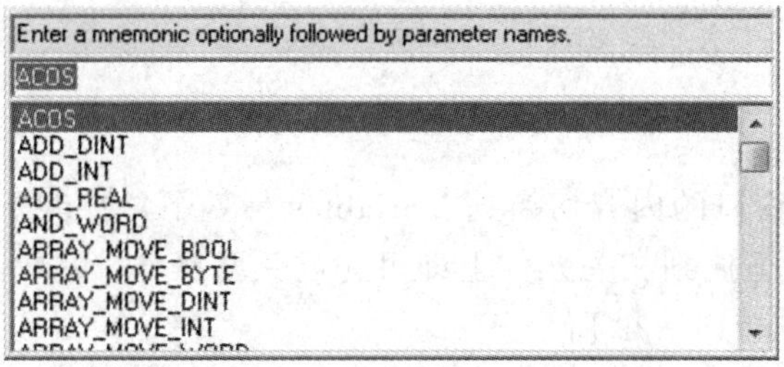

图 J5－25　输入指令助记符

（2）在图 J5－25 中，选择常开触点的助记符 NOCON。使用者不必键入整个助记符，随着键入字母，列表框中会显示以键入字母开头的所有指令，并对其中一条指令加亮显示。如果正确，即可按 TAB 键或 Enter 键把该指令插入，如图 J5－26 所示。

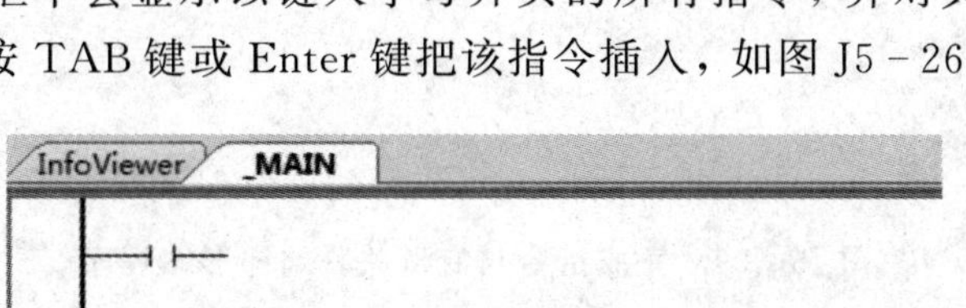

图 J5－26　选择 NOCON 指令图插入指令

2）使用工具栏

（1）选择菜单的“PLC Ladder”项，在工具栏上找到梯形图工具栏，如图 J5－27 所示。

如果看不到此工具栏，单击菜单 Tools→Toolbars→Logic Developer - PLC，即能看见梯形图指令工具栏。

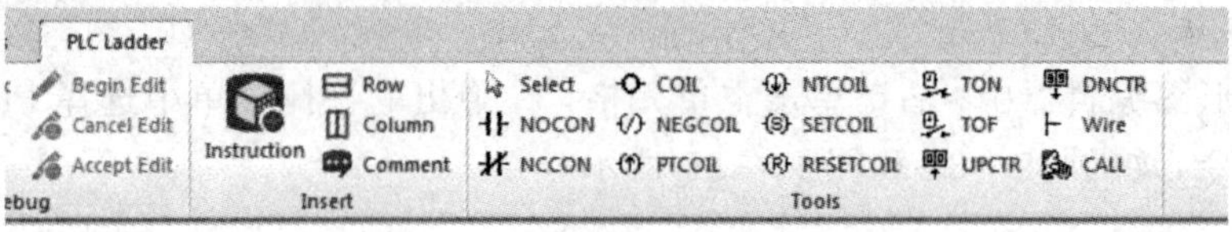

图 J5 - 27　梯形图指令工具栏

（2）单击梯形图指令工具栏的按钮，选择一个常开触点。在梯形图编辑器中，单击想要放置指令的单元格，这条指令就放置到该单元格中。在没有单击指针工具按钮或按下键盘的 Esc 键时，还可以连续放置该指令。

3. 变量与指令的关联

在图 J5 - 28 中，要在梯形图程序中的触点、线圈元件旁标出地址等信息，需要把预先建好的变量与指令相关联。

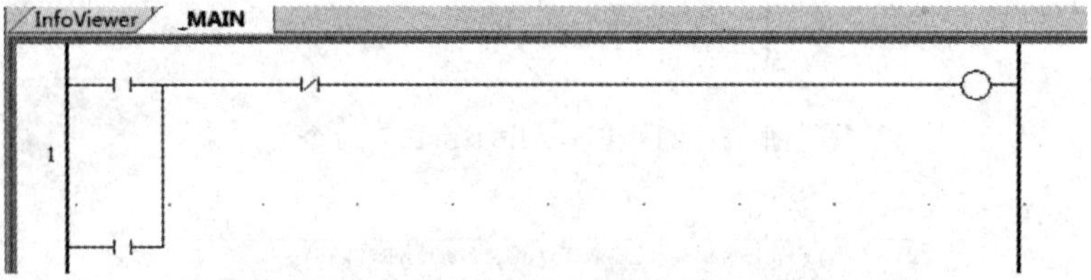

图 J5 - 28　变量与元件的关联操作

把浏览（Navigate）窗口的内容切换到 Variables 标签下，窗口显示变量列表，这时只需用鼠标左键把一个变量拖拽到相关元件上即可完成关联操作。完成全部元件与变量的关联操作后的梯形图程序如图 J5 - 29 所示。

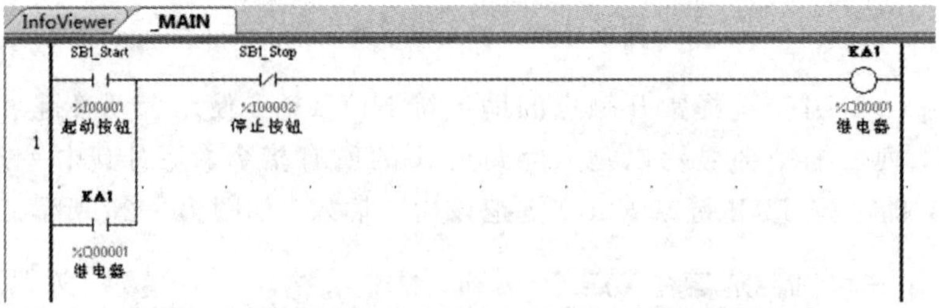

图 J5 - 29　完成指令与变量关联的梯形图程序

4. 添加和编辑一段注释

在程序设计中添加注释是十分必要的。在梯形图编辑器中，单击工具栏的 Comment 图标，即可在一个空白行中插入一个注释（Comment），出现一个注释梯级。在出现的文本框中输入注释信息，如图 J5 - 30 所示。单击注释框外的任何地方，结束编辑。

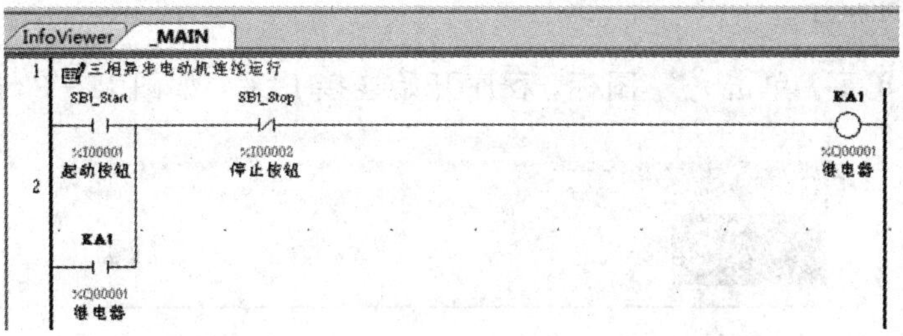

图 J5－30　添加一段注释

5. 程序的验证

验证(Validate)是为了检查程序是否有错误。选择菜单 Target→Validate 命令开始验证，结果显示在 Feedback Zone(反馈信息窗口)的 Build 标签，如图 J5－31 所示。

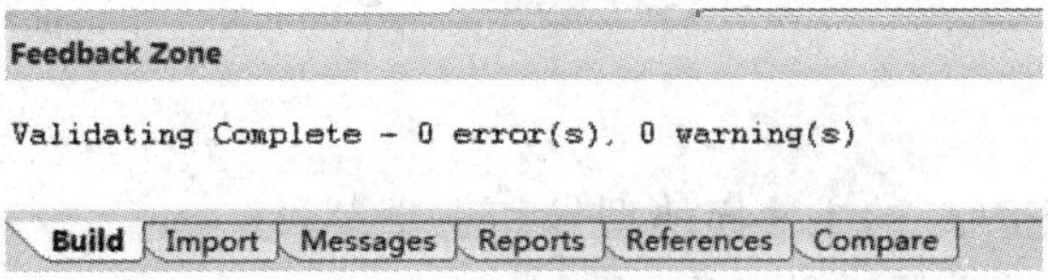

图 J5－31　验证结果显示

5.5　PME 程序的联机调试

在编写程序并验证后，需要把存放在 PC 的对象通过某种通信方式下载到 PLC 中执行，以验证能否实现预期的功能。通信方式可以采用串行方式(COM 口)或以太网(网口)方式进行，在这里介绍采用以太网方式连接。

1. 设置对象 Target1 属性中的 IP 地址

在浏览窗口中，用右键单击对象 Target1，在弹出的快捷菜单中选择 Properties(属性)命令，弹出如图 J5－32 所示的属性设置窗口。找到 Physical Port(物理端口)参数，把它设置为 ETHERNET，IP Address 设置为 192.168.51.61。

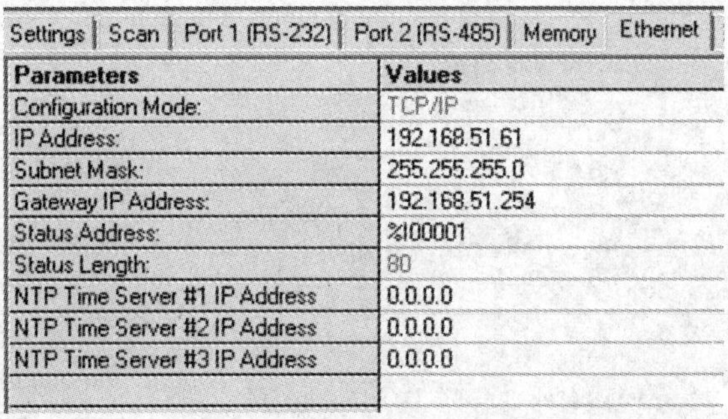

Settings | Scan | Port 1 (RS-232) | Port 2 (RS-485) | Memory | Ethernet

Parameters	Values
Configuration Mode:	TCP/IP
IP Address:	192.168.51.61
Subnet Mask:	255.255.255.0
Gateway IP Address:	192.168.51.254
Status Address:	%I00001
Status Length:	80
NTP Time Server #1 IP Address	0.0.0.0
NTP Time Server #2 IP Address	0.0.0.0
NTP Time Server #3 IP Address	0.0.0.0

图 J5－32　设置对象属性中的通信方式

2. 下载并运行程序

在 Target 菜单下，单击 

图标，程序开始连接 PLC，如图 J5－33 所示。

图 J5－33　连接窗口

如果联机失败，一般的原因是通信方式及地址的设计有问题。正常情况下，在很短时间内即可完成联机。联机成功以后，单击 download 图标，将硬件结构、逻辑块、初始状态等均下载至 PLC，并选择输出使能。

习　题　5

一、简答题

1. 简述 VersaMax PLC 的主要模块型号和主要参数。

2. 简述 PME 软件的主要变量类型。

二、操作题

1. 使用 PME 软件，创建一个项目，配置模块，并建立变量表，编写三相异步电动机的正反转程序，并下载运行。

2. 使用 PME 软件，创建一个项目，配置模块，并建立变量表，编写三相异步电动机的点动和连续运行程序，并下载运行。

第 6 章　VersaMax PLC 编程指令

6.1　继电器指令

继电器指令(Relay Instruction)的基础是触点(Contact)和线圈(Coil)。触点是对二进制的状态进行测试，测试的结果用于位逻辑运算；触点也用于表明参考变量的状态，触点的状态(ON/OFF)取决于所表示的参考变量的位置、状态及类型。如果所表示的参考变量的状态为“1”，即为“ON”；如果所表示的参考变量的状态为“0”，即为“OFF”。

一个二进制位既可以在程序中作为触点，也可以作为线圈。线圈可以作为触点在程序中被多次引用；如果同一个地址的线圈在不止一个程序段中出现，其状态以最后一次运算的结果为准。

1. 继电器触点(Relay Contact)

继电器触点包括常开(Normal Open)、常闭(Normal Close)，常用继电器触点见表 J6－1所示。

表 J6－1　常用继电器触点列表

触点类型	梯形图助记符	触点向右转送能流条件
常开触点(NOCON)	—| |—	当参考变量为 ON 时
常闭触点(NCCON)	—|/|—	当参考变量为 OFF 时

2. 继电器线圈(Relay Coil)

线圈有保持型和非保持型之分，线圈在梯形图中最右边的位置，在一个梯级中可以包含 9 个触点 1 个线圈。在电源通电时或 PLC 从 STOP 进入 RUN 模式时，保持型线圈的状态被保持。在电源断电时或 PLC 从 RUN 进入 STOP 模式时，保持线圈的状态被清零。

继电器线圈包括常开线圈、常闭线圈、延续线圈、上升沿线圈、下降沿线圈、置位线圈、复位线圈等常用继电器线圈，见表 J6－2 所示。

表 J6－2　常用继电器线圈列表

线圈类型	梯形图助记符	线圈状态	操作结果
常开线圈(Coil)	—( )—	ON	设置参考变量为 ON
		OFF	设置参考变量为 OFF

续表

线圈类型	梯形图助记符	线圈状态	操作结果
常闭线圈(取反)(NCCoil)	—(/)—	ON	设置参考变量为 OFF
		OFF	设置参考变量为 ON
上升沿线圈(POSCoil)	—(↑)—	从 OFF 到 ON 切换	若参考变量为 OFF，设置成一个扫描时间为 ON
下降沿线圈(NEGCoil)	—(↓)—	从 ON 到 OFF 切换	若参考变量为 OFF，设置成一个扫描时间为 ON
置位线圈(SETCoil)	—(S)—	ON	设置参考变量为 ON，直至用复位线圈复位到 OFF
		OFF	线圈状态保持不变
复位线圈(RESETCoil)	—(R)—	ON	设置参考变量为 OFF，直至用置位线圈置位到 ON
		OFF	线圈状态保持不变

3. 系统变量

系统变量是系统预定义的数据项，这些变量可以监视控制器的性能、指定控制器的行为、监控一个 I/O 驱动器的性能和在线调试梯形图程序等，用户可以直接使用而不能做任何的修改。

每一个系统变量都有一个“＃”字符开头的名字，例如＃T_SEC。系统变量对应的地址是％S、％SA、％SB 和％SC，如＃T_SEC 的地址是％S0005。系统变量不能被删除或改名。一些系统变量只能表示触点，不能用于线圈。％S 位是只读位，不能写入数据，但可以写入到％SA、％SB 和％SC 位。表 J6－3 列出了几个常用的系统变量的功能。

表 J6－3　常用系统变量功能说明

序号	系统变量名称	系统变量地址	含　义
1	＃FST_SCN	％S0001	在开机的第一次扫描时为 ON，其他时间为 OFF
2	＃ALW_ON	％S0007	每当 PLC 处于运行模式，该位始终为 ON
3	＃ALW_OFF	％S0008	每当 PLC 处于运行模式，该位始终为 OFF
4	＃T_10MS	％S0003	周期为 0.01(1/100)秒的时钟触点
5	＃T_100MS	％S0004	周期为 0.1(1/10)秒的时钟触点
6	＃T_SEC	％S0005	周期为 1 秒的时钟触点
7	＃T_MIN	％S0006	周期为 1 分钟的时钟触点

例 6-1　分析图 J6-1 所示的梯形图程序，当 INPUT_02 和 INPUT_03 触点闭合或断开时，OUTPUT_03、OUTPUT_04 对应的三种不同类型的线圈状态。

图 J6-1　例 6-1 梯形图程序

【分析】　当 INPUT_02 触点由断开转变为闭合，梯级 2 中的置位线圈 OUTPUT_03 得电，而 INPUT_02 触点由闭合转变为断开，线圈 OUTPUT_03 仍保持得电。

当 INPUT_03 触点由断开转变为闭合，梯级 3 中的复位线圈 OUTPUT_03 得电，而梯级 2 中的置位线圈 OUTPUT_03 失电。当 INPUT_02 触点由闭合转变为断开，梯级 3 中的复位线圈 OUTPUT_03 仍保持得电。

注意：梯级 2 和梯级 3 中的置位线圈和复位线圈的物理地址和变量名是一致的。

梯级 4 中的触点使用的是系统参考变量＃T_SEC，其作用就是产生一个周期为 1 秒的脉冲，观察发现，线圈 OUTPUT_04 总是在得电、失电状态之间切换，切换的周期是 1 秒。对应输出模块的相应位指示灯也在闪烁。

6.2　定时器和计数器

1. 定时器(Timer)

GE PLC 的定时器分为三种类型，分别是接通延时定时器(TMR)、断开延时定时器(OFDT)和保持型接通延时定时器(ONDTR)。定时器的时基可以按照 0.1 s(tenths)、0.01 s(hunds)和 0.001 s(thous)进行计算。预置值的范围为 0～32 767 个时间单位。延时时间＝预置值×时基。

定时器变量的地址类型是%R。每个定时器变量占用 3 个字(word，每个字占 16 个二进制位)的寄存器，输入的定时器变量地址为起始地址，从起始地址开始的连续 3 个字分别存储下列信息：当前值(CV，Current Value)存储在字 1；预置值(PV，Preset Value)存储在字 2；控制字(CW，Control Word)存储在字 3。其中，字 1(CV)只能读取而不能写入；字 2(PV)就是预置值，用来手动设定定时时间；字 3(CW)用来存储定时器的输入、输出状态，能被读取而不能写入。图 J6-2 为定时器的控制字各位的状态含义。

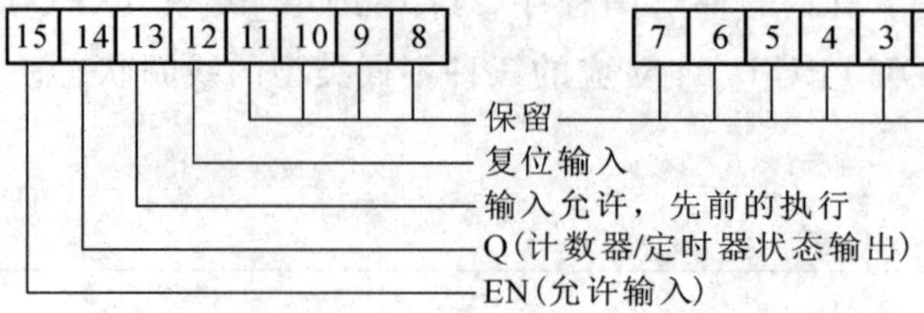

图 J6－2　定时器的控制字各位的状态含义

1）接通延时定时器 TMR

接通延时定时器 TMR 的梯形图有 3 种：TMR_TENTHS、TMR_HUNDS、TMR_THOUS，它们之间的差异仅是时基不同，它们的时基分别是：0.1 秒，0.01 秒，0.001 秒。图 J6－3 所示为 TMR_TENTHS 梯形图。

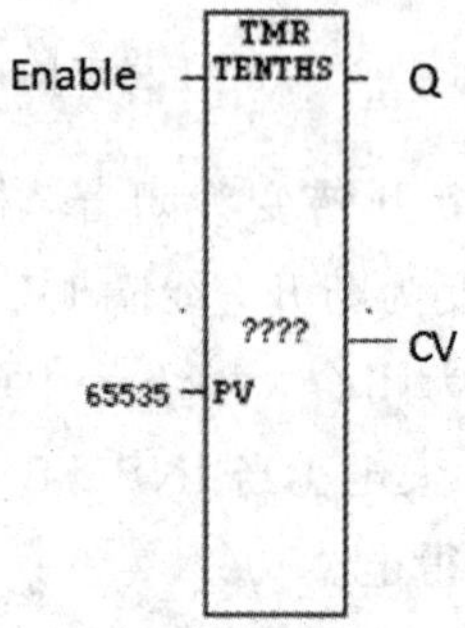

图 J6－3　接通延时定时器梯形图

图 J6－3 中，该定时器指令输入端有两个端子，左边上面的端子代表定时器的使能端(Enable)；????标识定时器的起始地址；PV 端为预置值，最大值为 65 535。如果将 PV 端设为 10，那么设定的延时时间等于：$10\times0.1=1$ 秒。输出端(右边的端子)有两个，一个是 CV，一个是 Q。CV 端为定时器的当前值，只有在定时器运行的时候，才能看到 CV 的数值。当延时时间大于等于设定的 PV 值的时候，输出端 Q 接通，变为 ON。

TMR 的 Enable 端通电时，当前值开始增加，当失电时，复位到 0。当 CV≥PV 时，只要 Enable 端保持接通电源，输出端 Q 允许输出。当 Enable 端失电时，定时器停止累计时间，CV 值复位为 0，输出端关闭。其工作过程分析如下：

(1) 当 Enable 端有 0→1 的变化时，定时器开始工作。

(2) 当计时时间到(CV≥PV)，输出端置 1，此时，定时器继续计时，CV 的值仍在增长。

(3) 当 Enable 端有 1→0 的变化时，输出端置 0，定时器停止计时，CV 被清零。

(4) 当 Enable 端有 0→1 的变化时，定时器再次开始计时。

(5) CV＜PV 时，Enable 端有 1→0 的变化时，输出端仍旧为 0，定时器停止计时，CV 清零。

2）断开延时定时器 OFDT

断开延时定时器 OFDT 的梯形图有 4 种：OFDT_SEC、OFDT_TENTHS、OFDT_

HUNDS、OFDT_THOUS，它们之间的差异也仅是时基不同，其时基值和接通延时定时器的时基是一致的，图 J6－4 所示为 OFDT_TENTHS 梯形图。

图 J6－4 中，当 Enable 端允许时，CV 复位到 0，输出端允许输出。当 Enable 端断开时，定时器开始定时，当 CV＝PV 时，停止定时，且输出端断开。

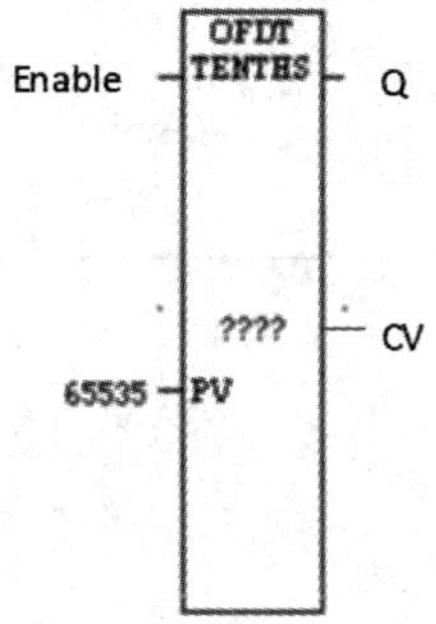

图 J6－4　断开延时定时器梯形图

3）保持型接通延时定时器 ONDTR

保持型接通延时定时器梯形图如图 J6－5 所示。

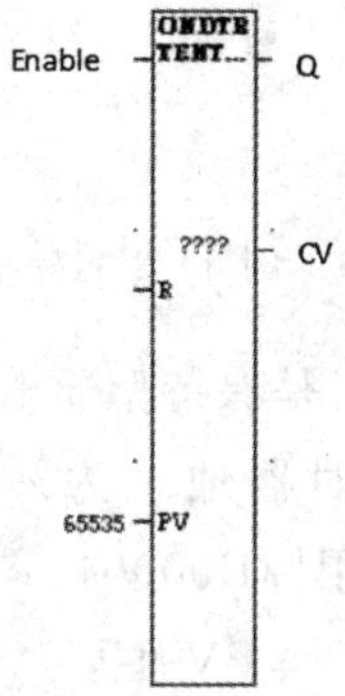

图 J6－5　保持型接通延时定时器梯形图

ONDTR 与 TMR 都是接通延时定时器，都具备接通延时功能，两者的差异在于：ONDTR 比 TMR 多一个复位端 R。ONDTR 在失电时，其 CV 和输出端的状态被保持，再次通电时，从被保持的状态继续工作；当复位端 R 通电后，CV 复位为 0，输出端失电断开。

例 6－2　分析图 J6－6 所示的梯形图程序。当该程序运行时，观察三种定时器的工作状态，了解它们之间的差异。

【分析】　梯级 2 中有一个 TMR 定时器，其时基为 TENTHS(0.1)，PV 为 10，说明定时时间为 1 秒。定时器地址为％R00001，说明该定时器占用了％R00001、％R00002 和％R00003三个寄存器，其中％R00001 存储 CV 值，％R00002 存储 PV 值，％R00003 存储定时器的控制字。当 INPUT_05 触点由断开转变为闭合时，TMR 开始工作，CV 值随时间不断增加，当 CV＝PV 时，代表定时时间到，OUTPUT_05 线圈得电，此时 CV 值继续增长，直至最大值 32 767。当 INPUT_05 触点由闭合转变为断开时，OUTPUT_05 线圈失电，CV 值清零。

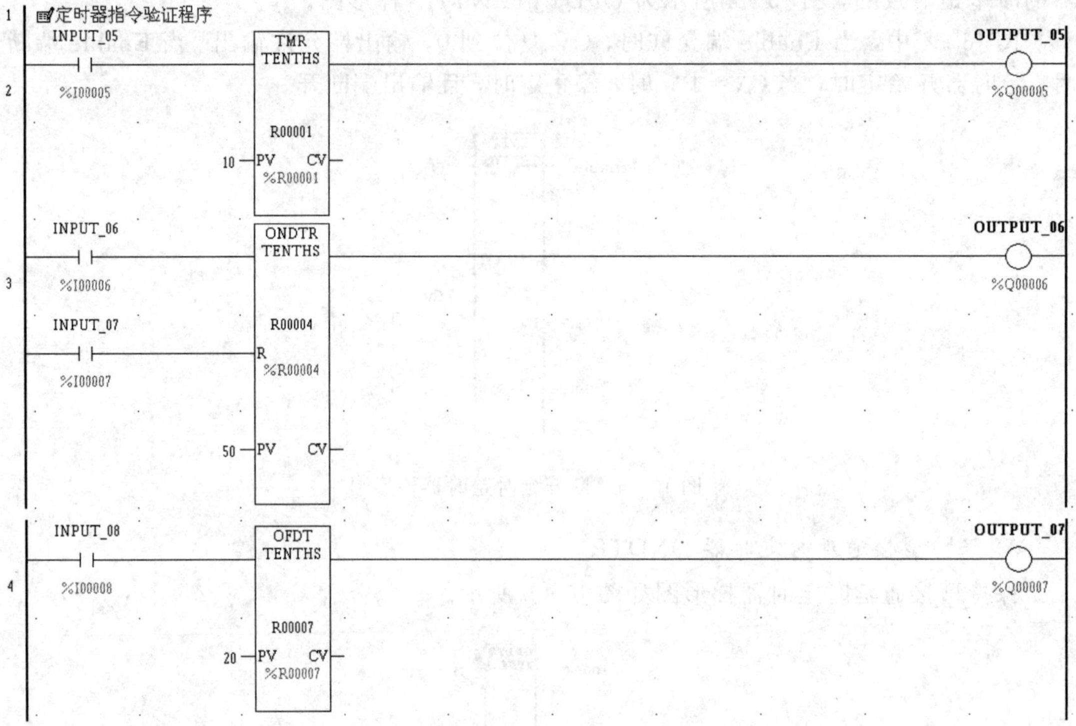

图 J6－6　例 6－2 的梯形图程序

梯级 3 中有一个 ONDTR 定时器，是保持型通电延时定时器，其时基为 TENTHS(0.1)，PV 为 50，说明定时时间为 5 秒。定时器地址为％R00004(注：不能与梯级 2 中使用的 TMR 定时器地址重叠)，该定时器占用％R00004、％R00005 和％R00006 三个寄存器，其中％R00004 存储 CV 值，％R00005 存储 PV 值，％R00006 存储控制字。当 INPUT_06 触点由断开转变为闭合时，ONDTR 开始工作，CV 值随时间不断增加，当 CV＝PV 时，表示定时时间到，OUTPUT_06 线圈得电，此时 CV 值继续增长，直至最大值 32 767。其间，如果 INPUT_06 触点由闭合转变为断开，定时器停止定时，CV 值会保持不变，OUTPUT_06 线圈失电。如果 INPUT_06 触点再次闭合，定时器会从 CV 保持的数值开始继续增长，这就是保持型定时器的含义。当 INPUT_07 触点由断开转变为闭合时，复位信号有效，OUTPUT_06 线圈失电，CV 值清零。

梯级 4 中有一个 OFDT 定时器，属于断电延时定时器，其时基为 TENTHS(0.1)，PV 为 20，说明定时时间为 2 秒。定时器地址为％R00007(注：不能与梯级 2、梯级 3 中使用的％R 寄存器地址重叠)，说明该定时器占用了％R00007、％R00008 和％R00009 三个寄存器，其中％R00007 存储 CV 值，％R00008 存储 PV 值，％R00009 存储控制字。当 INPUT_08触点由断开转变为闭合时，OUTPUT_07 线圈得电，定时器并不定时。当 INPUT_08 触点由闭合转变为断开时，OFDT 定时器开始定时，当 CV＝PV 时，OUTPUT_07 线圈失电，CV 值清零。

2. 计数器(Counter)

GE PLC 的计数器有两种：减法计数器(DNCTR)和加法计数器(UPCTR)，如图 J6－7所示为减法计数器和加法计数器的梯形图。

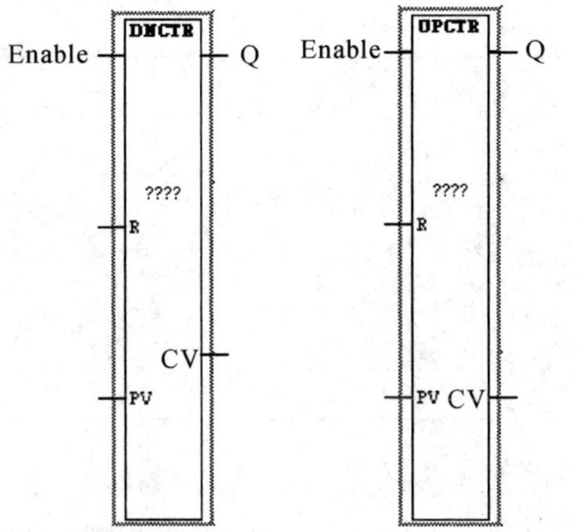

(1) 减法计数器　　(2) 加法计数器

图 J6－7　减法计数器和加法计数器梯形图

与定时器类似，每个计数器变量占用%R 寄存器中连续的 3 个字。当向计数器输入变量地址时，输入的是起始地址。3 个字中分别存储以下信息：当前值(CV)存储在字 1，预置值(PV)存储在字 2 中，控制字存储在字 3 中。图 J6－8 为计数器的控制字各位的状态含义。

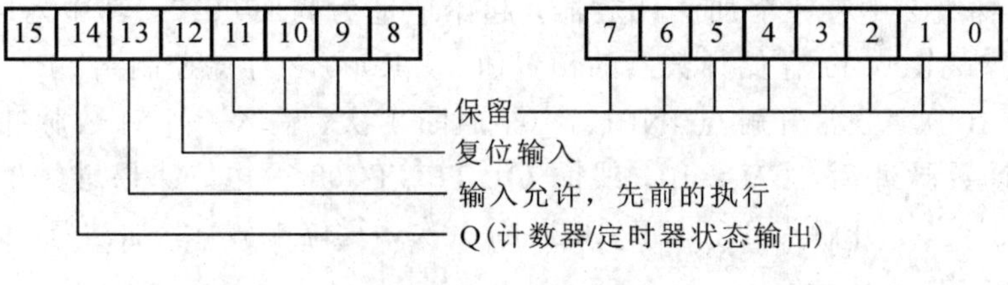

图 J6－8　计数器的控制字各位的状态含义

1) 减法计数器 DNCTR

减法计数器是复位优先的计数器，当复位端(R)为 1 时，CV 被置成预置值，如有输出，也被清零。最小预置值为 0，最大预置值为 32 767，最小当前值为－32 767。

每当计数器输入由 0→1(一个脉冲)时，计数一次，CV 值减 1。当 CV 值＝0 时，输出端置 1，且该输出端带有断电自保功能，即在上电时不会自动初始化。只要 CV≥PV，输出端始终为 1。

2) 加法计数器 UPCTR

加法计数器是复位优先的计数器，当复位端(R)为 1 时，CV、PV 均被清零，如有输出，也被清零。该计数器的计数范围为 0～32 767。

每当计数器输入由 0→1(一个脉冲)时，计数一次，CV 值加 1。当 CV＝PV 时，输出端置 1，且该输出端带有断电自保功能，即在上电时不会自动初始化。只要 CV≥PV，输出端始终为 1。

例 6－3 分析图 J6－9 所示的梯形图程序。当该程序运行时，观察两种计数器的工作状态，了解它们之间的差异。

图 J6－9 例 6－3 的梯形图程序

【分析】 梯级 2 中有一个加法计数器，起始地址为％R00010，其中％R00010 存储计数器的当前值，％R00011 存储计数器的预置值，％R00012 存储控制字。PV 设置为 10，说明计数次数为 10 次。当常开触点 INPUT_09 通断 1 次，输入一个计数脉冲，CV 值加 1。当输入 10 个计数脉冲后，CV＝10，线圈 OUTPUT_08 得电。如果继续输入计数脉冲，CV 值继续加 1。当常开触点 INPUT_10 通断 1 次，复位端置 1，加法计数器复位，线圈 OUTPUT_08失电，CV 清零。

梯级 3 中有一个减法计数器，起始地址为％R00013，其中％R00013 存储计数器的当前值，％R00014 存储计数器的预置值，％R00015 存储控制字。PV 设置为 10，说明计数次数为 10 次，CV 的初始值为 10。当常开触点 INPUT_11 通断 1 次，产生一个计数脉冲，CV 值减 1。当输入 10 个计数脉冲后，CV＝0，线圈 OUTPUT_09 得电。如果继续输入计数脉冲，CV 值继续减 1。当常开触点 INPUT_12 通断 1 次，复位端置 1，减法计数器复位，线圈 OUTPUT_09 失电，CV 被置位成预置值。

6.3 数学运算指令

GE PLC 提供的数学运算功能指令包括：ADD、SUB、MUL、DIV、SQRT、ABS、SIN/COS/TAN/ASIN/ACOS/ATAN、LOG/LN/RXP/EXPT、RAD/DEG 等，表 J6－4 所示为常用数学运算指令。

表 J6－4　常用数学运算指令列表

功　能	助记符	功 能 描 述
加法	ADD	输入为加数和被加数，输出为和
减法	SUB	输入减数和被减数，输出为差
除法	DIV	输入为除数和被除数，输出为商
求模	MOD	求两个输入量的模数
平方根	SQRT	求输入数据的平方根
绝对值	ABS	求输入数据的绝对值
三角函数(正弦、余弦、正切)	SIN、COS、TAN	对输入数据进行正弦、余弦、正切运算
反三角函数(反正弦、反余弦、反正切)	ASIN、ACOS、ATAN	对输入数据进行反正弦、反余弦、反正切运算
以 10 为底的对数、自然对数	LOG、LN	对输入数据以 10 为底求对数及求自然对数
以 e 为底的指数、对数	EXP、EXPT	对输入数据以 e 为底求指数及求对数
弧度与角度间的转换	RAD、DEG	对输入数据进行弧度与角度之间的转换

在数学运算指令中，参与操作的数据类型可以是 INT(单精度整数)、DINT(双精度整数)、REAL(实数)、LREAL(双精度浮点实数)等。在四则运算中，只有相同数据类型才能进行运算。

例 6－4　分析图 J6－10 所示的梯形图程序。当该程序运行时，逐条分析梯形图指令的功能及运算结果，熟悉指令的功能和使用方法。

【分析】（1）加法指令的分析。梯级 2 为加法指令，ADD INT 表示做 16 位带符号整数的加法。IN1 端为被加数，IN2 端为加数，Q 端为和。IN1 和 IN2 可以是变量或常量，Q 只能是变量，这里 IN1 被设置为变量 R00016，对应寄存器地址为％R00016，IN2 被设置为变量 R00017，对应寄存器地址为％R00017，Q 被设置为变量 R00018，对应寄存器地址为％R00018。开始运算前，把两个 16 位的整数分别放置到％R00016 和％R00017 中。当常开触点 INPUT_01 闭合的瞬间(产生一个上升沿脉冲)，执行加法操作，也就是把％R00016 和％R00017 中的数据相加，和放到％R00018 中。例如，％R00016＝－2，％R00017＝1，则执行该指令后％R00018＝－1。

（2）平方根指令的分析。梯级 3 为平方根指令，SQRT INT 表示求一个 16 位带符号整数的平方根。IN 端为数据输入端，可以是变量或常量；Q 端输出 IN 端的平方根数值，只能是变量。运算前，在％R00019 中放入数据，当常开触点 INPUT_02 闭合时，执行平方根运算，结果放入％R00020 中。例如，％R00019＝4，则执行该指令后％R00020＝2。

（3）绝对值指令的分析。梯级 4 为绝对值指令，ABS INT 表示求一个 16 位带符号整数的绝对值。指令各端子的功能与 SQRT 指令相同。运算前，在％R00021 中放入数据，当常开触点 INPUT_03 闭合时，执行绝对值运算，结果放入％R00022 中。例如，％R00021＝－1，则执行该指令后％R00022＝1。

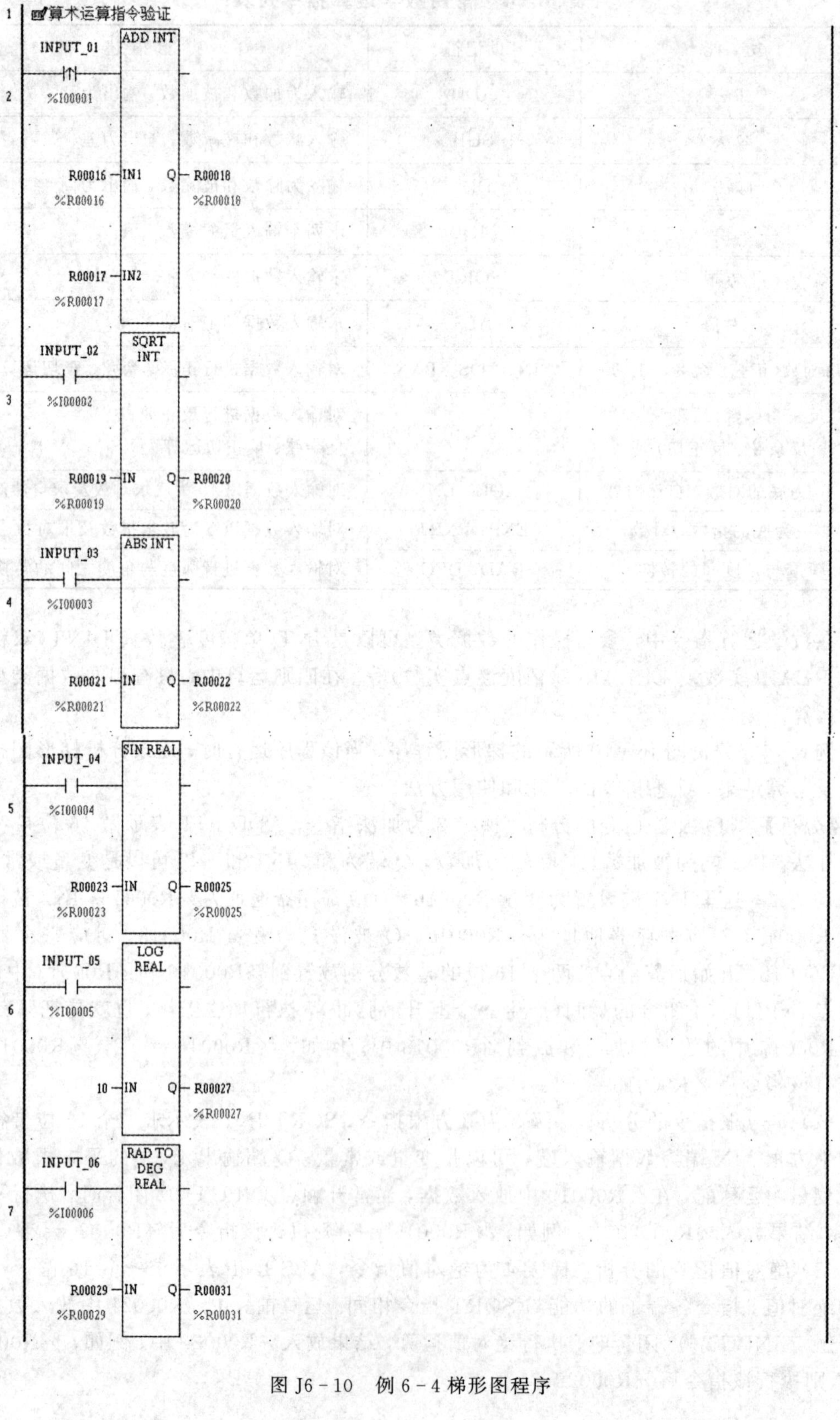

图 J6－10　例 6－4 梯形图程序

(4) 正弦三角函数指令分析。梯级 5 为正弦函数指令，SIN REAL 表示求一个 32 位实数的正弦值。指令各端子的功能与 SQRT 指令相同。运算前，在%R00023 中放入数据，当常开触点 INPUT_04 闭合时，执行正弦运算，结果放入%R00025 中。这里应注意，%R00023和%R00025 是 32 位的寄存器，另外，放入%R00023 的数值为弧度值。例如，%R00023＝0.5233(注：π/6)，则执行该指令后%R00025＝0.499(约 0.5)。

(5) 对数运算指令的分析。梯级 6 为对数函数指令，LOG REAL 表示求一个 32 位实数以 10 为底的对数值。IN 为输入端，可以直接输入常数，也可以使用寄存器地址。本例中，在 IN 端输入的数据为常数 10，当常开触点 INPUT_05 闭合时，执行以 10 为底的对数运算，结果放入%R00027 中，所以%R00027＝1。

(6) 弧度转角度指令。梯级 7 为弧度转角度指令，RAD TO DEG REAL 表示把一个 32 位实数弧度转换为角度。指令各端子的功能与 SQRT 指令相同。运算前，在%R00029 中放入弧度数据，当常开触点 INPUT_06 闭合时，执行转换操作，结果放入%R00031 中。例如，%R00029＝0.5233(注：π/6)，执行该指令后%R00031＝29.98(约 30)。

在使用数学运算指令前要弄清楚指令的功能和数据的类型。

6.4　关系运算指令

关系运算功能是比较两个相同类型数据的值，或者确定一个数据是否在指定范围内。GE PLC 提供的关系运算指令如表 J6-5 所示。

表 J6-5　关系运算指令

功　能	助记符	描　　述
等于	EQ	检验 IN1 是否等于 IN2
大于等于	GE	检验 IN1 是否大于等于 IN2
大于	GT	检验 IN1 是否大于 IN2
小于等于	LE	检验 IN1 是否小于等于 IN2
小于	LT	检验 IN1 是否小于 IN2
不相等	NE	检验 IN1、IN2 两个数是否相等
范围	RANGE	检验输入(IN)是否在 L1、L2 两个数之间

1. 普通比较指令

因为 EQ、GE、GT、LE、LT 和 NE 指令的梯形图和语法基本相似，所以把它们称为普通比较指令。下面以 EQ 指令为例讲解普通比较指令的使用，如图 J6-11 所示为 EQ 指令梯形图。

等于指令 EQ 用于检验两个输入端 IN1 和 IN2 上的输入数据是否相等。在输入使能端 Enable 为 1 时，开始执行比较 IN1 和 IN2 上的数据是否相等，相等则 Q 输出 1，否则 Q 输出 0。当输入使能端 Enable 为 1 时，输出使能端 OK 即为 1，除非 IN1 或 IN2 上不是数据，表示指令已执行。

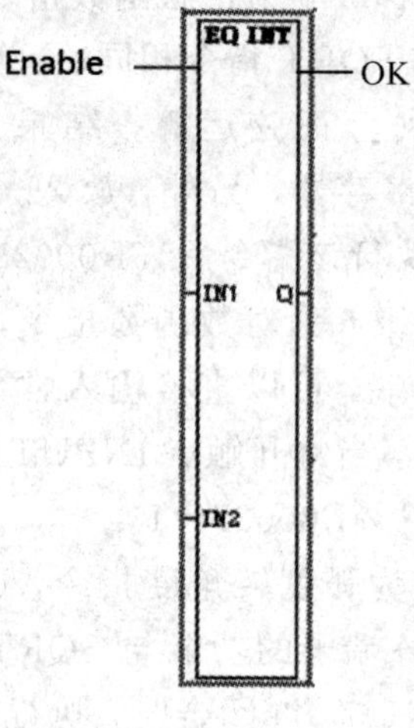

图 J6－11　EQ 指令梯形图

2. RANGE 指令

范围指令 RANGE 用于检验输入值是否在指定的某个范围内，其梯形图如图 J6－12 所示。

当输入使能端 Enable 为 1 时，RANGE 指令比较输入端 IN 是否在 L1 和 L2 所指定的范围内(L1≤IN≤L2 或 L2≤IN≤L1)。如果满足条件，则 Q 端置 1，否则为 0。

当 Enable 为 1 时，OK 即为 1，除非 L1 或 L2 上不是数据。

RANGE 指令支持的数据类型除了 INT、DINT、UINT 之外，还可以是 WORD、DWORD。

注意：只有数据类型相同才能比较。

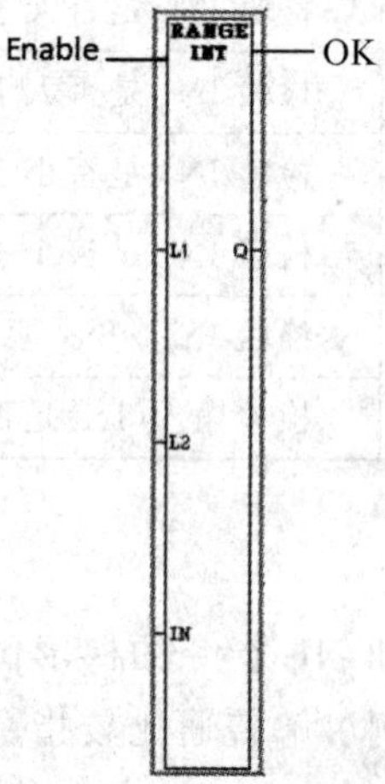

图 J6－12　RANGE 指令梯形图

例 6－5　分析图 J6－13 所示的梯形图程序。当该程序运行时，逐条分析梯形图指令的功能及运算结果，熟悉各指令的功能和使用方法。

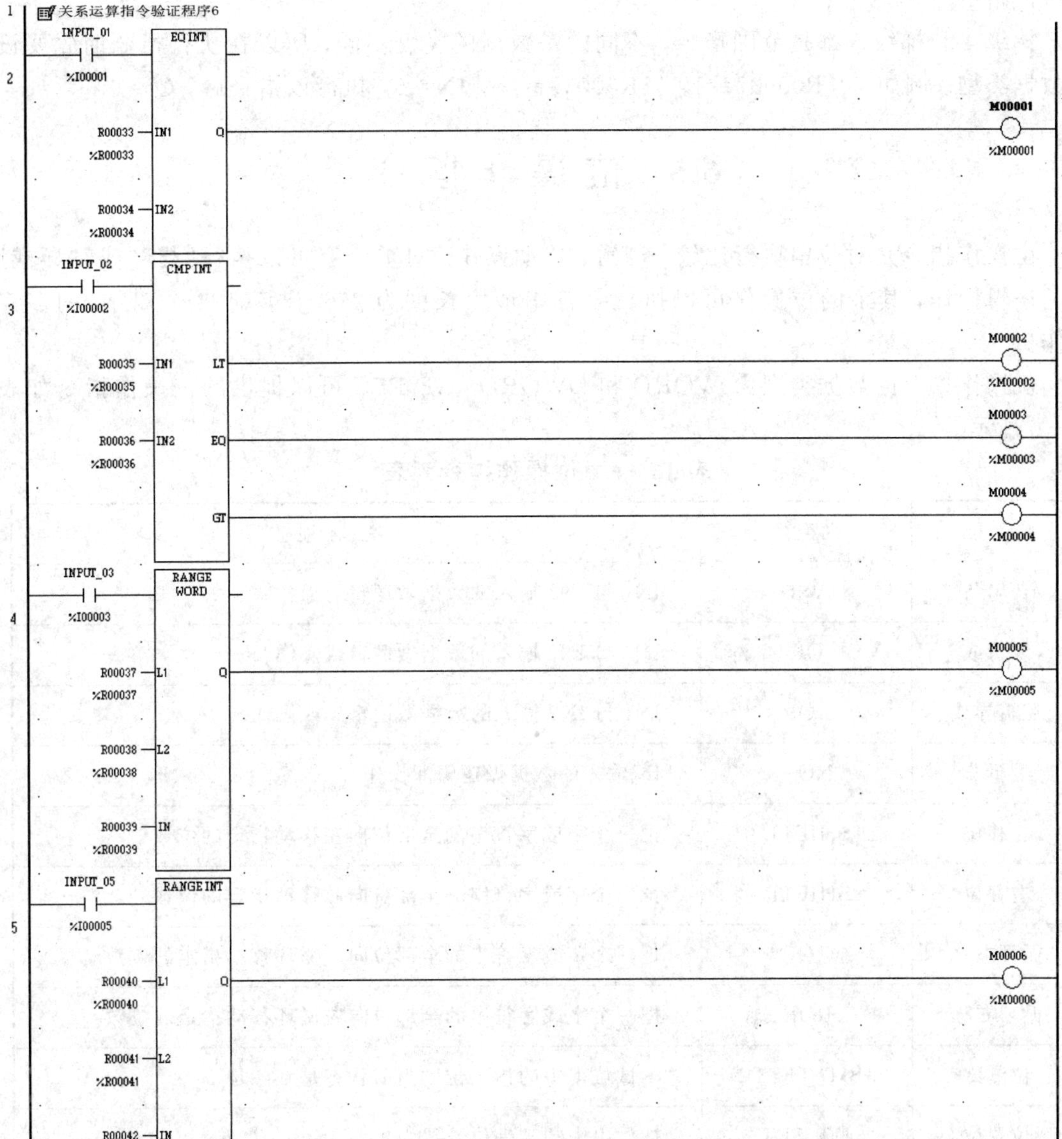

图 J6－13　例 6－5 的梯形图程序

【分析】 梯级 2 是 EQ 指令，比较寄存器％R00033 和％R00034 里的数据是否相等。执行指令之前，先给％R00033 和％R00034 赋值，运行程序时，常开触点 INPUT_01 闭合，观察线圈 M00001 是否得电。％R00033 和％R00034 里的数据相同，则线圈得电，否则不得电。例如，％R00033＝2，％R00034＝2，执行指令后 Q＝1。

梯级 3 是比较指令，比较寄存器％R00035 和％R00036 里的数据的大小。执行指令之前，先给％R00035 和％R00036 赋值，运行程序时，常开触点 INPUT_02 闭合，观察线圈 M00002、M00003 和 M00004 哪一个得电，为什么？例如，％R00035＝34，％R00036＝42，执行该指令后，LT=1。

梯级 4 和梯级 5 都是范围指令，不同的是数据的类型不同，所以在执行指令前先要设置数据类型。例如，%R00037=1，%R00038=10，IN=5，执行该指令后，Q=1。

6.5 位操作指令

位操作指令是对位串执行比较、逻辑、移动操作。对单个字可以执行"与""或""异或""非"逻辑操作，其余的位操作可以执行字符串最大长度为 256 个字(128 个双字)的多字操作。

位操作指令的数据类型为 WORD 和 DWORD。GE PLC 可以提供的位操作指令如表 J6-6 所示。

表 J6-6　位操作指令列表

功　能	助记符	功能描述
逻辑与	AND	IN1 与 IN2 输入的数据做逻辑与操作
逻辑或	OR	IN1 与 IN2 输入的数据做逻辑或操作
逻辑异或	XOR	IN1 与 IN2 输入的数据做逻辑异或操作
逻辑非	NOT	IN 输入的数据做逻辑非操作
左移位	SHIFTL	把一个字或字符串的全部位向左移动指定的位数
右移位	SHIFTR	把一个字或字符串的全部位向右移动指定的位数
循环左移	ROL	把一个字或字符串的全部位向左循环移动指定的位数
循环右移	ROR	把一个字或字符串的全部位向右循环移动指定的位数
位测试	BIT_TEST	测试位串中的指定位的当前状态是 0 还是 1
位置位	BIT_SET	把位串中的某一位设置为 1
位清除	BIT_CLK	把位串中的某一位设置为 0
位的定位	BIT_POS	在一个位串中定位第一个 1
屏蔽比较	MASKCOMP	比较两个对被选择位具有屏蔽能力的单独位串的内容

1. 与、或、非、异或操作指令

与、或、非、异或操作指令格式基本一致，下面以与(AND)指令为例说明单个字的位操作，图 J6-14 为与指令的梯形图。

当输入使能端 Enable=1 时，输出使能端 OK 即为 1，IN1 端的字 1 和 IN2 端的字 2 执行逻辑与操作，结果从输出端 Q 输出。

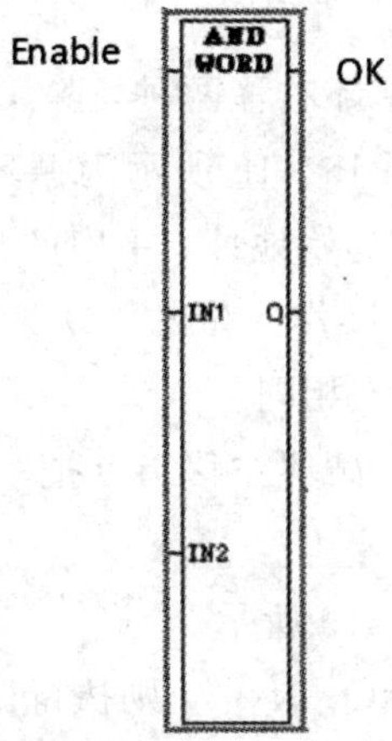

图 J6－14 与指令梯形图

2. 移位指令

移位指令包括左移位指令与右移位指令，二者除了移动的方向不同外，其他参数都一致。下面以左移位指令为例进行说明，图 J6－15 为左移位指令的梯形图。

在图 J6－15 中，IN 为移位字串起始地址，字串的长度取决于设置，这里为 1，也就是 1 个字参与移位操作；N 为每次移位操作的位数；B1 为每次移动操作要移入的位；B2 为溢出位，保留最后一个溢出位；Q 为移位后的值的地址，如果产生持续移位的效果，Q 端与 IN 端的地址应该相同。

当 Enable＝1 时，OK 端即为 1，左移位指令把一个字或一组字中的全部位向左移动规定的数位。如果移位前字串的内容如图 J6－16 所示。

执行移位指令之前，IN＝Q；B1＝ALW_ON＝1；B2＝%M00001；N＝3。执行上述左移位指令后，其结果如图 J6－17 所示。

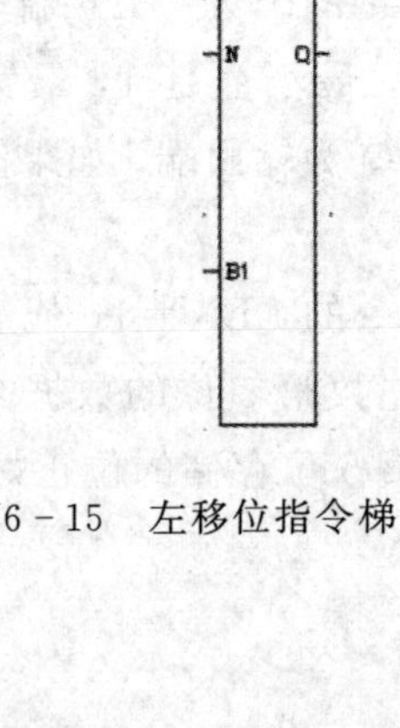

图 J6－15 左移位指令梯形图

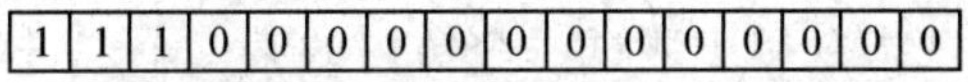

图 J6－16 移位前字串的内容示意图

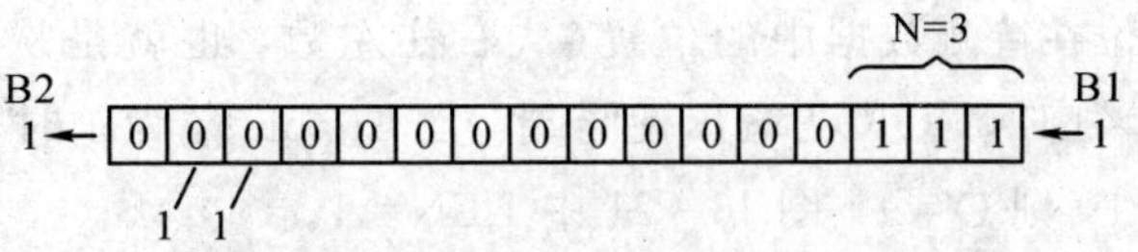

图 J6－17 移位后字串的内容示意图

3. 循环移位指令

循环移位指令分为循环左移和循环右移两种，除了方向不同，其他参数都一致。下面以循环左移指令为例说明其功能，图 J6－18 所示为循环左移指令的梯形图。

在图 J6－18 中，IN 为移位字串起始地址，字串的长度取决于设置，这里为 1，也就是 1 个字参与移位操作；N 为每次移位操作的位数；Q 为移位后的值的地址，如果产生循环移位的效果，Q 端与 IN 端的地址应该相同。

当 Enable＝1 时，OK 端即为 1，循环左移指令把一个字符串的全部位向左循环移动指定的位数。

如果移位前字串的内容如图 J6－19 所示。

若执行循环左移指令之前，IN＝Q；N＝3。则执行循环左移指令后，其结果如图 J6－20 所示。

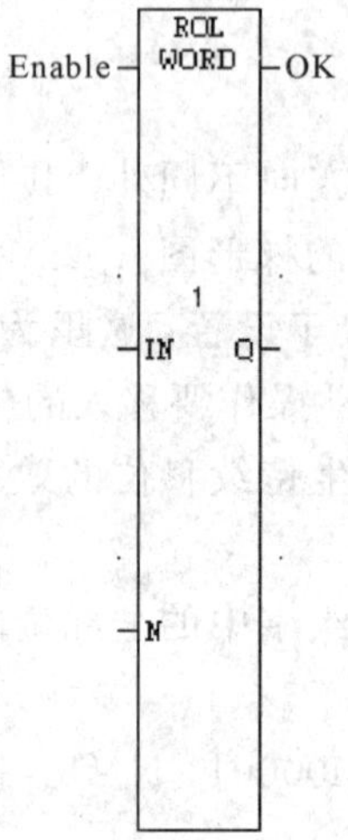

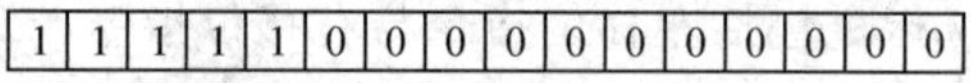

图 J6－19　循环左移前字串的内容

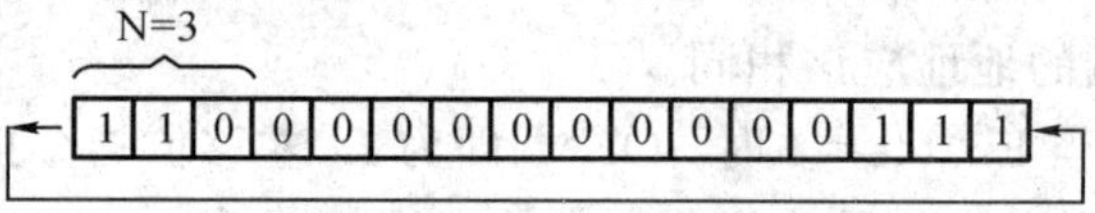

图 J6－20　循环左移后字串的内容

图 J6－18　循环左移指令梯形图

4. 位测试指令

位测试指令用于测试一个数内的某一个二进制位，确定这个位的当前值是 1 还是 0。

注意：这个数至少是一个字(16 位二进制)，也可能是连续地址的多个字。

图 J6－21 为位测试指令梯形图。其中 Enable 为输入使能端；IN 端输入待测试数据的首地址(第一个字所在的寄存器地址)；LEN 端输入被测数据中的字的个数；BIT 端输入待测位在待测数据中的位置(从右往左数，也就是从低位到高位)，最小值是 1，最大值是 16×LEN；OK 为输出使能端。当 Enable 端为 1 时，OK 端为 1；Q 为输出端，如果测试位是 1，则 Q＝1。图 J6－21 中 LEN＝1。

假设 IN 端输入的寄存器中存储了如图 J6－22 中的数据，指令的 LEN＝1，代表待测数据只有一个字(16 位)；BIT＝5，代表测试这个数据中从右往左数第 5 位的数据是否为 1；当 Enable 端为 1 时，位测试指令得以执行。由于从右往左数第 5 位存储的位正好是 1，所以 Q 端输出值为 1。

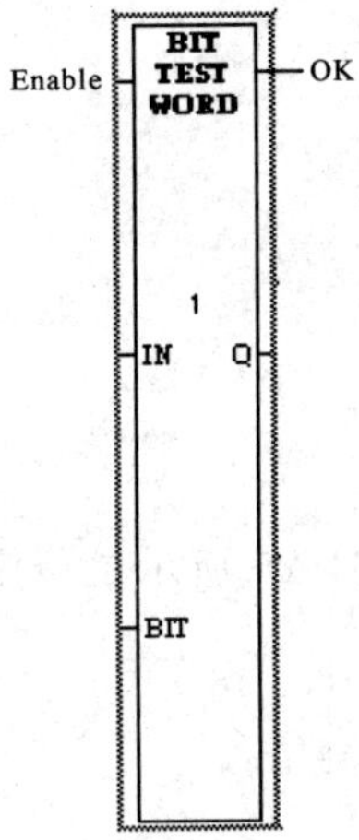

图 J6－21　位测试指令梯形图

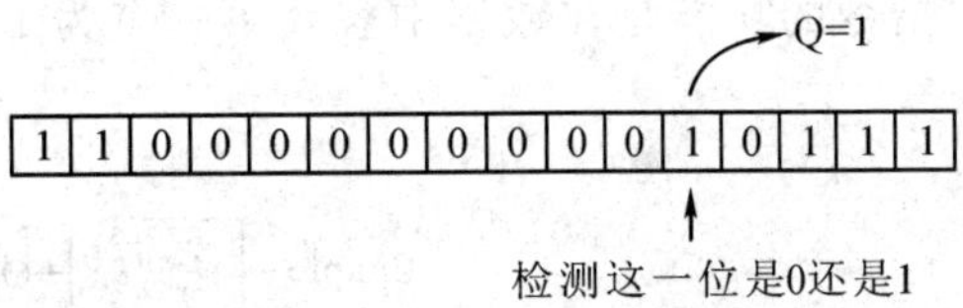

图 J6－22　位测试指令示意图

注意：当使用位测试、位置位、位清除或位定位功能时，位的编号是 1 至 16，而不是 0 至 15。

5. 位置位和位清零指令

位置位指令用于将某一个数(可以是一个字，也可以是连续地址的多个字)中的某一个位强行设成 1。位清零指令与位置位指令的参数一致，但功能正好相反，下面以位清零指令为例进行详细介绍。

位清零指令用于将某一个数(可以是一个字，也可以是连续地址的多个字)中的某一个位强行清成 0，图 J6－23 所示为位清零指令梯形图。当 Enable 为 1 时，OK 端即为 1，此时将输入数据(IN 端输入数据首地址)中的某一位(BIT 输入第几位)的内容(无论以前是 1 还是 0)设置成 0。指令中间的那个“1”代表的是输入数据的长度(LEN)，如果是“1”，就代表输入数据为 1 个字(16 位)。

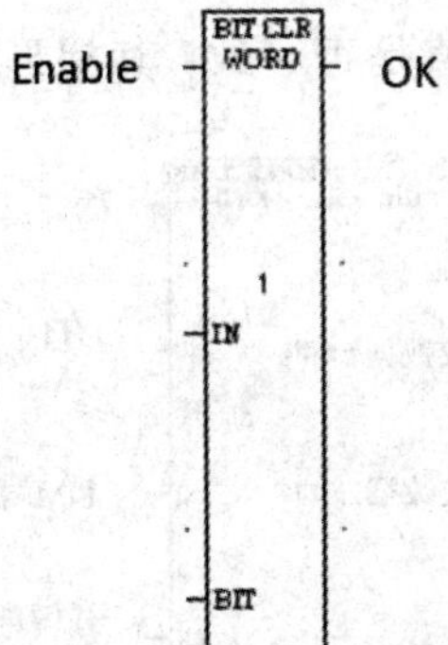

图 J6－23　位清零指令梯形图

图 J6－24 所示为位清零指令示意图，若输入数据长度是 1，BIT ＝ 5，代表将 16 位数据中的第 5 位清成 0。

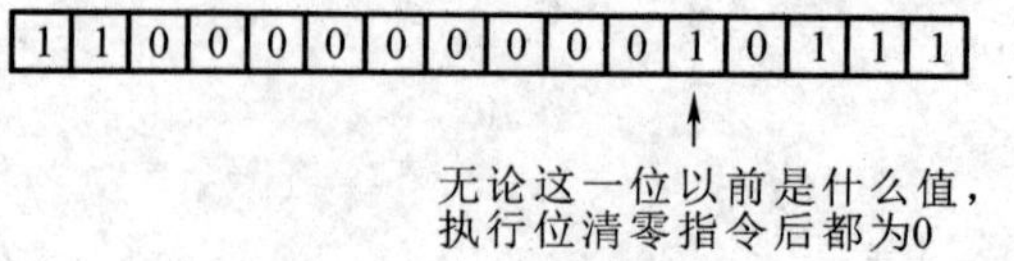

图 J6-24　位清零指令示意图

6. 位定位指令

位定位指令的功能是在数据中查找第一个为 1 的位，如图 J6-25 所示是位定位指令的梯形图。

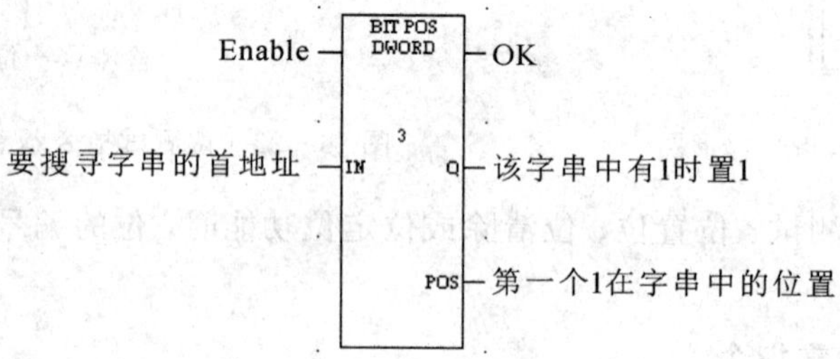

图 J6-25　位定位指令梯形图

从图 J6-25 中可以看出，位定位指令与前几条位操作指令的梯形图不同，它的数据类型为 DWORD(双字)，也就是一个数据为 32 位；图中数据的长度为 3，意味着该数据的总长度是 96 位。

当 Enable 为 1 时，OK 端即为 1，IN 端输入数据的首地址。从这 96 个位中，搜寻为“1”的位，当找到第一个“1”时，Q 端输出 1，同时在 POS 端输出第一个“1”的位置。如果没有找到“1”，则 Q=0，POS=1。

7. 屏蔽比较指令

比较两个数据相应的每个位的值是否一致，其梯形图如图 J6-26 所示。

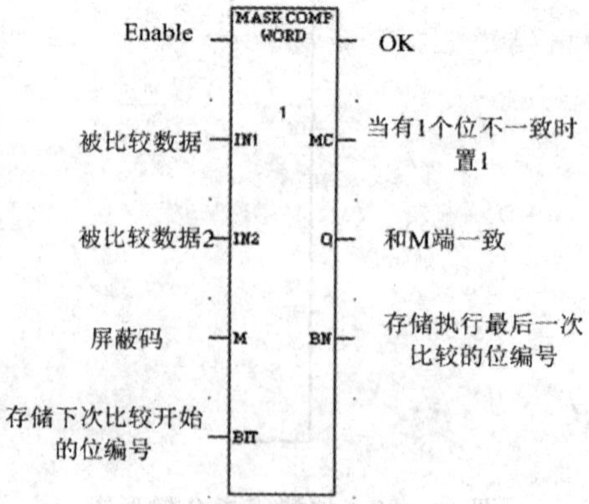

图 J6-26　屏蔽比较指令的梯形图

注意：两个被比较的数据必须位数一致(比如同为 16 位，或者同为 32 位，或者同为 64

位等)，同时，被比较数据和屏蔽码(M)以及输出端(Q)的位数也是一致的。

图 J6-27 所示为屏蔽比较指令示意图，屏蔽比较指令的参数(地址)设置如下：IN1=%I00001，IN2=%Q00001，M=%R00001，BIT=%R00010，MC=%M00001，Q=%P00001，BN=%R00010。

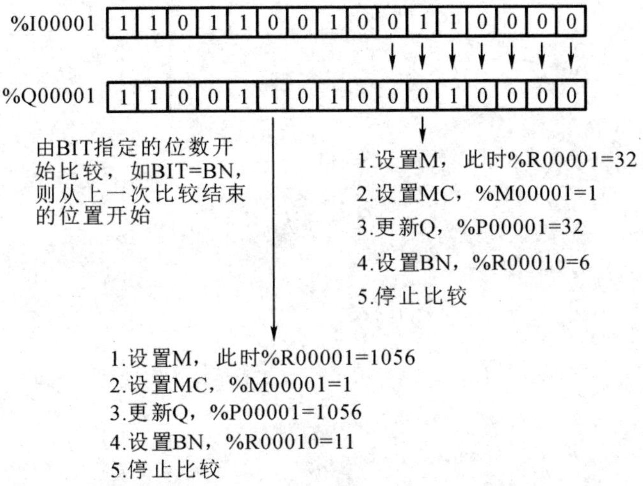

图 J6-27 屏蔽比较指令示意图

当 Enable 为 1 时，该指令开始对第一个数据(地址是%I00001)与第二个数据(地址为%Q00001)按位进行比较(从右往左，最右边一个是第 0 位)。当比较到第 5 位的时候，发现两个位不一致，一个为“1”，一个为“0”，立即停止比较，将屏蔽码 M(地址为%R00001)的值设置成 $2^5=32$。所以屏蔽码的意义在于指示出了两个比较数据的不同位的位置。同时将 MC 位设置成 1，表明两个数据不相等，将 Q 的值设置成和屏蔽码 M 一样，将 BN 的值设置成 6(和 BIT 值一样)，代表了下一次比较开始的位置从第 6 位开始。

如果 Enable 再次等于 1，指令执行的时候，开始从第 6 位比较两个数，一直比较到第 10 位的时候，发现两个位不相等，停止比较，此时设置 $M=2^5+2^{10}=32+1024=1056$。MC=1，Q=M，BN=BIT=10+1=11。

其屏蔽位在两次比较后的结果如图 J6-28 所示。

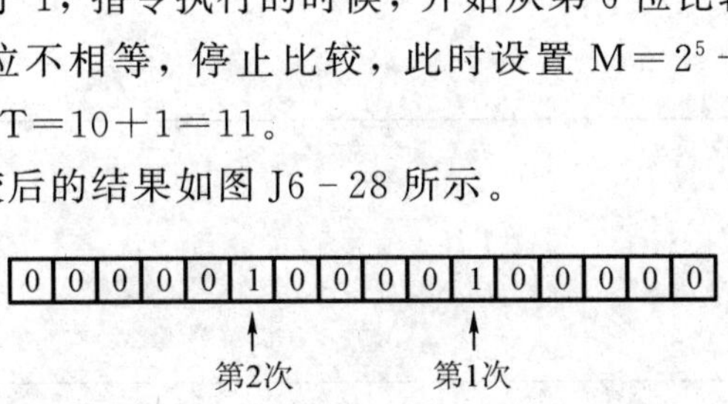

图 J6-28 屏蔽比较指令示意图

如两个数据完全相同，则 M=0，BN=16(字长)。

例 6-6 分析图 J6-29 所示的梯形图程序(原图很大，因版面限制，缩图后部分文字看不清楚，可用手机扫描二维码，放大原图)。当该程序运行时，逐条分析梯形图指令的功能及运算结果，熟悉各指令的功能和使用方法。

【分析】 梯级 2 是逻辑与指令，数据类型为字。当 INPUT_01 触点闭合时，寄存器%R00050、%R00051 中的内容做逻辑与操作，结果存放到%R00052 中。例如，%R00050=

12，%R00051＝12，则指令执行后%R00052＝12。

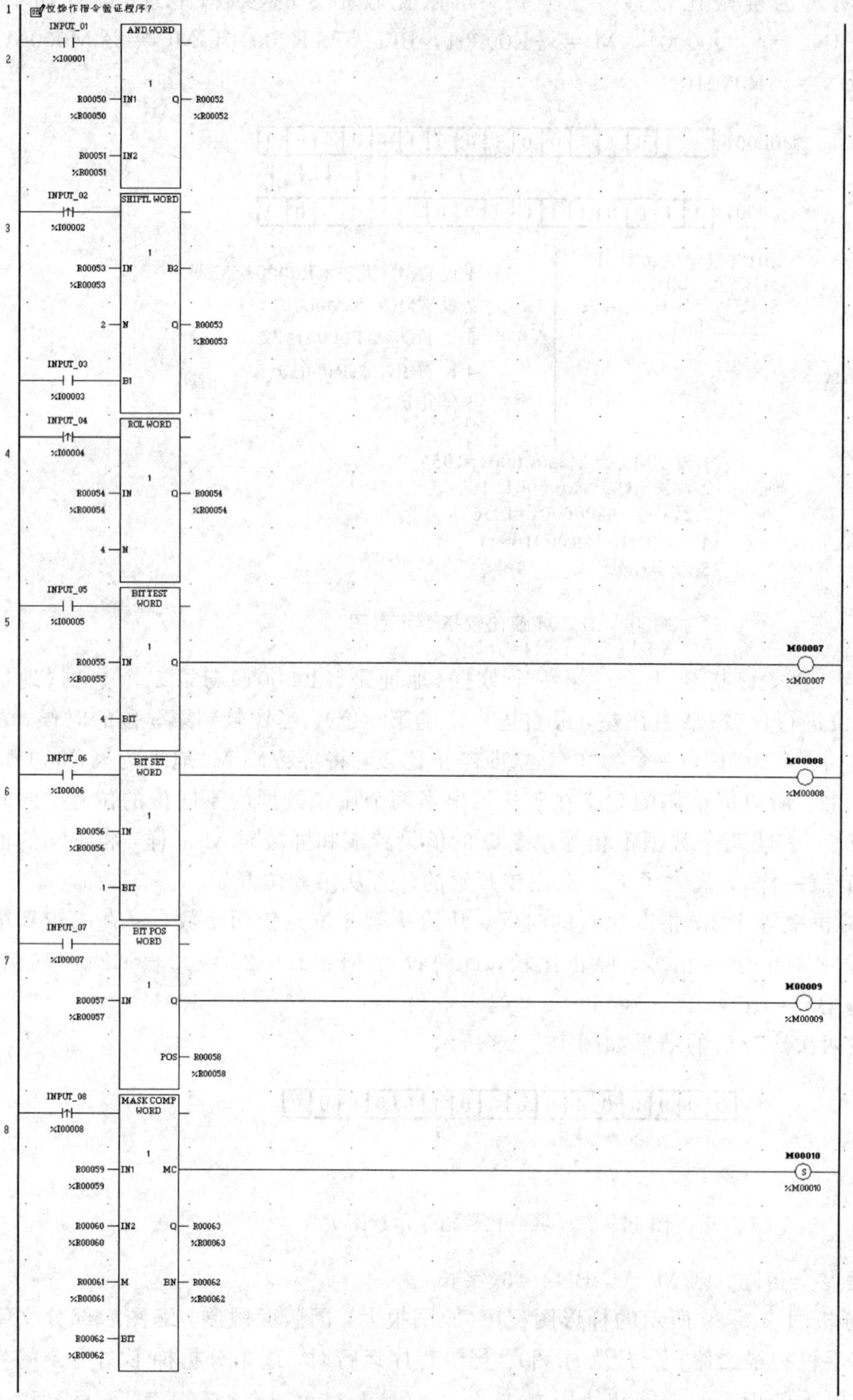

图 J6－29　例 6－6 的梯形图程序

梯级 3 是左移位指令，数据类型为字。当 INPUT_03 触点闭合，INPUT_02 触点闭合的瞬间，寄存器%R00053 中的内容左移两位，补进两个 1，移位的结果从%R00053 输出。例如，%R00053＝1，执行一次该指令后，%R00053＝7，再执行一次该指令后，%R00053＝31。

梯级 4 是循环左移指令，数据类型为字。当 INPUT_04 触点闭合的瞬间，寄存器%R00054的内容向左循环移动 4 位，从%R00054 输出移位结果。例如，%R00054＝1，执行一次该指令后，%R00054＝16，再执行一次该指令后，%R00054＝256。

梯级 5 是位测试指令，数据类型为字。当 INPUT_05 触点闭合时，测试%R00055 中的第 4 位是不是 1。如果该位的当前状态是 1，则 Q＝1，线圈%M00007 得电。例如，%R00055＝8，执行该指令后，Q＝1。

梯级 6 是位置位指令，数据类型为字。当 INPUT_06 触点闭合时，在寄存器%R00056 中的第 1 位置 1。例如，%R00056＝8，执行该指令后，%R00056＝9。

梯级 7 是位定位指令，数据类型为字。当 INPUT_07 触点闭合时，在寄存器%R00057 的字串中查找第一个为 1 的位。当找到后，Q＝1，POS 为第一个 1 的位置。例如，%R00057＝1024，执行该指令后，Q＝1，POS＝11。

梯级 8 是屏蔽比较指令，数据类型为字。当 INPUT_07 触点闭合的瞬间，比较%R00059和%R00060 中的每一位的值是否一样。例如，%R00059＝55600，%R00060＝52496，执行一次该指令后，%R00061＝32，MC＝1，%R00063＝32，BN＝BIT＝6；再执行一次该指令，%R00061＝1056，MC＝1，%R00063＝1056，BN＝BIT＝11。

6.6　基本数据操作指令

GE PLC 提供的数据操作指令包括 MOVE、BLKMOV、BLKCLR、SHFR、SWAP 等，表 J6－7 所示为基本数据操作指令。

表 J6－7　基本数据操作指令列表

功　能	助记符	功 能 描 述
传送数据	MOVE	可以复制单个位的数据，所以新的存储单元不必是相同的数据类型。允许最大长度是 256 个字(MOVE BOOL 是 256 个位)
块移动	BLKMOV	把一个 7 个常数的块复制到指定的存储单元中。输入常数作为功能块的一部分
块清除	BLKCLR	数据块的全部内容被零替代。该功能用于清除一个布尔存储区(%I、%Q、%G、%T)或字存储区((%R、%AI、%AQ)。允许的最大长度是 256 个字
移位寄存器	SHFR	把一个或几个数据块或数据字从一个参考变量存储单元移位到一个指定的存储区。存储区原来存在的数据被移出。允许的最大长度是 256 个字或 256 位
翻转指令	SWAP	把一个字中的高字节与低字节的位置互换，或将一个双字中的两个字的前后位置互换

1. 数据移动指令

数据移动指令可以将数据从一个存储单元复制到另一个存储单元。由于数据是以位的格式复制的，所以新的存储单元无需与原存储单元具有相同的数据类型。数据移动指令的数据类型可以是 BOOL、INT、DINT、UINT、REAL、WORD、DWORD。

数据移动指令梯形图如图 J6－30 所示。当 Enable 为 1 时，OK 端即为 1，执行该命令把 IN 端输入的数据串复制到 Q 端输出。

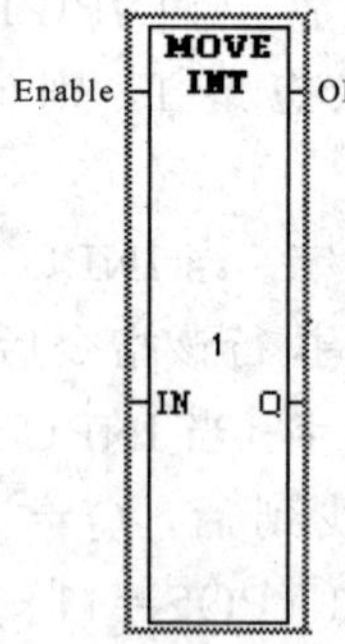

图 J6－30　数据移动指令梯形图

2. 块移动指令

块移动指令可以将 7 个常数复制到指定的存储单元。块移动指令的梯形图如图 J6－31 所示。

IN1～IN7 用于输入 7 个常数，Q 端是连续存储单元(用于存储 7 个数据)的首地址。当 Enable 为 1 时，OK 端即变为 1，从输出端 Q 指定的目标单元首地址开始，把这 7 个常数复制到连续的存储单元中。

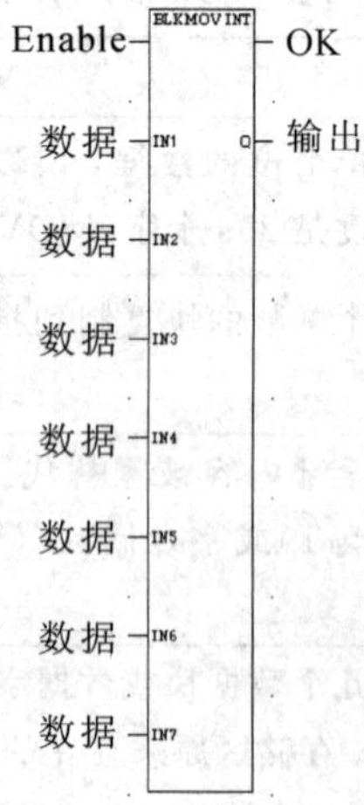

图 J6－31　块移动指令梯形图

3. 块清除指令

块清除指令是对指定的地址区数据清零。当 Enable 为 1 时，OK 端即为 1，把指定数据块全部写入零。IN 端指明了数据的起始地址，LEN 指示了数据的长度。该指令仅支持 WORD 数据类型。块清除指令的梯形图如图 J6－32 所示。

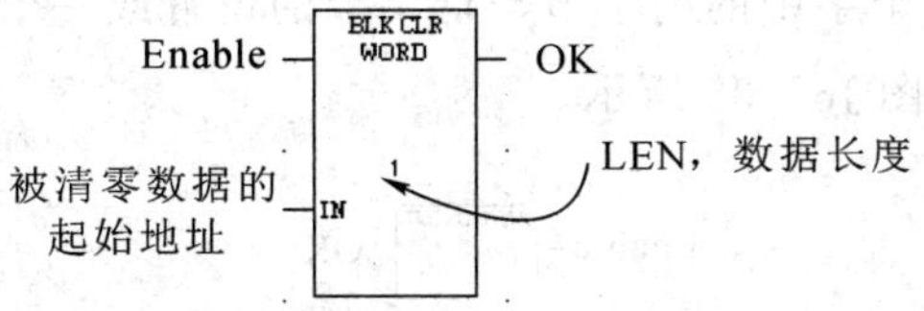

图 J6－32 块清除指令梯形图

4. 移位寄存器指令

移位寄存器指令是将一个或多个数据位或数据字从一个给定存储单元移位到存储器的指定单元。移位寄存器指令的梯形图如图 J6－33 所示。

当 Enable 为 1 时，OK 端即为 1，指令执行的示意图如图 J6－34 所示。

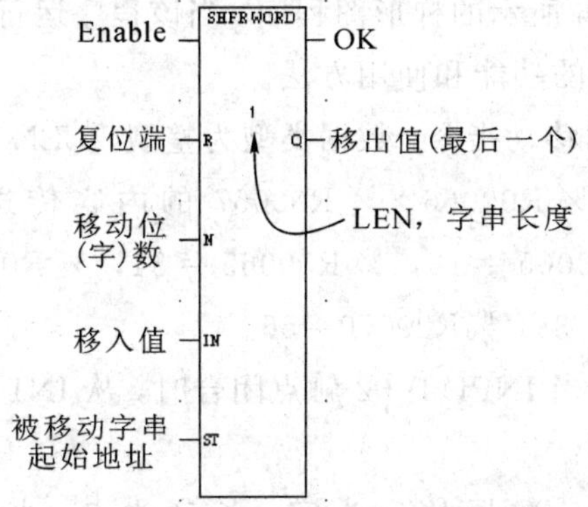

图 J6－33 移位寄存器指令的梯形图

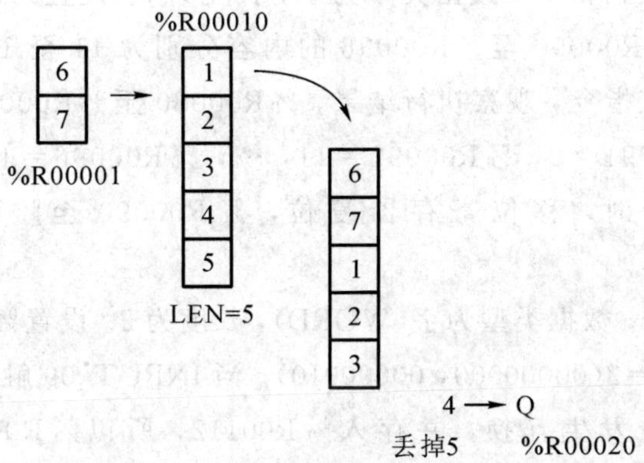

图 J6－34 移位寄存器指令操作示意图

指令参数设置为 N=2，IN=%R00001，ST=%R00010，Q=%R00020，LEN=5。

当复位端 R=1 时，所有移位字串被清零(复位优先)。该指令支持的数据类型包括 BIT、WORD 和 DWORD。

5. 翻转指令

翻转指令可以翻转一个字中的高字节与低字节的位置或一个双字中的两个字的前后位置。翻转指令的梯形图如图 J6－35 所示。

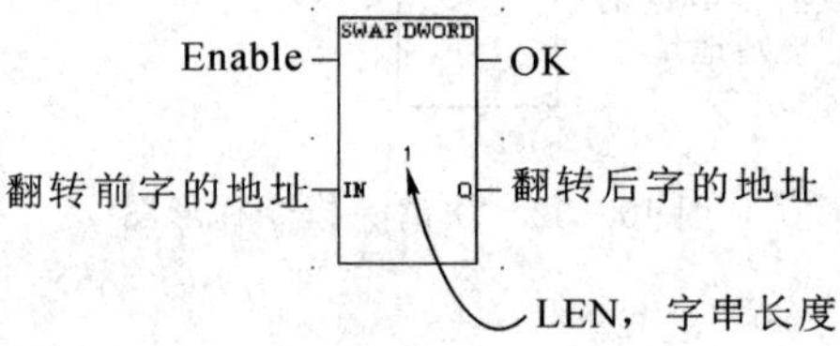

图 J6－35　翻转指令梯形图

图 J6－35 中，数据类型是 DWORD，长度 LEN 为 1，翻转的字串是一个双字(32 位)。执行该指令后，前 16 位与后 16 位数据交换位置。

例 6－7　分析图 J6－36 所示的梯形图程序。当该程序运行时，逐条分析梯形图指令的功能及运算结果，熟悉指令的功能和使用方法。

【分析】　梯级 2 是数据移动指令，数据类型为整型，LEN 为 3，当 INPUT_01 触点闭合时，寄存器%R00065、%R00066、%R00067 的内容传送到%R00068、%R00069、%R00070中。例如，%R00065＝12，%R00065＝34，%R00065＝56，则指令执行后%R00068=12，%R00069=34，%R00070=56。

梯级 3 是块移动指令，当 INPUT_02 触点闭合时，从 IN1 至 IN7 端输入的常数，移动到%R00071 至%R00077 中。

梯级 4 是块清除指令，数据类型为字，长度为 7。当 INPUT_03 触点闭合时，%R00071至%R00077 的内容全部清零。

梯级 5 是移位寄存器指令，数据类型为字，长度为 7。设置%R00080 至%R00086 的内容分别为 1 至 7，%R00090 至%R00096 的内容分别为 11 至 17。当 INPUT_04 触点闭合瞬间，执行一次该指令，观察执行结果，%R00080 至%R00086 的内容仍为 1 至 7，%R00090=1，%R00091=2，%R00092=11，…，%R00096=15，%R00100=16。当 INPUT_05 触点闭合时，移位寄存器复位，%R00090 至%R00096 的内容清零，%R00100=16。

梯级 6 是翻转指令，数据类型为字(WORD)，长度为 2。设置%R00110=1(00000000，00000001)，%R00111=2(00000000，00000010)。当 INPUT_09 触点闭合瞬间，%R00110 中的高 8 位和低 8 位发生互换，并存入%R00112，所以%R00112＝256(00000001，00000000)，同理，%R00111 中的高 8 位和低 8 位交换，存入%R00113，使得%R00113=512。

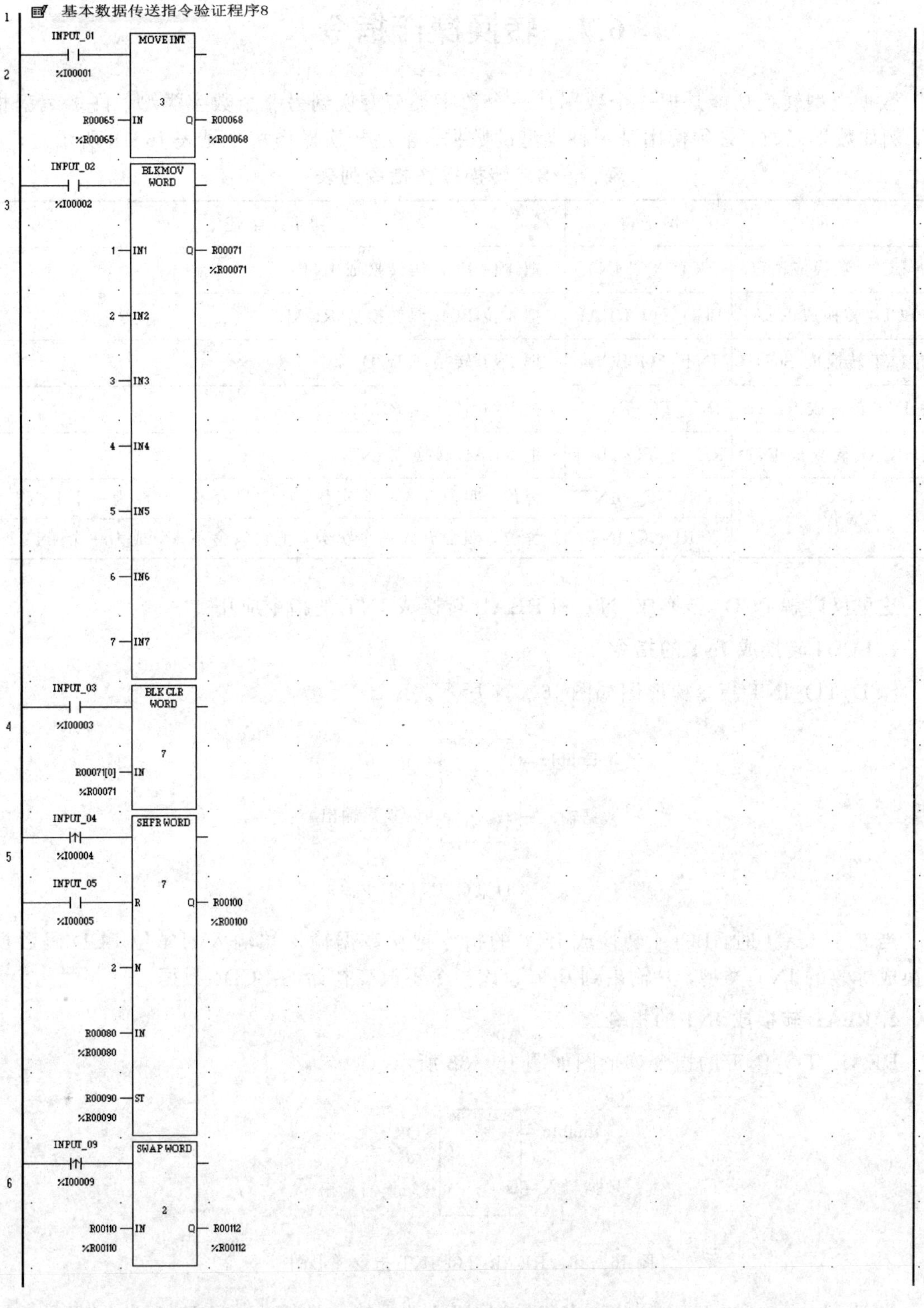

图 J6－36 例 6－7 梯形图程序

6.7　转换操作指令

数据类型转换功能是把一个数据从一个数字类型变换到另一个数字类型。许多编程指令，例如数学函数，必须使用某一种类型的数据。常用转换操作指令见表 J6-8 所示。

表 J6-8　转换操作指令列表

功　能	助记符	功能描述
使 BCD4 转换成 INT	BCD_TO_INT	把 4 位 BCD 码转换成 INT
使 BCD4 转换成 REAL	BCD_TO_REAL	把 4 位 BCD 码转换成 REAL
使 INT 转换成 BCD4	INT_TO_BCD4	把 INT 转换成 BCD4 码
使 INT 转换成 REAL	INT_TO_REAL	把 INT 转换成 REAL
使 REAL 转换成 INT	REAL_TO_ INT	把 REAL 转换成 INT
舍位	TRUNC_DINT	舍位。四舍五入一个实数，把它只舍不入，成为一个 DINT
	TRUNC_INT	舍位。四舍五入一个实数，把它只舍不入，成为一个 INT

这里仅讲解 BCD4 转换成 INT 和 REAL 转换成 INT 的指令应用。

1. BCD4 转换成 INT 的指令

BCD_TO_INT 指令梯形图如图 J6-37 所示。

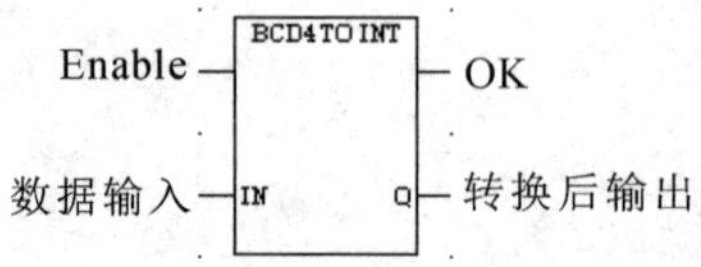

图 J6-37　BCD_TO_INT 指令梯形图

当 Enable=1 时，BCD4 转换成 INT 的指令把从数据输入端输入的 4 位 BCD 码数据转换成等效的 INT 类型，并输出到 Q 端。该指令不改变初始的 BCD4 数据。

2. REAL 转换成 INT 的指令

REAL_TO_INT 的指令梯形图如图 J6-38 所示。

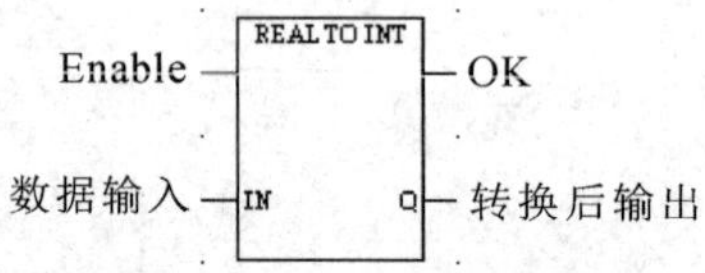

图 J6-38　REAL_TO_INT 指令梯形图

当 Enable=1 时，REAL_TO_INT 指令把从数据输入端输入的 REAL 数据四舍五入转换到最接近的 INT 类型数据，并输出到 Q 端。该指令不改变初始的 REAL 数据。

根据用户的需要，在梯形图编辑器中数据可以被显示成不同的格式。用鼠标右键单击数据显示的单元格，在弹出的快捷菜单中选择 Display Format，用户可以选择不同进制的显示格式，如图 J6－39 所示。

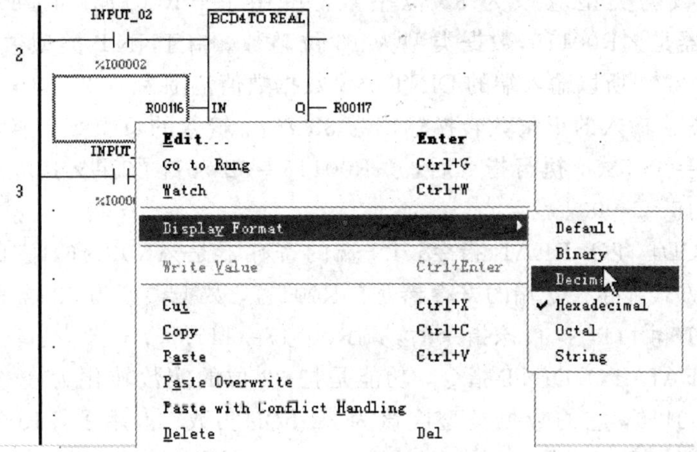

图 J6－39　选择数据显示格式

例 6－8　分析图 J6－40 所示的梯形图程序。当该程序运行时，逐条分析梯形图指令的功能及运算结果，熟悉指令的功能和使用方法。

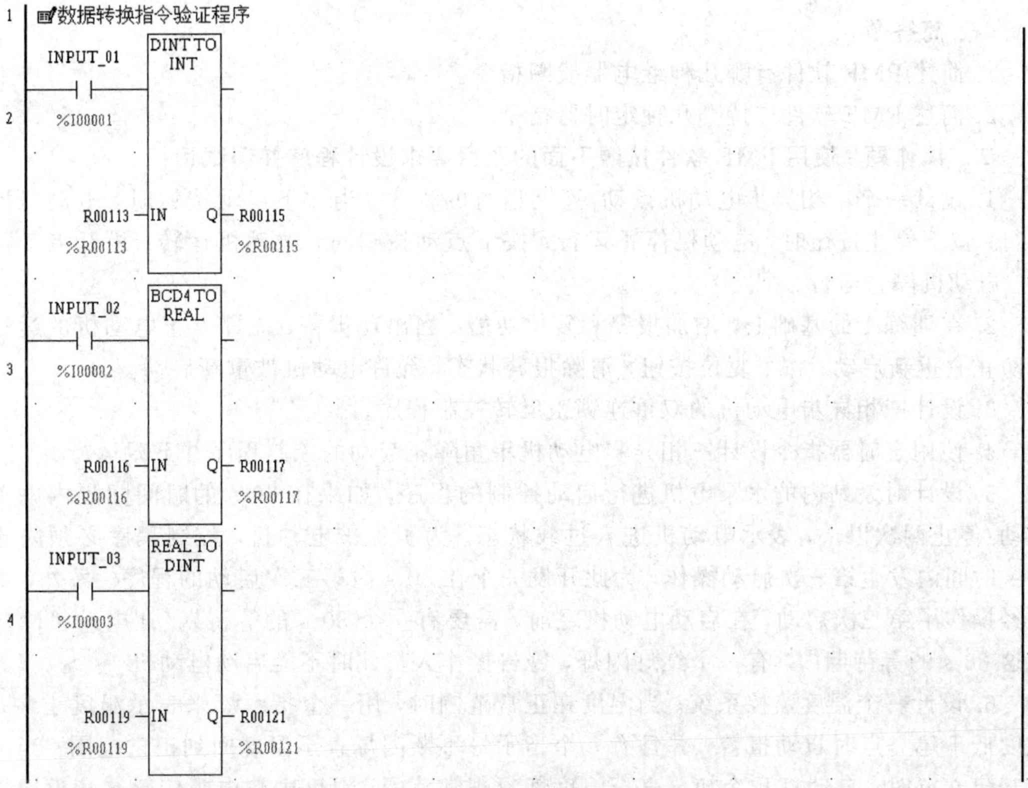

图 J6－40　例 6－8 的梯形图程序

【分析】 梯级 2 是 DINT_TO_INT 指令，数据类型为整型，指令功能是把数据由 DINT(32 位双精度整数)类型转换成 INT(16 位单精度整数)。这里，IN 端的寄存器是%R00113，它的数据类型应该为 32 位整数，占用了%R00113 和%R00114 两个寄存器。Q 端的寄存器是%R00115,数据类型为 16 位整数。由于 INT 类型数据的表示范围为－32 768～＋32 767，所以输入端的 DINT 类型数据数值范围为－32 768～＋32 767，超过这个范围的输入数据，输入的正整数转换输出为 32 767，输入的负整数转换输出为－32 768。例如，%R00113＝65 535，执行指令后，%R00115＝32 767。如果%R00113＝1 000，执行指令后，%R00115＝1 000。

梯级 3 是 BCD4_TO_REAL 指令，IN 端的寄存器是%R00116，它的数据长度为 16 位，以十六进制方式显示。Q 端的寄存器是%R00117，数据类型为 32 位的实数 REAL。例如，%R00116＝16#111，执行该指令后，%R00117＝111.0。

梯级 4 是 REAL_TO_DINT 指令，功能是把 32 位的实数转化为 32 位的整数。IN 端的寄存器是%R00119，它的数据类型应该为 32 位的实数，占用了%R00119 和%R00120 两个寄存器。Q 端的寄存器是%R00121，数据类型应该为 32 位整数。例如，%R00119＝120.5，执行该指令后，%R00121＝120。

习 题 6

一、简答题

1. 简述 PME 软件有哪几种继电器线圈指令。

2. 简述 PME 软件支持哪几种定时器指令。

二、操作题：使用 PME 软件按照下面的题目要求设计程序并调试运行

1. 设计一个三相异步电动机点动/连续运行的程序。当按下启动按钮时，电动机连续运行；按下停止按钮时，电动机停止运行；按下点动按钮时，电动机运转；松开点动按钮时，电动机停止运行。

2. 在训练 1 的基础上，增加报警和复位功能。当出现报警，立即停止电动机的运行并且防止它重新启动；按下复位按钮，清除报警状态，允许电动机被重新启动。

3. 设计三相异步电动机的双重连锁正反转控制程序。

4. 使用定时器指令设计三相异步电动机星角降压起动的控制程序并下载运行。

5. 设计对泵站内的水泵电机进行启动控制的程序，如果在 30 s 的时间间隔内电动机启动/停止两次以上，表示电动机进入过载状态。为了保护电动机，控制程序必须防止在 30 s 时间内发生第三次启动操作，为此开发一个在 30 s 内第三次启动的程序。另外，如果已经操作了第三次启动，在启动电动机之前，需要有一个 30 s 的等待期(让电动机冷却)。在这 30 s 的等待期内，有一个红灯闪烁，警告操作人员此时不能启动电动机。

6. 设计一个温度监控系统。当温度在正常范围时，用一个指示灯来表示温度正常；当温度低于建立点时自动报警，并且有一个指示灯不断闪烁直至温度回到正常范围；当温度高于建立点时，自动打开冷却泵直至温度恢复正常范围。温度由热电阻传感器和模拟量输入模块采集。

第 7 章 VersaMax PLC 通信技术

7.1 GE PLC 通信方式简介

当任意两台设备之间有信息交换时，它们之间就产生了通信。PLC 通信是指 PLC 与 PLC、PLC 与计算机、PLC 与现场设备或远程 I/O 之间的信息交换。

PLC 通信的任务就是将地理位置不同的 PLC、计算机、各种现场设备等，通过通信介质连接起来，按照规定的通信协议，以某种特定的通信方式高效率地完成数据的传送、交换和处理。每种通信需掌握的要点包括通信介质、模块、速率、距离和应用场合等。

GE Fanuc PLC 通信方式有如下几种。

1. 工业以太网通信

以太网通信共有三种类型（PLC 之间高速交换数据）：EGD(Ethernet Global Data)、SRTP TCP/IP（GE 专有，Service Request Transport Protocol)和 Modbus TCP/IP（非专有协议，与设备厂商无关）。

2. PLC 总线通信

总线通信的 3 种类型(用于设备级控制系统和分散 I/O)包括 Genius I/O 总线、Profibus总线和 DeviceNet 总线。

3. PLC 串口通信

串口通信的类型(点对点，连接其他设备上的串口，如扫码器等)为 Serial I/O。

本章主要介绍 GE PLC 的工业以太网通信技术 EGD，全称是以太网全局数据，是一种设备间高速、简便的数据通信协议。EGD 协议基于 UDP/IP 协议，用户无须编程，只要组态 Producer 和 Consumer 的参数。

EGD 的几个重要的概念：

(1) Producer：数据的生产者(发送者)。在设定的时间周期将数据单播或多播到设定的单个 Consumer 或 Group 中，由唯一的 Producer ID 指代。

(2) Consumer：数据的消费者(接收者)。按照设定的时间周期读取收到的数据，由 IP 地址(单播时)或 组号(多播时)指代 Exchange 数据交换包，最多 255 个，每个数据包最长 1400 字节，由 Exchange ID 和 Producer ID 组合起来指代。

EGD 通信是设备间简单、高速、定周期的数据通信，不能用在突发事件的通信报告中。

一个 EGD 通信典型应用如图 J7-1 所示。

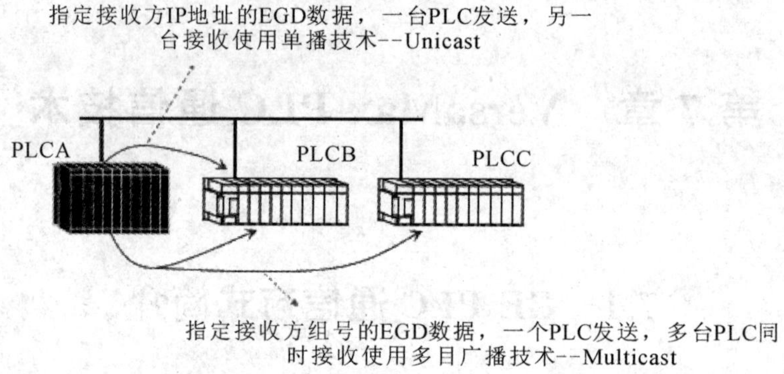

图 J7－1　EGD 典型应用模型

本章后面 4 节内容通过一个实例讲解 EGD 方式的工业以太网通信方式的应用。该实例采用两台 VersaMax PLC，以下简称为 PLC1 和 PLC2，两台 PLC 上面运行三相异步电动机正反转的控制程序，两台 PLC 的以太网接口模块为 CPU 模块，型号为 IC200CPUE05。

PLC1 作为数据的生产者，PLC2 作为数据的消费者。该实例实现将 PLC1 中%I00001～%I00008中的数据发送到 PLC2 的%M00001～%M00008。

7.2　配置以太网接口模块

参考第 5 章的 PME9.0 软件的操作步骤，创建两个新的工程 ZFZ1 和 ZFZ2。后面将 ZFZ1 中的 PLC 称作 PLC1，ZFZ2 的 PLC 称作 PLC2。分别配置 3 个模块，电源模块 IC200PWR002/212、CPU 模块 IC200CPUE05 以及 I/O 模块 IC200MDD841。针对 ZFZ1 中的 PLC1，双击打开 IC200CPUE05 模块的属性，配置 IP 地址、子网掩码和网关，如图 J7－2所示。

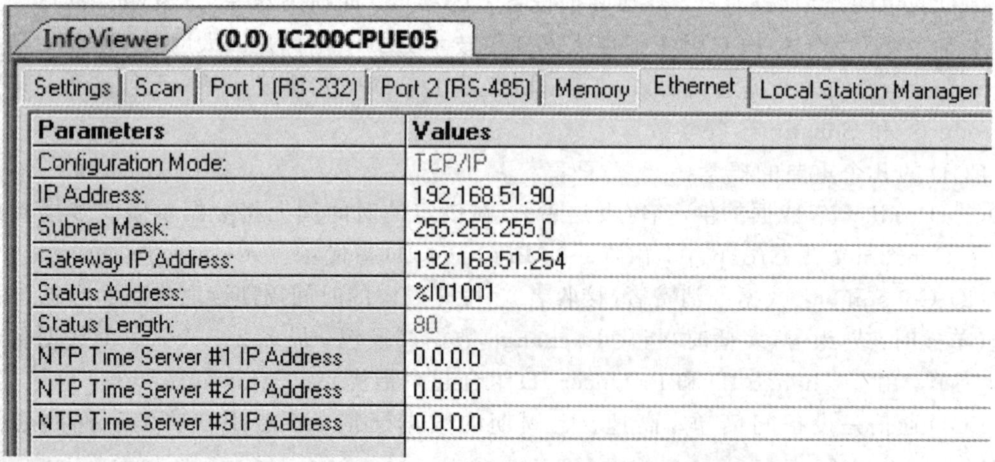

图 J7－2　配置 PLC1 的 CPU 模块以太网通信地址

同样，针对 ZFZ2 工程中的 PLC2，CPU 模块的配置如图 J7－3 所示。

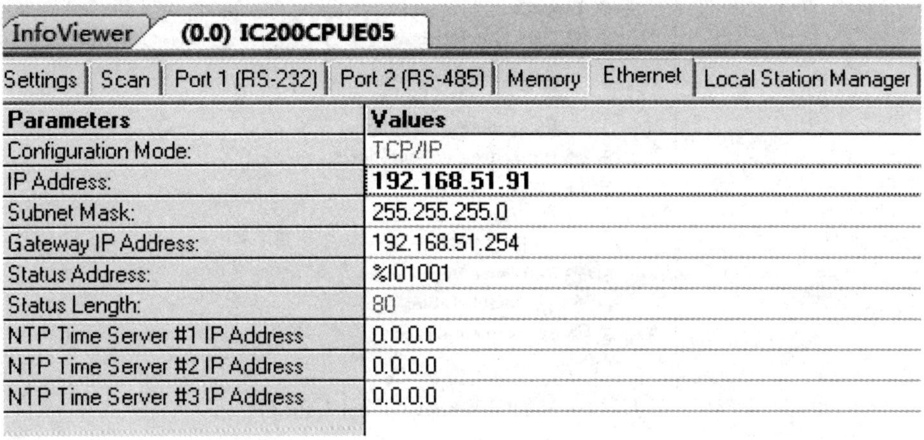

图 J7－3　配置 PLC2 的 CPU 模块以太网通信地址

由两个通信地址的配置可以看出来，两台 PLC 的 IP 地址不同，网关和子网掩码都一致，且在同一网段。

7.3　配置 EGD

在使用 EGD 协议之前，首先要对 PLC1 和 PLC2 进行 EGD 的配置。配置方法如下所示。

1. 添加 Ethernet Global Data

右键单击 ZFZ1 中的 Target 节点，选择 Add Component（添加元件），然后选择 Ethernet Global Data（以太网全局数据），如图 J7－4 所示。添加完 EGD 的 ZFZ1 工程如图 J7－5 所示。

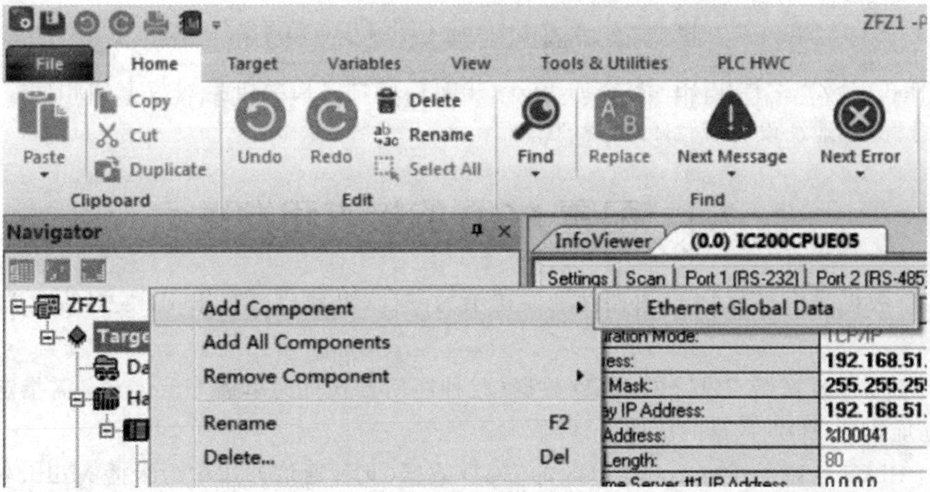

图 J7－4　添加 Ethernet Global Data

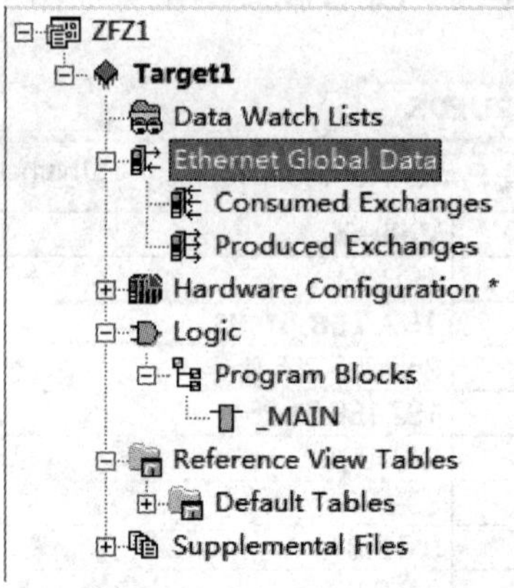

图 J7－5　添加 Ethernet Global Data 后

2. 配置 Ethernet Global Data 的属性

右键单击 Ethernet Global Data 节点，在弹出的快捷菜单中选择属性，弹出属性配置窗口，如图 J7－6 所示。在 Local Producer ID 项填入本机(PLC1)的 IP 地址。

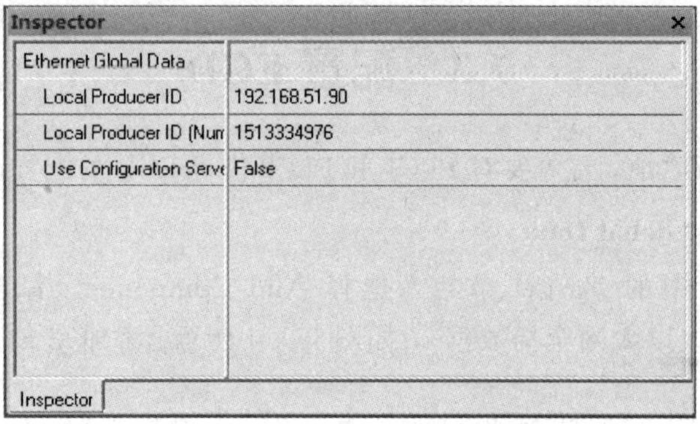

图 J7－6　配置 Ethernet Global Data 的属性

同样在 ZFZ2 工程中 PLC2 添加 EGD 并配置属性，其操作步骤与上面相同，不再赘述。注意将 IP 地址设置成：192.168.51.91。

7.4　配置 EGD 的接收和发送

EGD 数据是由一台 PLC 周期性地发送给另一台(组)PLC 的，EGD 数据的发送可分为两种：

(1) PLC1 发送给 PLC2 的 EGD 数据(此种通信方式称为单播 Unicast)，需指定 PLC2 的 IP 地址作为 EGD 数据的接收方地址。

(2) PLC1 广播给 PLC2 和 PLC3 的 EGD 数据(此种通信方式称为组播 Multicast)，需指定 EGD 数据的接收方地址为“组号”，且 PLC2 和 PLC3 都加入该组。

本实例中，采取第一种发送方式，由 PLC1 周期性单播发送数据到 PLC2。

1. 设置发送方 PLC1

1）新建发送端并设置属性

在 ZFZ1 工程中右键单击 Produced Exchanges，选择 New，输入名称为 Send，如图 J7-7所示。

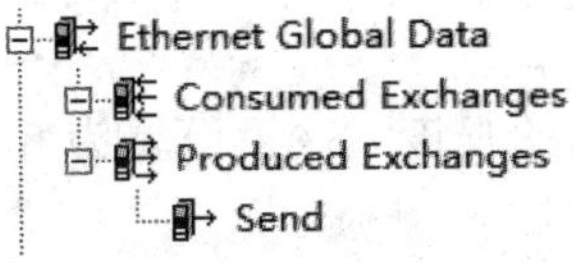

图 J7-7　新建发送端

在新建发送端窗口右键单击 Send，在弹出的快捷菜单中选择属性(Properties)，设置 Send 的属性，如图 J7-8 所示。

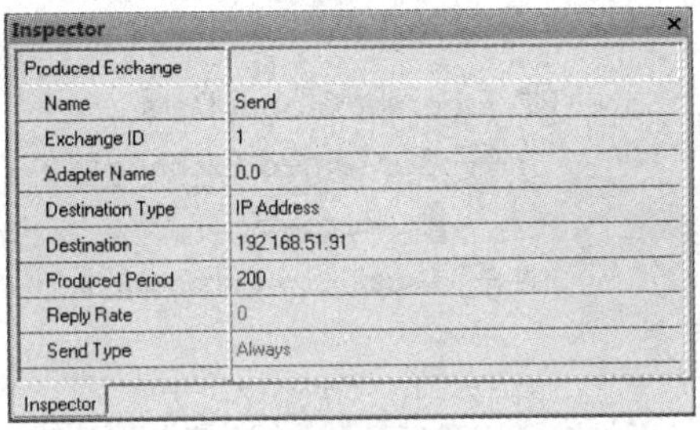

图 J7-8　设置 Send 的属性

Send 属性中各参数含义如下：

Exchange ID：一个控制器内被发送的每组数据的编号，取值 1～255。

Adapter Name：用于发送这组数据的以太网模块的机架号/槽号，本 target 中，CPU 模块(含以太网通信)所在的机架号是 0。

Destination Type：定义通信的类型，有两个选项，如果采取单播模式或广播模式，就选择“IP address”。如果是组播模式，则选择“Group ID”。这里选择单播。

Destination：若是单播，则为接收方的 IP 地址；若是组播则为 1；广播为 255.255.255.255。这里配置为 PLC2 的 IP 地址为 192.168.51.91。

Produced Period：数据重复发送的时间间隔，默认值为 200。

2）配置发送端发送数据格式

在新建发送端窗口双击发送端名称 Send，会在编辑窗口显示发送 EGD 数据的组态界面。在 EGD 数据的组态界面单击 Add 按钮，增加一段 EGD 数据，如图 J7-9 所示。

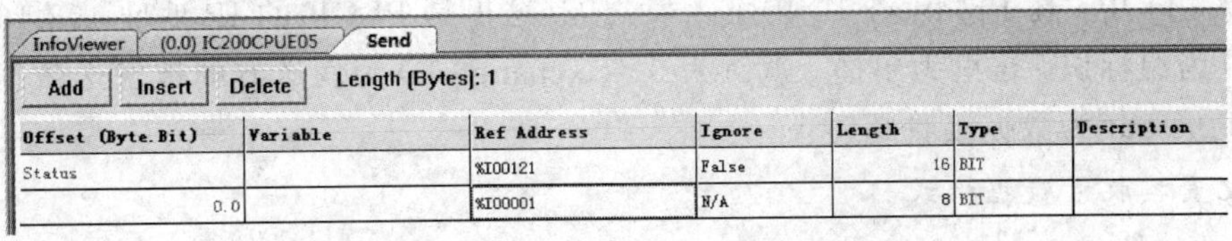

图 J7-9　对发送方 PLC1 进行配置

每个 Produced Exchange 都包含一个状态字(Status)，用来表明数据是否发送成功。当为 1 时，表示发送成功，当 Status>1 时则表示发送不成功。

EGD 数据组态界面主要参数含义如下：

Status：本组 EGD 数据的发送状态(是否出错)，存放在%M00097～%M00113 中。

Ref Address：被发送的 EGD 数据的起始地址，将该地址中的数据发送出去。这里起始地址设置为%I00001。

Length：被发送的 EGD 数据的长度，这里设置为 8，也就是将%I00001～%I00008 中的数据发送出去。

2. 设置接收方 PLC2

1) 新建接收方并设置属性

在 ZFZ2 工程中右键单击 Consumed Exchanges，选择 New，输入名称为 Receive，如图 J7－10 所示。

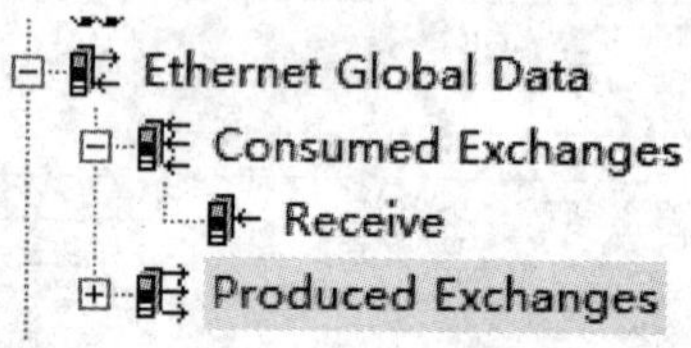

图 J7－10　新建接收方

在新建接收方窗口右键单击 Receive，在弹出的快捷菜单中选择属性，设置 Receive 的属性，如图 J7－11 所示。

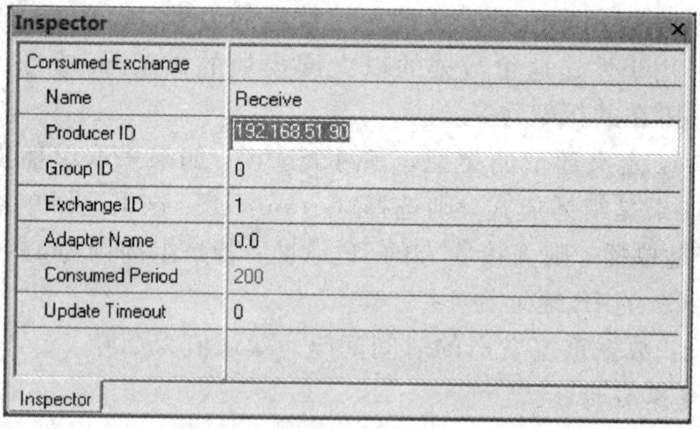

图 J7－11　设置 Receive 的属性

图 J7－11 中，在 Producer ID 中填入发送方(这里是 PLC1)的 IP 地址 192.168.51.90；Group ID 为组标识，这里为单播，默认为 0；Exchange ID 为发送方的被发送数据的编号；Updata Timeout 为数据接收超时。

2) 配置接收方数据格式

在新建接收方窗口双击接收方名称 Receive，会在编辑窗口显示发送 EGD 数据的组态界面。在组态界面中单击 Add 按钮，增加一段 EGD 数据，如图 J7－12 所示。

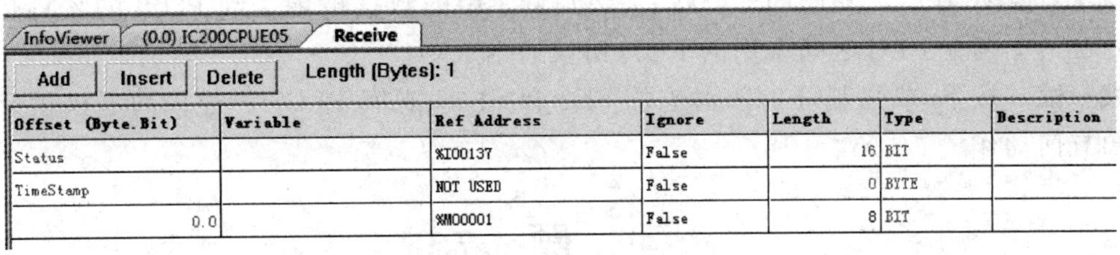

Offset (Byte.Bit)	Variable	Ref Address	Ignore	Length	Type	Description
Status		%I00137	False	16	BIT	
TimeStamp		NOT USED	False	0	BYTE	
0.0		%M00001	False	8	BIT	

图 J7 - 12 配置 PLC2 的接收

这里 Ref Address 设置为%M00001，Length 为 8，说明 PLC1 发送的%I00001～%I00008中的数据将被传送到 PLC2 的%M00001～%M00008 中。

7.5 运行结果

当所有的配置结束后，我们就可以通过 PME 软件将两台 PLC 各自的工程下载到 PLC 上。在下载前，注意正确设置每一个 Target 属性中的 Physical Port 为 Ethernet 和 IP Address。

下载结束后，运行两台 PLC。按下(或强制)工程 ZFZ1 中的起动按钮 SB1，工程 1 中的正转输出 KM1 导通，如图 J7 - 13 所示。

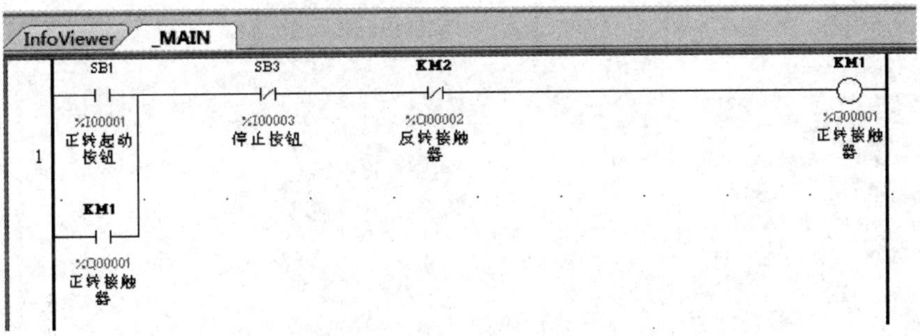

图 J7 - 13 PLC1 正转起动

观察工程 ZFZ2 中的起动按钮 SB1(地址为%M00001)和正转接触器输出 KM1，发现都是接通状态，如图 J7 - 14 所示。SB1 的数据来自 PLC1 通信传送的对应数据。

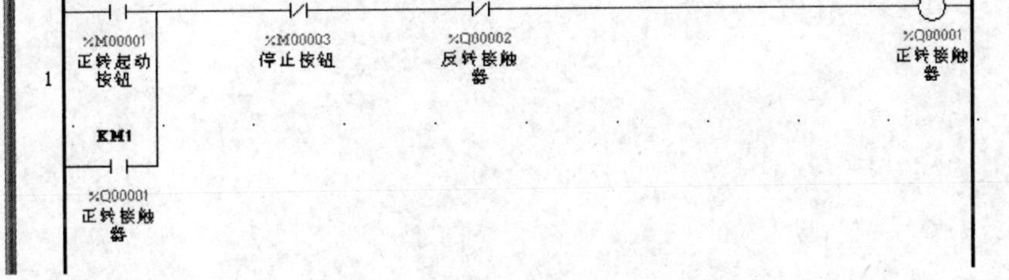

图 J7 - 14 PLC2 正转起动

该结果说明，PLC1 发送的%I00001～%I00008 中的数据被传送到 PLC2 的%M00001～%M00008 中，两台 PLC 之间采用的 EGD 协议通信成功。

试一试 按下(或强制)PLC1 对应的 SB2 和 SB3，观察 PLC2 所连接的电机正反转输入输出有何动作。

习 题 7

1. 简述 GE PLC 之间进行工业以太网通信采取 EGD 方式时所采取的步骤。

2. 对本章中的 PLC1 和 PLC2 的 EGD 进行配置，实现两者间的双向单播通信。

3. 设计在 PLC1 和 PLC2 上面都运行三台电动机延时顺序起动逆序停止的程序。

要求：

(1) 起动：当 PLC1 上的第三台电动机起动完以后，延时 2 s 起动 PLC2 上的第一台电动机，然后依次延时起动后两台电动机。

(2) 停止：当 PLC2 上的第三台电动机停止完以后，延时 2 s 停止 PLC2 上的第三台电动机，然后依次延时停止后两台电动机。

实战篇　自动化生产线组成单元设计与调试

项目1　供料单元的设计与调试

本模块主要是以项目实战为主。根据项目提供的单元功能的描述完成单元控制的硬件设计和程序设计，并进行调试运行。

技能训练部分主要完成的任务包括：项目分析、元器件清单列表、PLC I/O模块接线原理图设计和PLC控制程序设计与调试。读者可以根据本书提供的实例进行操作，并进行扩展性的练习。

任务1.1　认识供料单元

供料单元是自动线里的第一个单元，该单元主要完成多种原材料的自动供给、货物传输等功能，如图S1-1所示。

图S1-1　供料单元外观

下面我们来认识一下供料单元的主要结构组成。

1. 框架式底板及支架

框架式底板及支架由不锈钢网孔板、型材基体组成。工作台尺寸为500 mm×660 mm×1500 mm。

2. 系统调试维修控制单元

系统调试维修控制单元包括急停保护装置、手/自动切换开关、点动控制按钮以及指示灯，如图S1-2所示。

图 S1-2　调试维修单元

3. 可编程控制器接口单元

可编程控制器接口单元包括 VersaMax PLC 的 CPU 模块、电源模块、离散量 I/O 模块以及接口电路，如图 S1-3 所示。

图 S1-3　PLC 接口单元

4. 双通道井式供料机

双通道井式供料机包括井式供料塔(2 个)、货料检测传感器、供料塔移动气缸(1 个)、推料气缸(1 个)以及型材基体等。其中，货料检测传感器包括：

(1) 在每一个供料塔底部，有一个对射光电传感器，用于检测料仓是否有货料，如图 S1-4 所示。

图 S1-4　光电传感器

（2）在推料气缸的首端和末端各有一个磁性开关，用于检测气缸的推出或者返回是否到位。

（3）在供料塔移动气缸的首端和末端各有一个磁性开关，用于检测气缸的推出或者返回是否到位，如图 S1－5 所示。

图 S1－5　磁性开关

（4）在供料平台的两端各有一个平台位置检测传感器，这里采用的是电感式接近开关，用于检测平台位置，如图 S1－6 所示。

图 S1－6　电感式接近开关

5. 传送带

传送带由平行带、交流电机、同步带张紧装置、动力驱动装置、型材基体等组成，如图 S1－7 所示。

图 S1－7　传送带

6. 专用中继器接口单元

专用中继器接口单元是两个接口电路模块，模块 1 输入端连接工作站现场的各种传感器以及各种执行元件的接线，其输出端是一条汇总信号后的数据电缆线。模块 2 输入端连接模块 1 的输出端，模块 2 的输出端连接 PLC 的 I/O 模块，如图 S1－8 所示。

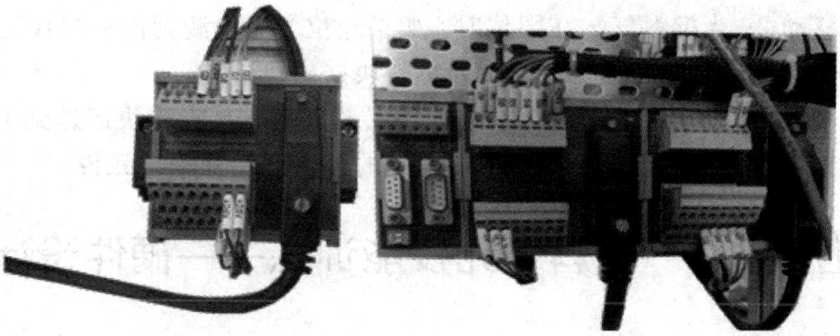

图 S1－8　中继器接口模块

7. 气路控制装置

气路控制装置由 1 个带有可调压的二联体(MAX PRESSURE：1.0 MPa)、1 个气压调节器(SET PRESSURE：0.05～0.85 MPa)、1 个气压表(PRESSURE：0～1.0 MPa)以及电磁阀组等组成，如图 S1－9 所示。

图 S1－9　电磁阀

练一练：面对生产线实物，说出每一个元件、器件或者组成部分的名字。

任务 1.2　供料单元控制

供料单元的基本功能是为生产线的后续单元提供加工原料，其控制分为手动控制和自动控制。下面是该单元自动运行时的工作流程。

(1) 上料：工作人员手动给两个井式供料塔中放入待加工料块。

(2) 料仓 1 推料：当推料气缸在原点时，如果仓位 1 内检测传感器检测到料块，系统会自动将其推出；

（3）料仓 2 推料：当推料气缸在限位时，如果仓位 2 内检测传感器检测到料块，系统会自动将其推出；

（4）料仓移动 1：当推料气缸在原点时，如果仓位 1 内检测到没有料块，而仓位 2 内检测到有料块，仓位气缸动作，到达仓位 2 处将料块推出；

（5）料仓移动 2：当推料气缸在限位时，如果仓位 2 内检测到没有料块，而仓位 1 内检测到有料块，仓位气缸动作，到达仓位 1 处将料块推出；

（6）传送带运行：当料块从仓位被推出时，传送带动作，将料块运送到下一个单元。

练一练： 根据上述控制要求，写出供料单元的输入元件和输出元件。

任务 1.3　供料单元技能训练——硬件设计

子任务一：填写供料单元清单表

读者首先观看供料单元运行视频，分析自动运行的控制要求，确定该单元的硬件选型，包括输入元件选型、输出元件选型、控制器选型，并填写下列清单表，如表 S1 - 1 所示。

表 S1 - 1　供料单元器件清单表

序号	名称	型号	数量	规格	图片
1	手动按钮	无	3	24 V(常开)绿色	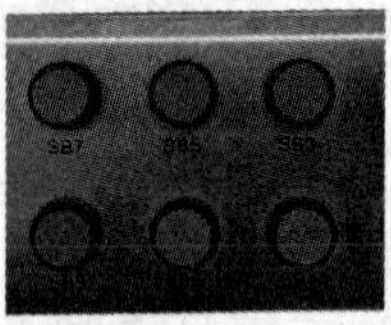
2	急停按钮	无	1	24 V(常闭)红色	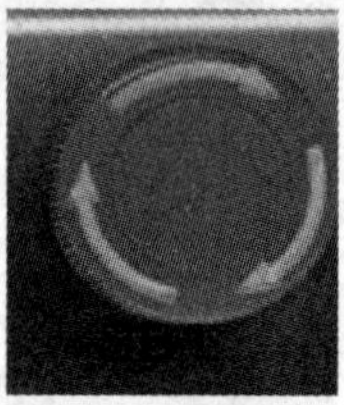
3	转换开关	无	1	24 V 一挡	
4	光电传感器	CX - 411D	2	24 V	

续表

序号	名称	型号	数量	规格	图片
5	磁性开关	D - C73	4	24 V	
6	接近开关	TR - QMCI - Z	2	24 V	
7	继电器	无	2	24 V	
8	PLC	VersaMax	3 个模块	24 V 11 W	
9	电磁阀	SVK 0120	2	24 V	

子任务二：绘制供料单元的 PLC I/O 接线图

分析供料单元的功能，确定需要的硬件。使用 Visio 软件绘制出供料单元 VersaMax PLC 与 IC200MDD841 模块的接线图，参考图如图 S1 - 10 所示。其中，SQ1～SQ6 为开关量传感器，SB1～SB6 为急停和手动控制按钮。KA1 为继电器，驱动传送带电动机。YV1 和 YV2 为两个电磁阀，用于驱动气缸完成料仓的移动和推料的动作。

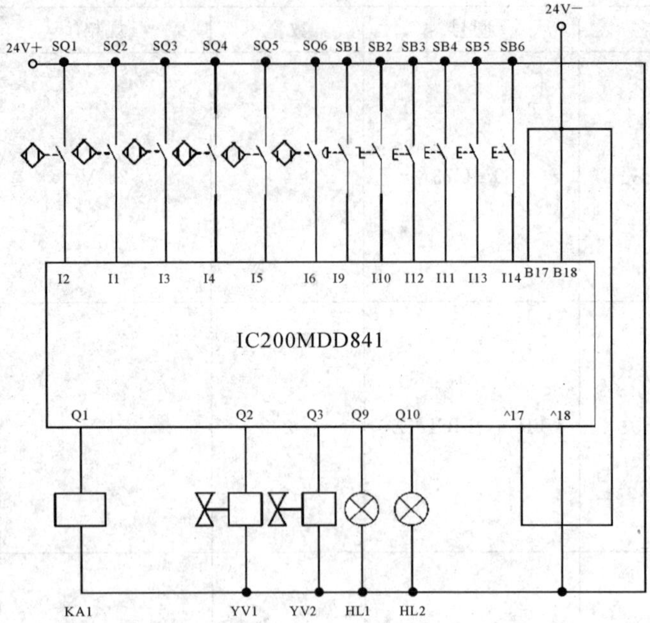

图 S1－10　供料单元 PLC I/O 接线图

想一想：这么多的按钮干什么用呢？

子任务三：设计供料单元的 PLC I/O 地址分配表

供料单元 PLC I/O 地址分配参考表如表 S1－2 所示。

表 S1－2　供料单元 PLC I/O 地址分配表

序号	设备名称	功能描述	I/O 地址	I/O 符号
1	接近开关	料仓 1 到位	%I00001	SQ1
2	接近开关	料仓 2 到位	%I00002	SQ2
3	光电传感器	料仓 1 有料	%I00003	SQ3
4	光电传感器	料仓 2 有料	%I00004	SQ4
5	磁性开关	推料气缸回位	%I00005	SQ5
6	磁性开关	推料气缸到位	%I00006	SQ6
7	急停按钮	急停	%I00009	SB1
8	自动/手动切换旋钮	自(左 0)/手(右 1)	%I00010	SB2
9	按钮	去仓位 2	%I00011	SB3
10	按钮	回仓位 1	%I00012	SB4
11	按钮	推杆	%I00013	SB5
12	按钮	启动	%I00015	SB6
13	继电器	传送带运行	%Q00001	KA1
14	电磁阀	供料仓往返电磁阀	%Q00002	YV1

续表

序号	设备名称	功能描述	I/O 地址	I/O 符号
15	电磁阀	推料驱动电磁阀	%Q00003	YV2
16	指示灯	仓位 1 缺料	%Q00009	HL1
17	指示灯	仓位 2 缺料	%Q00010	HL2

任务 1.4　供料单元技能训练——程序设计与调试

一、使用 PME 软件编程

练一练：打开 PME 软件，尝试进行新建工程、命名 Unit_1、添加 VersaMax、配置 3 个模块、创建变量表等操作项目。

对于比较复杂的程序，常采用主程序子程序结构。主程序主要使用调用子程序指令，而把完成特定功能的程序编为子程序供主程序调用。这种程序的结构清晰，把冗长的程序变为一个个功能明确的子程序，出现故障时易于排除。

根据这个思路，我们把供料单元的控制程序按照功能编为 5 个子程序，程序的结构如图 S1－11 所示。在 PME 软件中，建立梯形图程序文件。从图中可以看到 MAIN 主程序下面，调用了报警子程序 BaoJ、手动子程序 ShouD 和自动子程序 ZD 等。而在自动子程序下面，又调用了料仓移动子程序(CangW)、传送带子程序 ChSD 和自动推料子程序 ZDTL。

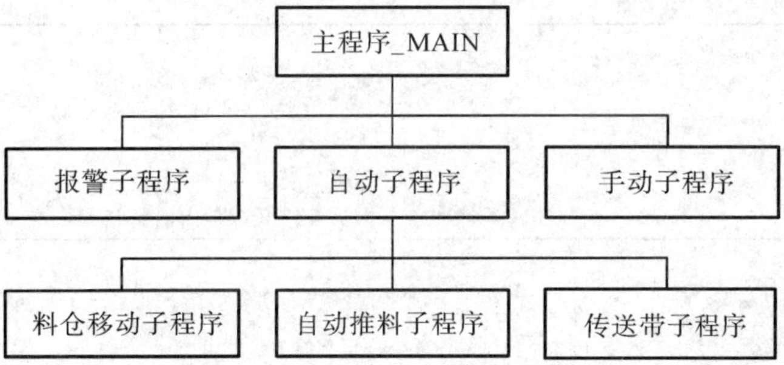

图 S1－11　供料单元的程序结构

二、程序设计与分析

1. 主程序调用子程序分析

图 S1－12 所示为供料单元的主程序中调用手动自动子程序和报警子程序的部分。通过手自动切换 SB2 按钮完成手动和自动运行的切换，报警的调用是一直运行的。

注意：手动控制是为了对供料单元进行手动调试用。

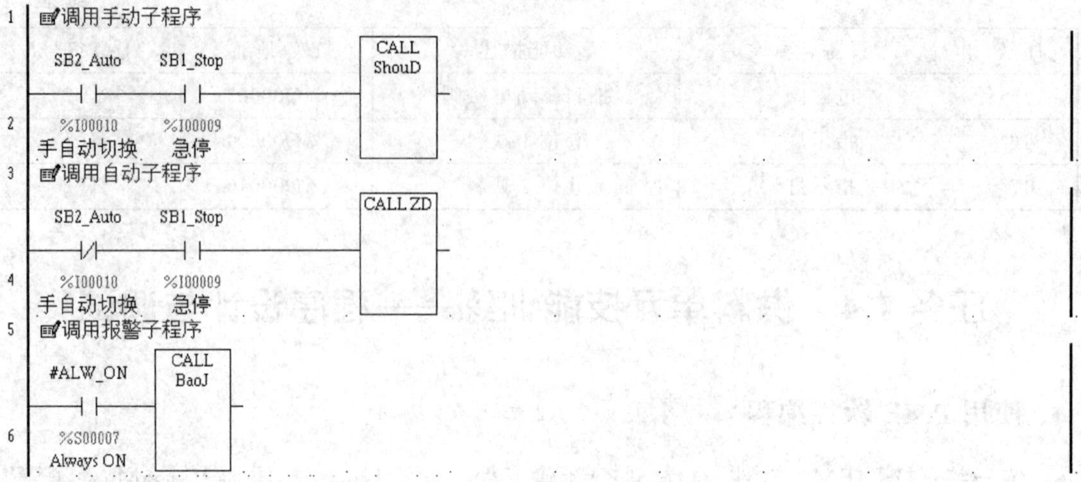

图 S1－12　主程序调用手动和自动子程序

2. 主程序初始化部分

主程序除了要完成调用子程序，还必须要进行一些初始化工作，这样能保证在一开始运行的时候 PLC 处于一个类似于从零开始的状态，不会受其他的参数影响，如图 S1－13 所示。在 SB2 手自动按钮切换的时候，会产生一个上升沿或者是下降沿信号。这个上升沿或者下降沿就成为后面初始化工作的启动信号。

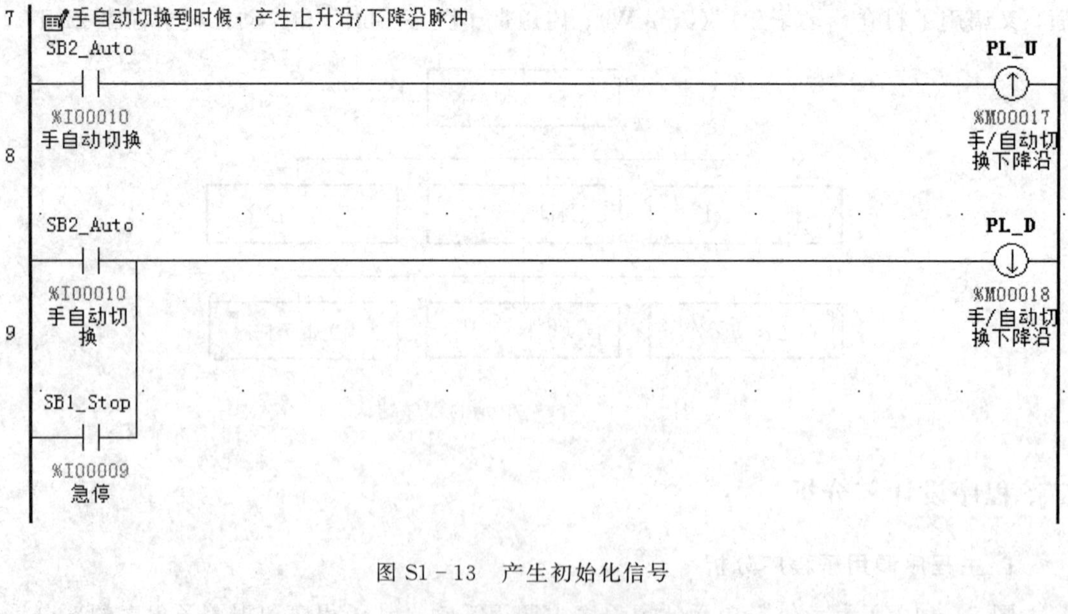

图 S1－13　产生初始化信号

在产生上述信号以后，PLC 就开始对系统的一些变量进行清零工作，个别变量要置位，如图 S1－14 所示。

注意：这段程序只是清零的一部分，这里需要将子程序里用到的所有的变量，比如辅助位、输出位、定时器的寄存器等都进行清零(个别位要置位)，其余的部分读者自行完成。

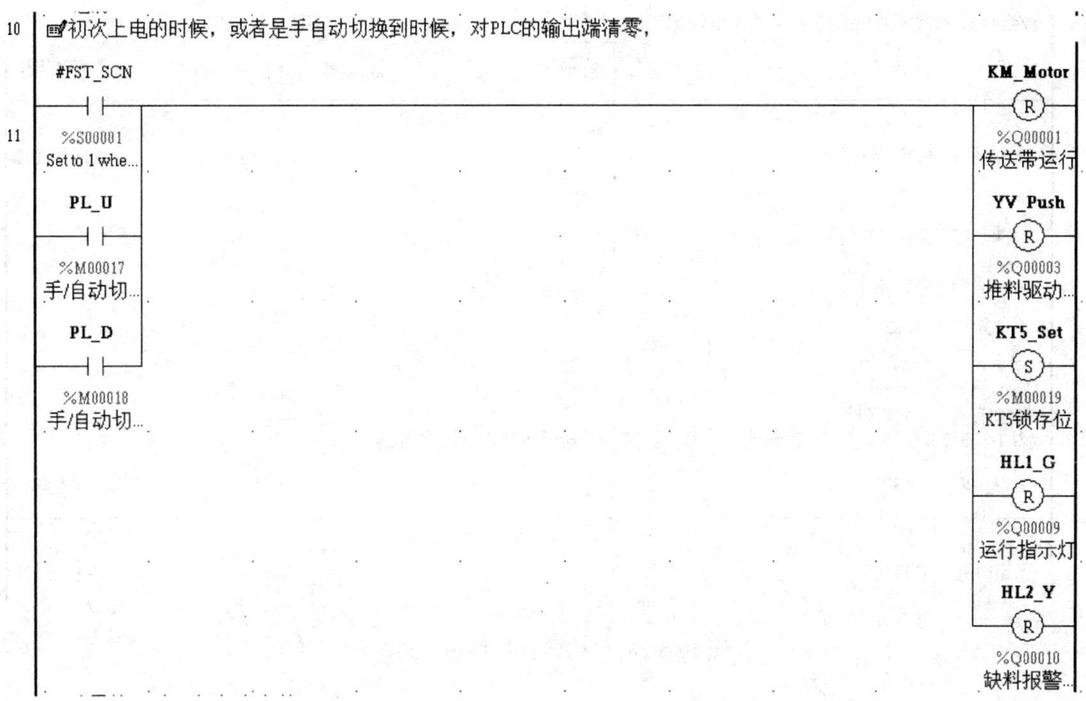

图 S1－14　清零输出或辅助位

3. 料仓移动子程序分析

图 S1－15 所示为料仓移动子程序示意图。当料仓 1 没料而料仓 2 有料的时候，先启动定时器 KT3 延时 2 s，2 s 后启动料仓气缸运动，使得料仓 2 到达推料位置。

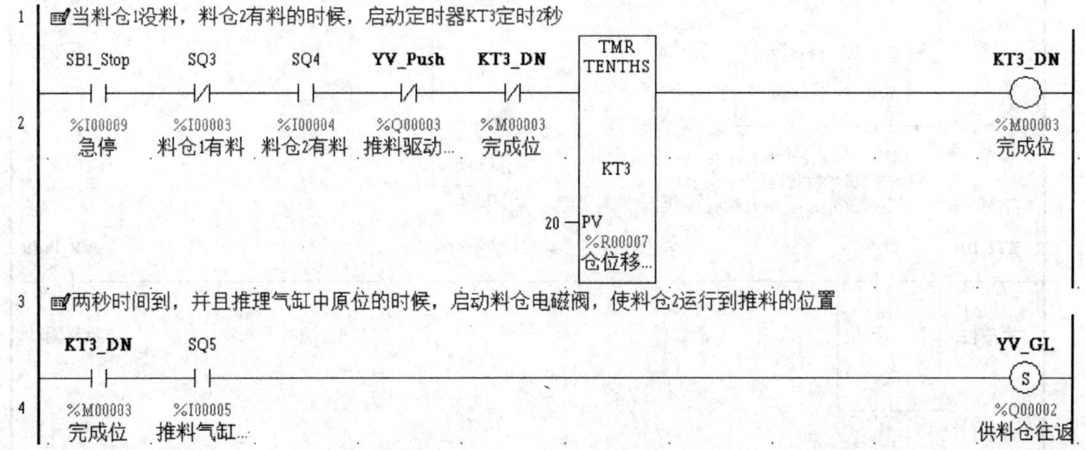

图 S1－15　料仓 2 到位

如图 S1－16 所示，当满足三种条件：料仓 1 和料仓 2 都没料的时候，或者都有料的时候，或者仓 1 有料、仓 2 没料的时候，延时 2 s 后料仓返回到仓 1 推料的位置。

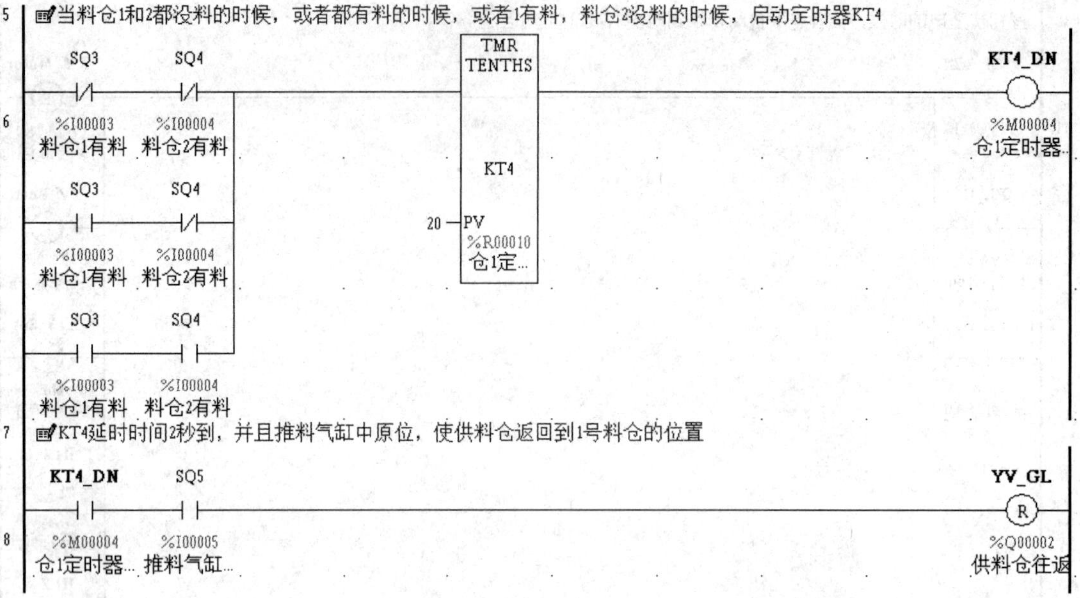

图 S1－16　料仓返回(料仓 1 到位)

4. 自动推料子程序

图 S1－17 所示为自动推料子程序。料仓 1 到位并且有料，或者料仓 2 到位并且有料，启动定时器 KT2 延时 2 s，2 s 后如果料仓 1 或者料仓 2 到位，启动推料气缸，推出料块。

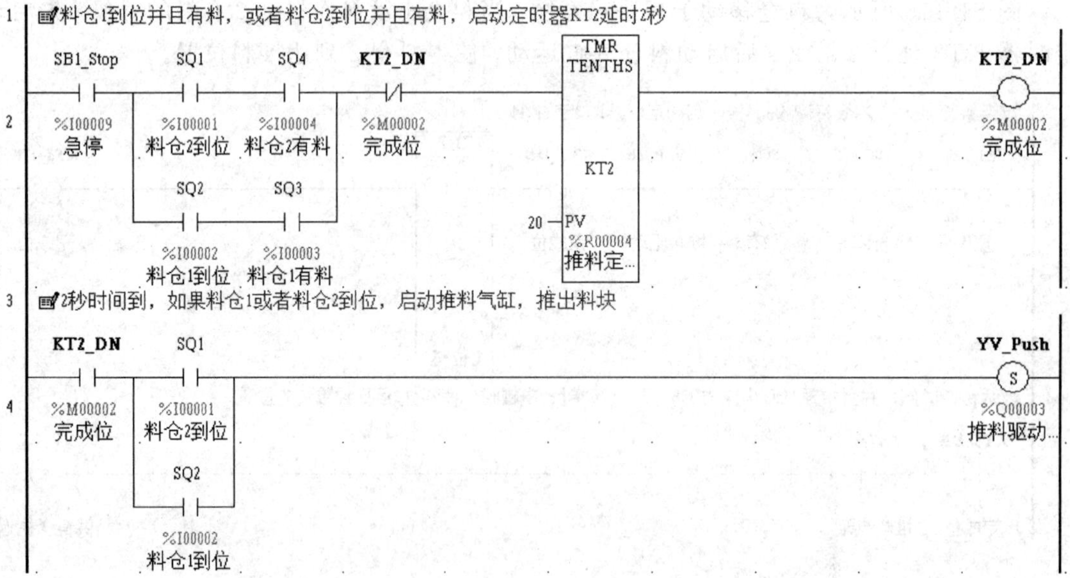

图 S1－17　自动推料子程序(未完)

如图 S1－18 所示，如果推料气缸到位，同时料仓 2 或者料仓 1 到位，使推料气缸退回原位。

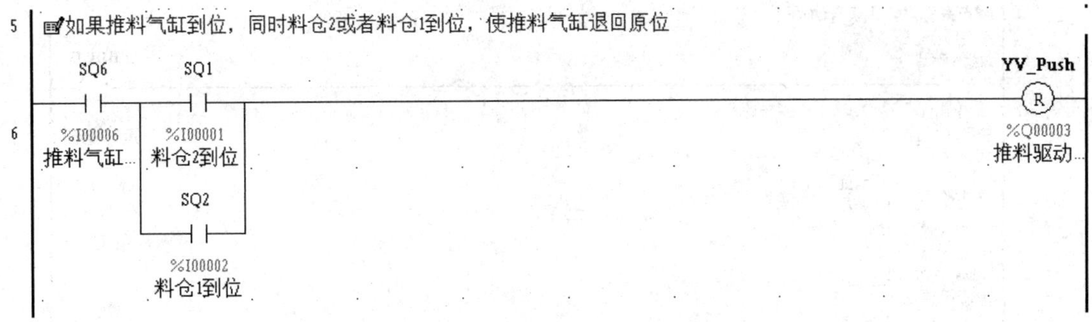

图 S1－18　自动推料气缸返回

5. 传送带子程序

图 S1－19 所示为传送带子程序示意图。当推出料块以后，立即启动传送带。两个料仓都空了的时候，启动 KT1 延时 5 s，5 s 后停止传送带。

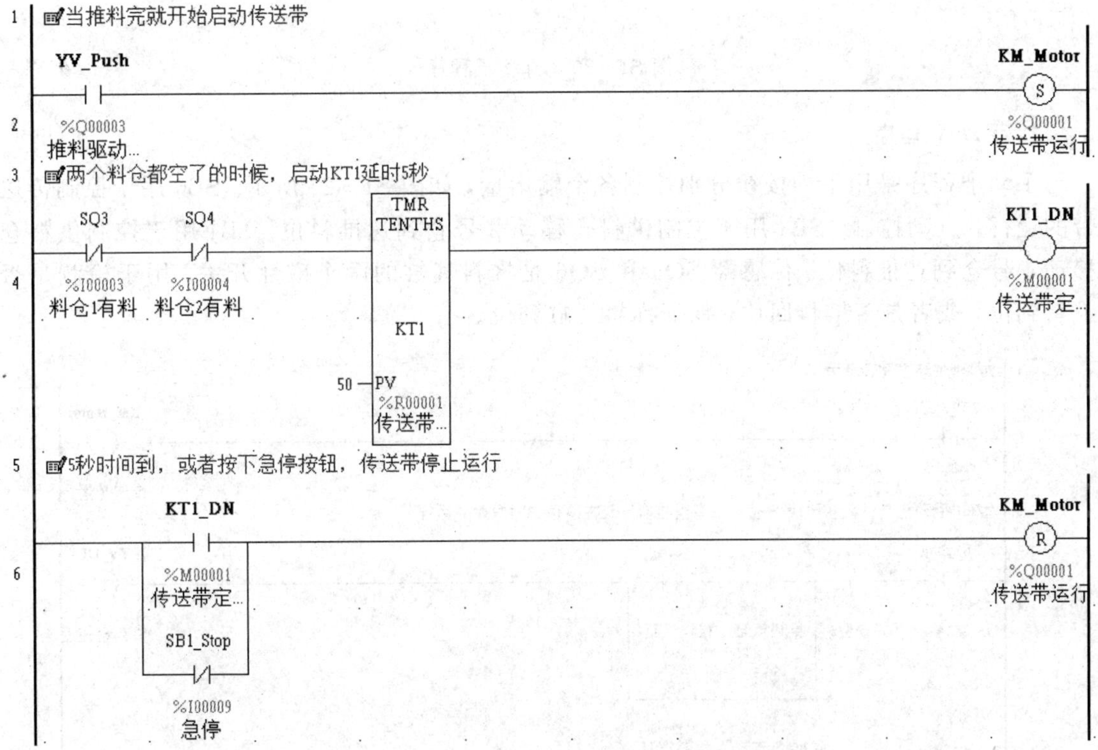

图 S1－19　传送带子程序

6. 自动子程序

自动子程序的作用就是调用料仓移动子程序、自动推料子程序和传送带子程序。如图 S1－20 所示，自动子程序运行的时候，绿色指示灯亮。

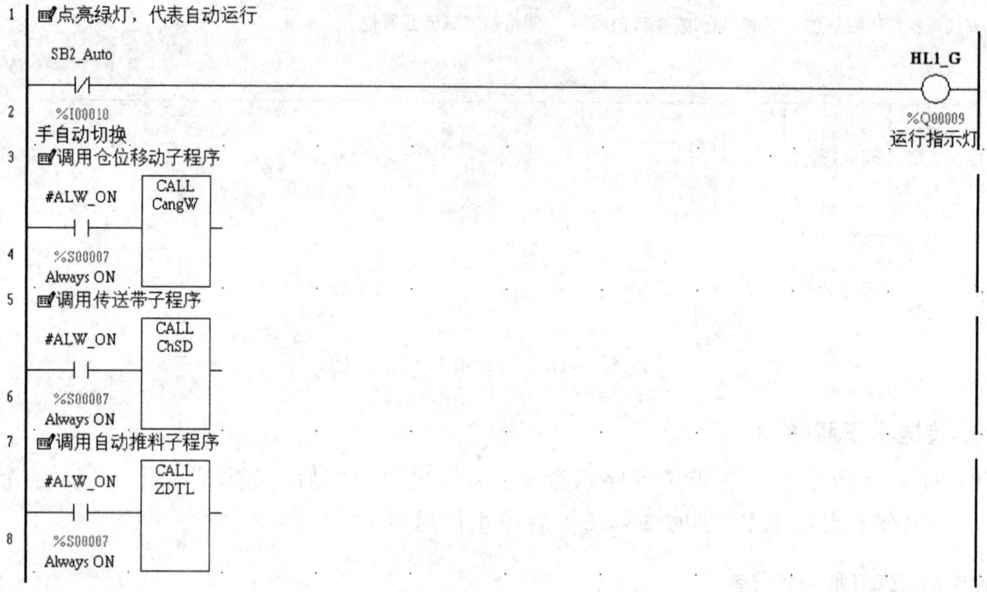

图 S1－20　自动子程序

7. 手动子程序

手动子程序是用手动按钮分别控制各个输出量，如图 S1－21 所示。SB6 用于控制传送带的运行，点动控制。SB3 用于控制供料仓移动 2 号仓到达推料位。SB4 用于控制供料仓移动 1 号仓到达推料位。传感器 SQ5 和 SQ6 是推料气缸的两个磁性开关，用于检测是否推料到位，或者是否推料回位，保证推料气缸到位。

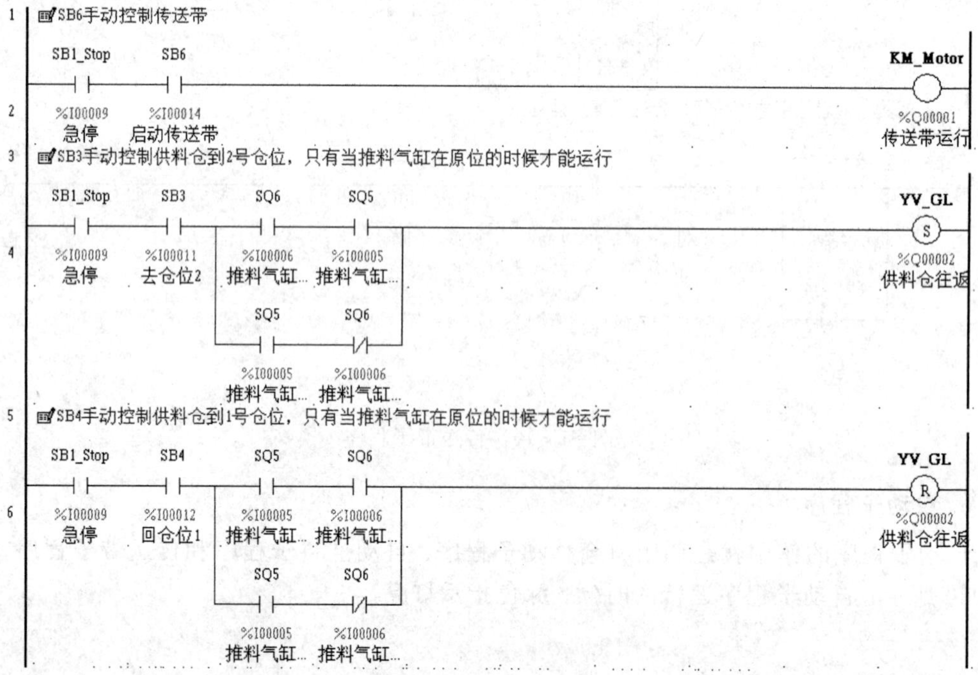

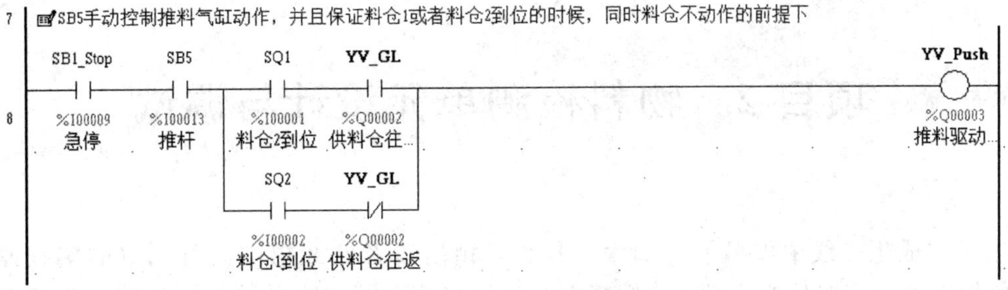

图 S1－21　手动子程序

8. 报警子程序

报警子程序主要实现两个料仓里没料的时候，用黄色指示灯进行报警提示。报警提示灯可以常亮，也可以闪烁报警，读者自己完成编程。

三、控制程序的调试

打开用 PME 软件编写好的程序，针对 CPU 模块配置 IP 地址和网关，单击连接 PLC，下载程序，并通过手自动切换 SB2 开关切换到手动或者自动模式，观察程序的运行是否符合自动控制的要求。

PLC 程序的调试可以分为模拟调试和现场调试两个调试过程，在此之前首先对 PLC 外部接线做仔细检查，这一个环节很重要。外部接线一定要准确无误。为了安全考虑，最好将主电路断开。当确认接线无误后再连接主电路。

一般 PLC 的生产厂家提供了相应的仿真软件，在仿真环境下对用户的程序进行调试。利用软件强制功能对相关输入量进行强制，观察输出量的变化是否符合设计的功能。发现问题后应及时修改梯形图和 PLC 中的程序，直到在各种可能的情况下输入量与输出量之间的关系完全符合要求。如果程序中某些定时器或计数器的设定值过大，为了缩短调试时间，可以在调试时将它们减小，仿真调试结束后再改为它们的实际设定值。

仿真调试结束后，还要将 PLC 安装在控制现场进行联机总调试。在调试过程中将暴露出系统中可能存在的传感器、执行器和硬接线等方面的问题，以及 PLC 的外部接线图和梯形图程序设计中的问题，应对出现的问题及时加以解决。如果调试达不到指标要求，则对相应硬件和软件部分做适当调整，通常只需要修改程序就能达到调整的目的。全部调试通过后，经过一段时间的考验，系统就可以投入实际的运行了。

将程序进行仿真运行无误后，下载到 PLC 中进行现场联机调试，逐一解决调试过程中出现的问题。

项目 2　物料检测单元设计与调试

通过完成生产线中供料单元的设计操作，相信读者已经初步具备一定的实践操作技能，也积累了一定的信心。那么我们接着开始第二个项目，即自动化生产线物料检测单元的设计任务。在完成任务过程中积累技能经验，挑战自我。

训练任务包括：项目分析、元器件清单列表、PLC I/O 模块接线原理图设计和 PLC 控制程序设计与调试。读者可以根据本书提供的实例进行操作，并进行扩展性的练习。

任务 2.1　认识物料检测单元

物料检测单元是自动线的第二个单元，其基本功能是将供料单元传输来的料块进行材质检测，区分是金属还是非金属，以及颜色的判断，然后将料块推入废料槽或者是传送到下一个单元。图 S2-1 所示为本单元的实物图。

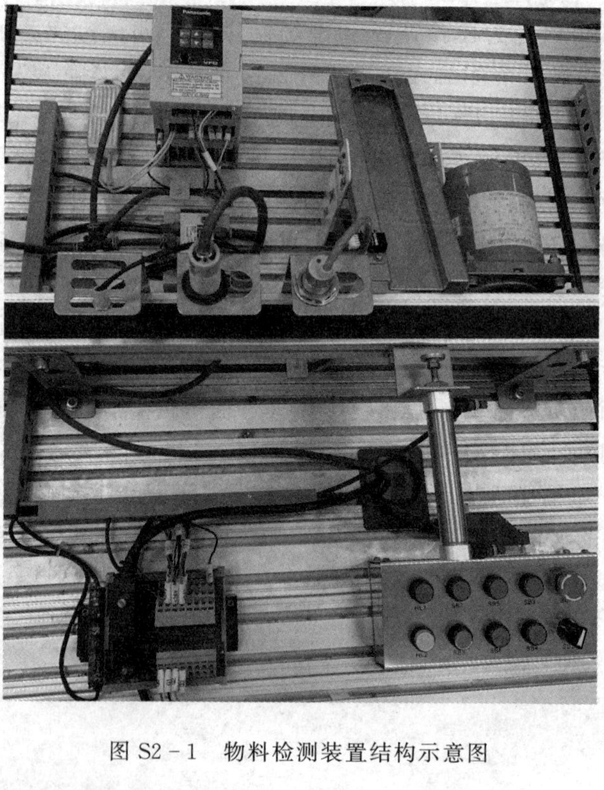

图 S2-1　物料检测装置结构示意图

物料检测单元的基本构成如下：

(1) 料槽：将检测出来的某种材质(或者认为是废弃不合格)的料块放入此处。

(2) 电感式传感器：检测金属材料，检测距离为 3～5 mm，如图 S2-2 所示。

(3) 电容式传感器：用于检测金属和非金属料块，如图 S2 - 3 所示。

图 S2 - 2　电感式传感器

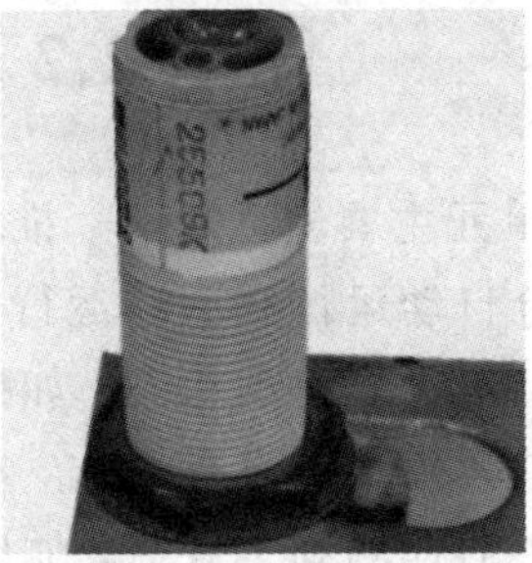

图 S2 - 3　电容式传感器

(4) 光纤传感器：用于检测不同颜色的物料，可通过调节光纤放大器来区分不同颜色的灵敏度，如图 S2 - 4 所示。

图 S2 - 4　光纤传感器

(5) 永磁式同步电动机：用于驱动传送带将物料传送到相应的位置。该电机可配备变频器，用于调节传送带的速度，如图 S2 - 5 所示。

(6) 变频器：采用松下 VF0 变频器，用于控制传送带的速度，如图 S2 - 6 所示。

图 S2 - 5　传送带永磁同步电动机

图 S2 - 6　VF0 变频器

(7) 推料气缸：将检测完的物料推入料槽，由电控气阀控制，如图 S2 - 7 和图 S2 - 8 所示。

(8) 控制器：采用可编程控制器 PLC 作为控制器，并配备相应的接口单元。

图 S2 - 7　推料气缸

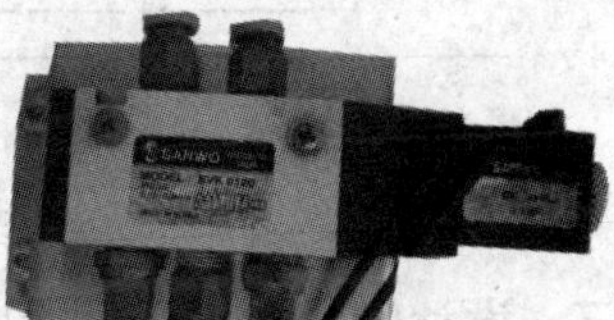

图 S2 - 8　电磁阀

认一认：面对物料检测单元的实物，你能对号入座吗？

任务 2.2　物料检测单元控制

物料检测单元主要实现检测、推料和送料三个功能，要实现以下控制要求。

(1) 系统分自动运行和手动运行。

(2) 系统上电进入自动状态，如果上一个单元的传送带动作时，本单元传送带快速运行，如果上一单元传送带没有动作，本单元传送带慢速运行。

(3) 当传感器检测到工件后，如此工件为非金属，则在其到达废品槽处后将其推入槽内；如果工件为金属，则工件直接进入到下一个单元。

(5) 光纤传感器作为一个辅助检测元件，可以区分黑色和浅色的料块。

练一练：分析物料检测单元的控制要求，划分输入元件和输出元件。

任务 2.3　物料检测单元技能训练——硬件设计

子任务一：填写物料检测单元清单表

练一练：读者针对物料检测单元的功能进行系统分析，确定输入元件和输出元件，并进行选型，参考项目 1 的清单表，详细列出本单元的元器件清单。

子任务二：绘制物料检测单元 PLC I/O 接线图

分析物料检测单元的功能，确定需要的硬件。使用 Visio 软件绘制出物料检测单元的 PLC I/O 接线图，参考图如图 S2-9 所示。注意公共端的接线，使用变频器主要是为了控制传送带的速度，图中共用到 PLC 的 3 个输出端。

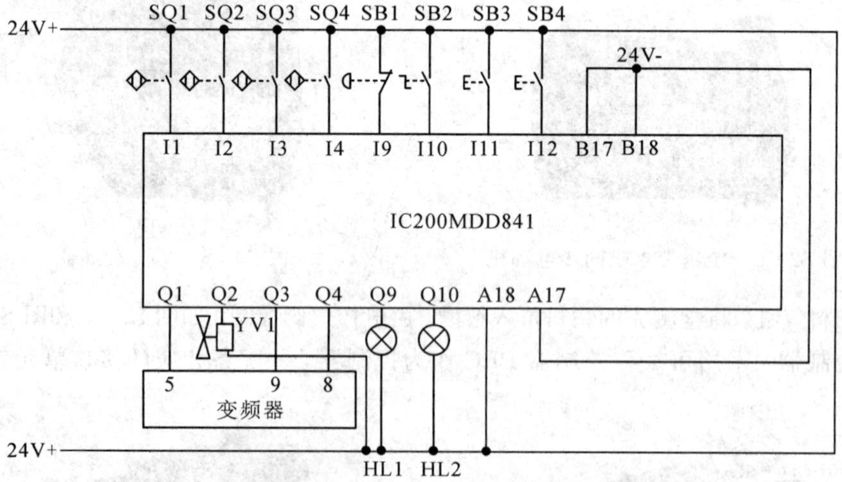

图 S2-9　物料检测单元 PLC I/O 接线图

子任务三：设计物料检测单元 PLC I/O 地址分配表

根据图 S2-9，读者尝试在下面的表 S2-1 里填写本单元的 I/O 地址表。

表 S2－1　物料检测单元 PLC　I/O 地址分配表

序号	设备名称	功能描述	I/O 地址	I/O 符号
1	光纤传感器	检测料块颜色		SQ1
2	电感式接近开关	检测金属料块		SQ2
3	电容式接近开关	检测金属非金属		SQ3
4	反射式光电开关	库满检测		SQ4
5	红色蘑菇头按钮	紧急停机		SB1
6	转换开关	自动/手动		SB2
7	点动按钮	手动带运行		SB3
8	点动按钮	推料按钮		SB4
9	继电器	控制传送带		KM_Motor
10	电磁阀	控制推料气缸		YV1
11	变频器端子	脉宽调制信号		BP_08
12	变频器端子	PWM 使能		PWM Enable
13	绿色指示灯	运行指示灯		HL1
14	黄色指示灯	报警指示灯		HL2

任务 2.4　物料检测单元技能训练——程序设计与调试

一、划分程序结构

练一练：打开 PME 软件，尝试进行新建工程、命名 Unit_2、添加 VersaMax、配置 3 个模块、创建变量表等操作项目。

分析物料检测单元的控制过程要求。本单元的功能相对简单，把控制程序按照功能编为 3 个子程序，包括报警子程序、手动子程序和自动子程序。使用 PME 软件创建各个子程序，完成的程序结构如图 S2－10 所示。

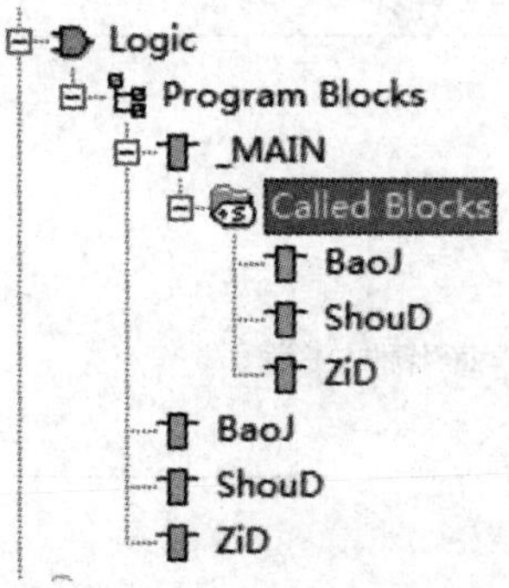

图 S2－10　检测单元的程序结构

二、程序设计与分析

读者可以参考项目1的主程序来编写本单元的主程序。主程序的功能大同小异，都是为了调用手动子程序、自动子程序和报警子程序，以及完成初始化。

1. 手动子程序

手动子程序主要是手动控制两个输出，一个是传送带，一个是推料气缸，如图 S2-11 所示。按下按钮 SB3，PLC 的 Q1 和 Q3 两个输出位接通，Q1 输出用于控制继电器线圈，继电器得电，传送带电动机得电；Q3 输出控制变频器的 8 号端子，这个控制信号用于控制变频器输出作用于传送带电动机，使电动机以调速模式起动。按下 SB4 按钮，推料电磁阀动作，推料气缸伸出，推动料块。

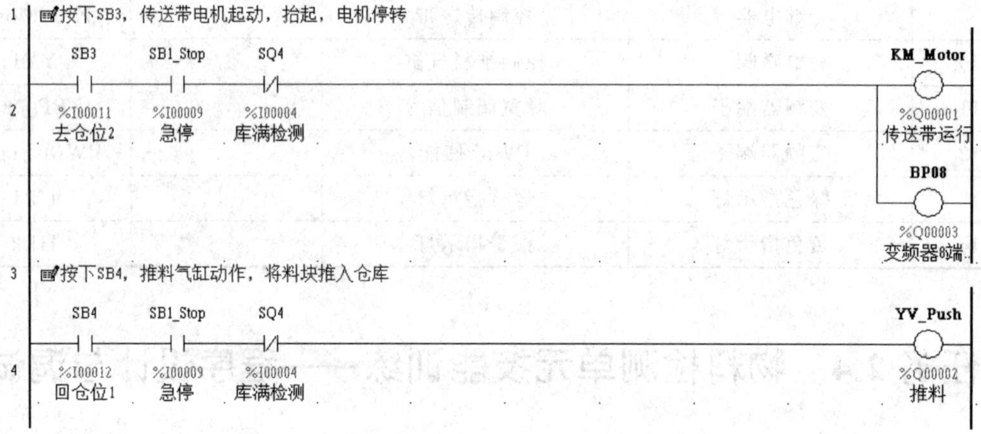

图 S2-11　手动子程序

2. 自动子程序

自动子程序是核心，如图 S2-12 所示。切换到自动运行后，立即起动传送带(BP08 和 KM_Moter)。如果库满检测传感器 SQ4 检测到料块后，禁止起动传送带。

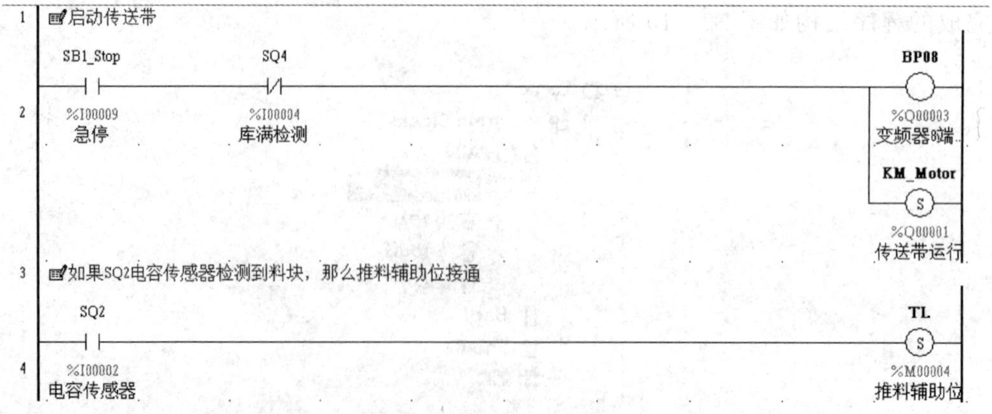

图 S2-12　自动子程序——起动传送带

当电容传感器 SQ2 检测到料块以后(可能是金属，也可能是非金属)，接通辅助位 TL。

如图 S2－13 所示，TL 辅助位接通定时器 KT1，延时 2.5 s 后，完成位 KT1_DN 接通，用于起动推料气缸 YV_Push 动作，将料块推入废料库。

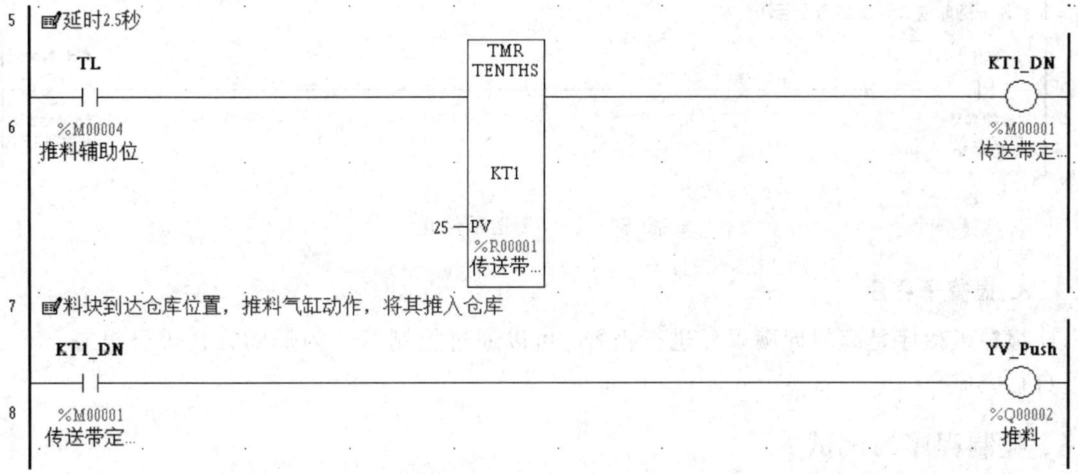

图 S2－13　延时推料块入库

如图 S2－14 所示，如果 SQ3 检测到金属料块，或者是推料结束后延时 1 s 时间到(KT2_DN)，复位推料辅助位 TL。

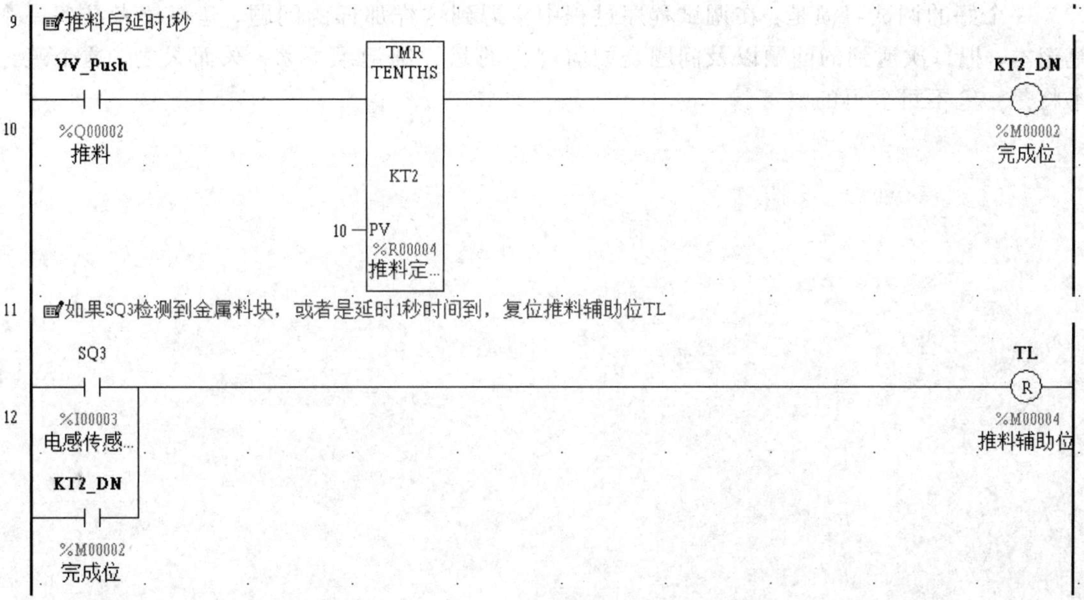

图 S2－14　推料辅助位复位

如图 S2－15 所示，如果废料库的入口传感器有信号，代表库满，立即停止传送带。另外，HL1_G 代表绿色运行指示灯，在自动运行期间始终保持亮的状态。

图 S2－15　传送带停止

3. 报警子程序

报警子程序是废料库满以后进行报警，可以通过控制黄灯闪烁的方式进行报警，读者可自行完成。

三、控制程序的调试

将 PME 编写的程序下载，手动转换 SB2 开关，先调到手动模式，按下相应的手动按钮，观察模块的动作是否具备。手动调试完毕，将 SB2 转换到自动运行模式，将传送带上分两次放置金属料块和非金属料块，然后观察是否成功检测，是否成功将料块推入废料槽。

一个好的调试习惯是：在调试程序过程中会遇到这样那样的问题，建议读者准备一个笔记本，把每次遇到的问题以及问题是如何解决的都详细记录下来。久而久之，这个笔记本将是一笔不可多得的财富。

项目 3　多工位加工单元设计与调试

自动生产线的第三个单元是多工位加工单元。本单元旨在将上一单元传送来的料块在多个工位进行加工。这个单元无论是机械结构，还是电气元件，以及其自动运行过程都具有一定程度的复杂性，所以在这个项目中，读者会学到更多的新知识，收获更多的新技能。让我们开启愉快的项目设计之旅吧！

任务 3.1　认识多工位加工单元

多工位加工单元通过旋转工作台实现工件的物流传送，并在其上分步实现待加工工件的冲压加工以及对工件加工质量的检测等功能，模拟自动化生产线中工件的加工与检测过程。图 S3－1 所示为多工位加工单元的整体结构。

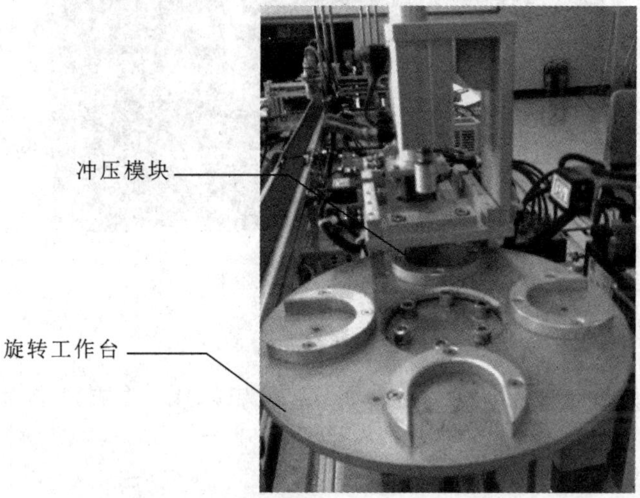

图 S3－1　多工位加工单元模块图

下面我们来认识一下多工位加工单元的主要结构组成。

1. 框架式底板及支架

框架式底板及支架由不锈钢网孔板和型材基体组成。其工作台尺寸为 500 mm×660 mm×1500 mm。

2. 系统调试维修控制单元

本模块用于实现手动控制、手动/自动的切换以及急停的控制，在调试维修环节比较实用。调试维修控制模块硬件上包括急停保护装置、手/自动切换开关和点动控制按钮，如图 S3－2 所示。

图 S3-2　调试维修控制模块

3. 可编程控制器接口单元

可编程控制器接口单元对整个单元的工作过程进行控制。它主要包括 VersaMax PLC 和接口电路，如图 S3-3 所示。

图 S3-3　VersaMax PLC

4. 冲压装置

冲压装置对工件进行冲压加工，由冲压气缸、电磁阀、型材基体等组成。冲压气缸使用的型号是 SCDJB16—60，电磁阀型号是 SVK0120。

5. 供料装置

供料装置由井式供料塔、货料检测传感器、推料气缸、磁性开关等组成。井式供料塔里边存放待加工的工件。本模块用到的检测传感器为 BLJ18A4-8-Z/B1Z 电感传感器，用于检测进料口是否有工件。

6. 多工位旋转工作台

多工位旋转工作台模块主要是准确地将工件转动输送到各个工序的位置处。其主要由旋转盘、连接底盘、齿轮减速器、伺服电动机、伺服驱动器及支架等组成，如图 S3-4 所示。

旋转盘上有 4 个用于输送工件的圆形工位，每个工位底部均有一个通孔，是为漫反射式光电接近开关判断工位上工件的有无而提供的检测通道。同时，旋转盘 4 个工位的背面均安装有定位块，用于电感式接近开关进行转盘转动位置的定位检测。伺服驱动器驱动伺服电动机运动，经过齿轮减速器变速后驱动旋转盘转动。伺服驱动器型号是西门子SINAMICS V80。

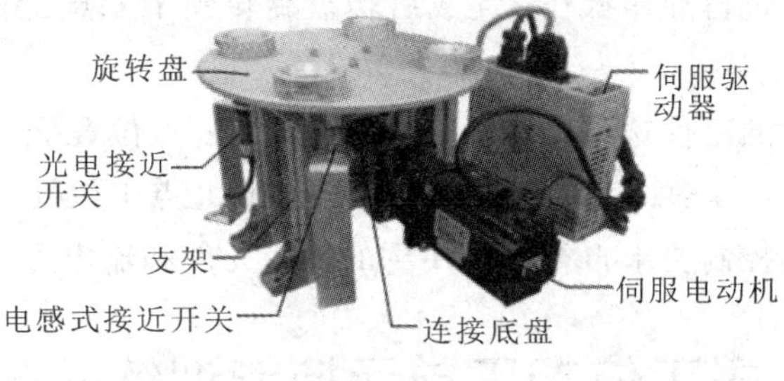

图 S3－4　多工位旋转工作台模块

7. 带式传输机

带式传输机由平行带、交流电机、同步带张紧装置、动力驱动装置、型材基体等组成。传送带电动机型号是 55TDY4 永磁同步电动机。

8. 专用中继器接口单元

图 S3－5 所示是为接线配备的中继器，用于连接 PLC 输入/输出端和设备端。

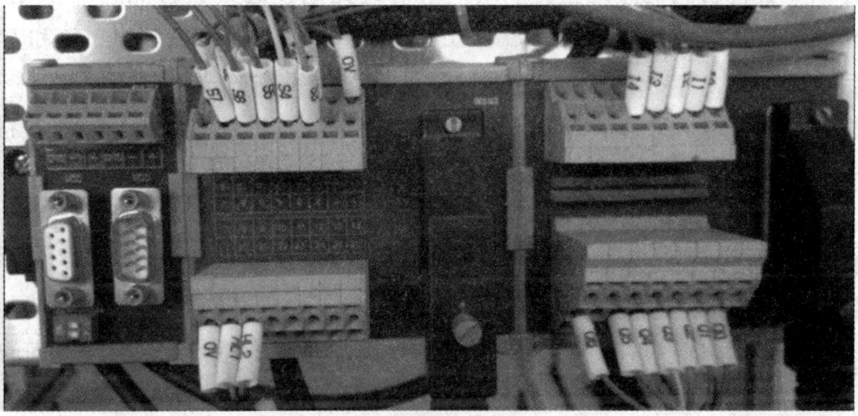

图 S3－5　中继器接口模块

认一认： 面对多工位加工单元实物，能说出每一个元件或者器件或者组成部分的名字。

任务 3.2　多工位加工单元控制

针对多工位加工单元的结构特点，下面给出其典型的自动运行控制要求与操作运行流程。

(1) 当上一个单元的传送带动作时，本单元传送带动作；

(2) 当多工位转盘不在原点时，系统自动找寻原点，到达原点后停止旋转。

(3) 当旋转盘进料口的电感传感器检测到有工件时，推料气缸动作将其推入到转盘的六点仓位处。

(4) 旋转盘旋转到九点仓位处后，加工定位气缸推出，固定工件；

(5) 模拟冲压装置进行冲压操作，完成后转盘旋转到十二点工位处，由传感器组进行检测。

(6) 当加工完成后的工件达到要求后，转盘旋转到三点位置处，等待机械手将其取走；

(7) 如加工完成后的工件未达到要求，转盘回转到九点工位处进行重新加工处理。

练一练：读者根据控制要求自行分析用到的输入元件和输出元件。

任务 3.3　多工位加工单元技能训练——硬件设计

子任务一：填写多工位加工单元元器件清单表

为了检测加工单元中转盘的初始 1 号工位上有无工件，在 1 号工位的正下方安装有一个电感式接近开关，系统初始化时需要借助电感式接近开关进行初始定位。另外为了检测传送带是否把待加工工件送到旋转工作台对应的位置，在该位置上方安装了一个电感式接近开关。上述两个接近开关都是百斯特公司生产的，型号是 BLJ18A4 - 8 - Z/B1Z。

当旋转工作台转动到九点工位处，用一对射式光电接近开关检测料斗里是否有料芯。该对射式光电接近开关是日本神视(SUNX)公司生产的，型号是 CX - 411D 和 CX - 411E。冲压结束后，工作台旋转到十二点工位处，该处有两个反射式光电接近开关，一个用于检测是否将料芯成功压入，另外一个用来检测该工位是否有工件。这两个反射式接近开关的型号是 CX - 411。

根据前面的分析，读者可自行列出本单元的元器件清单表。

子任务二：设计多工位加工单元的 PLC I/O 地址分配表

多工位加工单元中所需要的 PLC 的 I/O 点数为 12 点输入和 9 点输出。选用 GE VersaMax PLC，其 I/O 点数为 20/12，完全可以满足控制 I/O 点数的需要，具体地址分配如表 S3 - 1 所示，读者可尝试填写表格中空余的部分。

表 S3 - 1　多工位加工单元 PLC I/O 地址分配表

序号	设备名称	功能描述	I/O 地址	I/O 符号
1	电感式接近开关	转盘原点检测		
2	电感式接近开关	工件有无到位检测		
3	反射式光电开关	料芯压入检测		
4	反射式光电开关	12 点到位检测		
5	对射式光电开关	料斗料芯检测		
6	按钮	紧急停机		
7	按钮	自动/手动切换		
8	按钮	手动控制		
9	按钮	手动控制		

续表

序号	设备名称	功能描述	I/O 地址	I/O 符号
10	按钮	手动控制		
11	按钮	手动控制		
12	按钮	手动控制		
13	继电器	控制传送带运行		
14	电磁阀	压入料芯控制		
15	伺服驱动器脉冲输出	控制伺服电动机运行		
16	伺服驱动器方向	控制伺服电动机方向		
17	电磁阀	把料芯从料斗推出		
18	电磁阀	固定工件		
19	电磁阀	推工件入六点位		
20	绿色灯	运行指示灯		
21	黄色灯	报警指示灯		

子任务三：绘制多工位加工单元的 PLC I/O 接线图

多工位加工单元中工作台模块采用西门子 V80 伺服电动机驱动其工作运行。伺服电动机由伺服驱动器 SINAMICS V80 控制和驱动，伺服驱动器接收加工单元中 PLC 发送的控制脉冲及换向信号实现电动机的控制运行。图 S3－6 所示为多工位加工单元伺服驱动器的接线图。其中 X1 端子接 PLC 的输出脉冲以及方向等信号，X2 端接来自编码器的输出端信号，下面两根线的端子用于接 220 V 供电电压，另外一个端子用于接伺服电动机的三相线。

图 S3－6　伺服驱动器接线图

图 S3－7 所示是多工位加工单元的 PLC I/O 接线原理图。本单元选用的是 S8JC－Z03524C 经济型开关电源。在接线的时候要注意接地端和 PLC 公共端的接法。从图中可以看出，本单元用 PLC 的 Q1 输出端作为高速脉冲输出端，去控制伺服驱动器，用 Q2 输出端控制伺服电机的旋转方向。

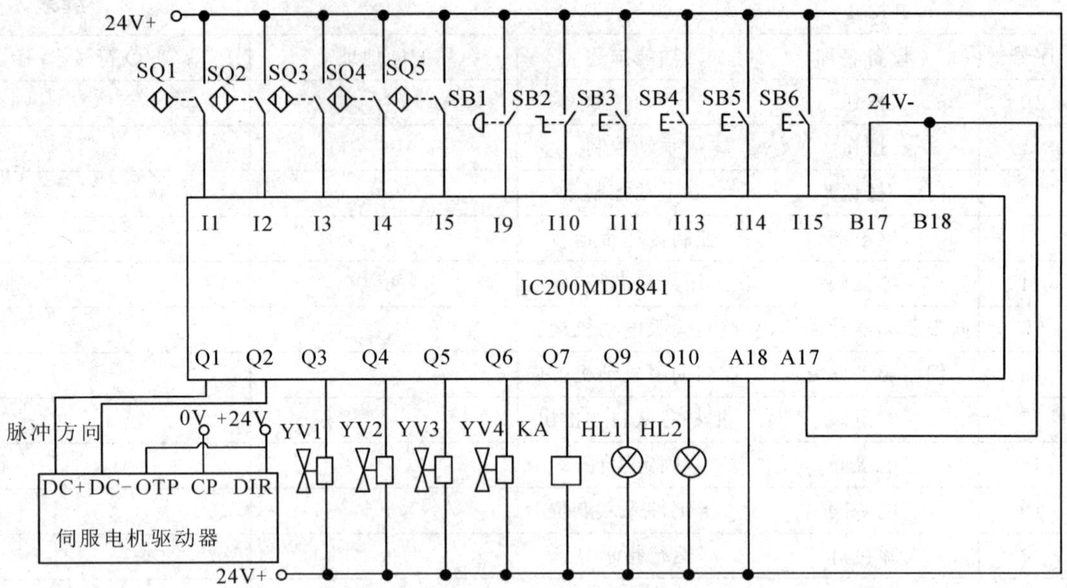

图 S3－7　多工位加工单元 PLC I/O 接线原理图

任务 3.4　多工位加工单元技能训练——程序设计与调试

练一练：打开 PME 软件，尝试进行新建工程、命名 Unit_3、添加 VersaMax、配置 3 个模块、创建变量表等操作项目。

本单元用到了伺服电机驱动器，驱动器的控制信号来自 PLC 的高速脉冲，所以首先要对 PLC 的 I/O 模块进行高速脉冲通道的配置，如图 S3－8 所示。根据 S3－7 的接线图，PLC 的高速脉冲端子 Q1 连接到伺服驱动器，那么该接线端子对应的高速脉冲串输出/高速计数器的编号是 1 号，所以我们选择 Counter1 选项卡进行配置，第一项的“Channel Function”设置成“Pulse Train”，即为高速脉冲输出功能。

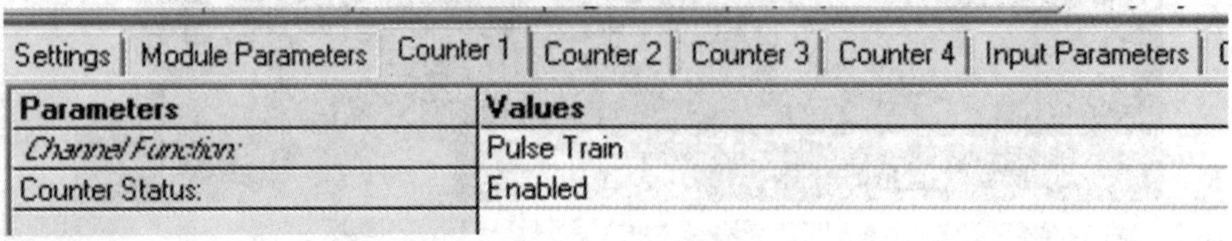

图 S3－8　高速脉冲配置

1. 主程序和手动程序设计

本单元主程序和其他单元主程序结构是一样的，都是调用手动子程序和自动子程序，以及清零初始化。下面截取主程序的一个梯级，如图 S3－9 所示。当初次上电(#FST_SCN)时，或者是手动切换到自动模式(xxy)时，或者是自动切换到手动模式(ssy)时，都要接通一个内存辅助位 fzw。这个辅助位是用于自动子程序的。

图 S3－9　主程序(部分)

手动程序梯形图如图 S3－10 所示，SB3 按钮用于控制装配冲压气缸，SB4 用于控制推小料柱气缸，SB5 用于顶住大料块，SB6 用于控制传送带起停，同时 SB6 还用于控制推大料块到旋转工作台上。

图 S3－10　手动控制子程序(部分)

图 S3－11 所示也是手动子程序的一部分，当按下 SB7 的时候，高速脉冲使能位(Enable)接通，起动位(Start)接通，方向位(DIR)接通，伺服电机起动带动工作台旋转。高速脉冲的频率是 1500 Hz，个数是 1875，正好旋转 90 度。

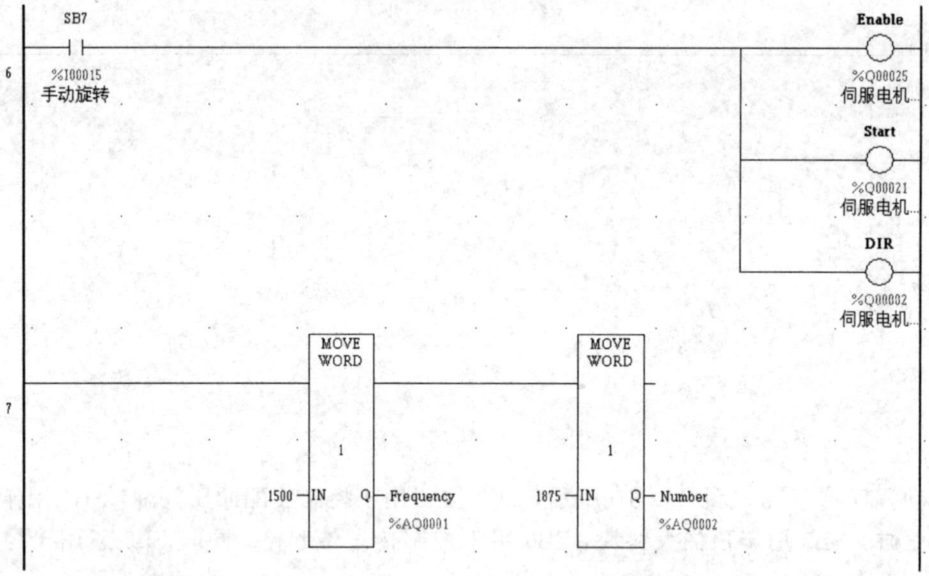

图 S3－11　手动控制工作台旋转

2. 多工位加工自动运行程序设计

图 S3－12 所示是工作台找原点的程序截图。用初始化时候接通的辅助位 fzw 起动高速脉冲使能位和起动位，同时发出高速脉冲的频率和个数，伺服电动机起动，带动工作台旋转，这里给的脉冲个数是 10000，其实只要是略大于旋转一圈的脉冲数(7500)就可以。

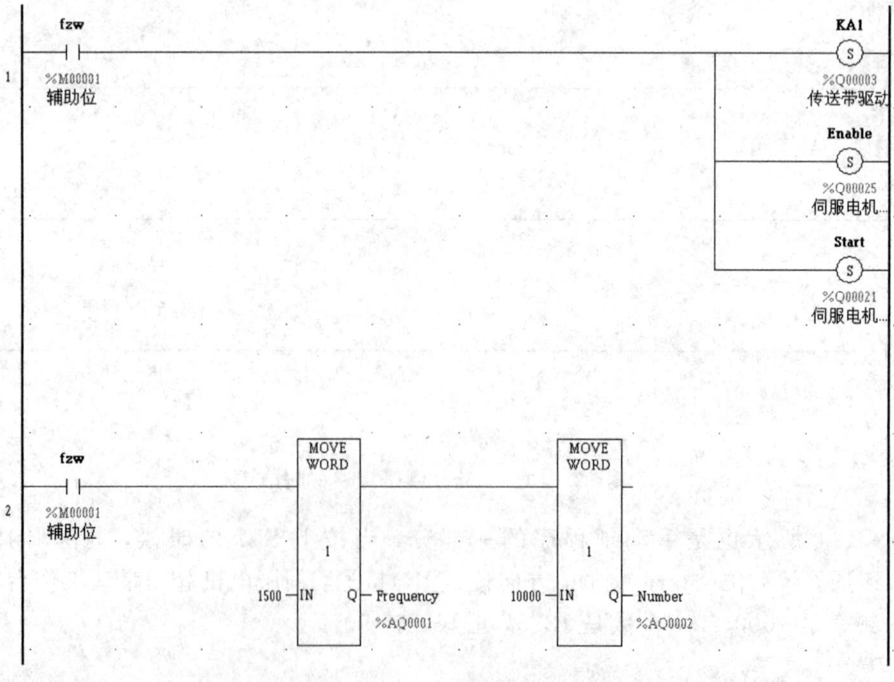

图 S3－12　工作台找原点

如图 S3－13 所示，伺服电动机驱动旋转台旋转到达工作台原点后，传感器 SQ2 发出信号，将高速脉冲复位，伺服电动机停止。如果传送带上的料块到达推料位置(SQ1 有信号)，这时 YV1 输出，推料气缸动作，将料块推入工作台的工位中，并接通下一个工序的辅助位 fzw1。

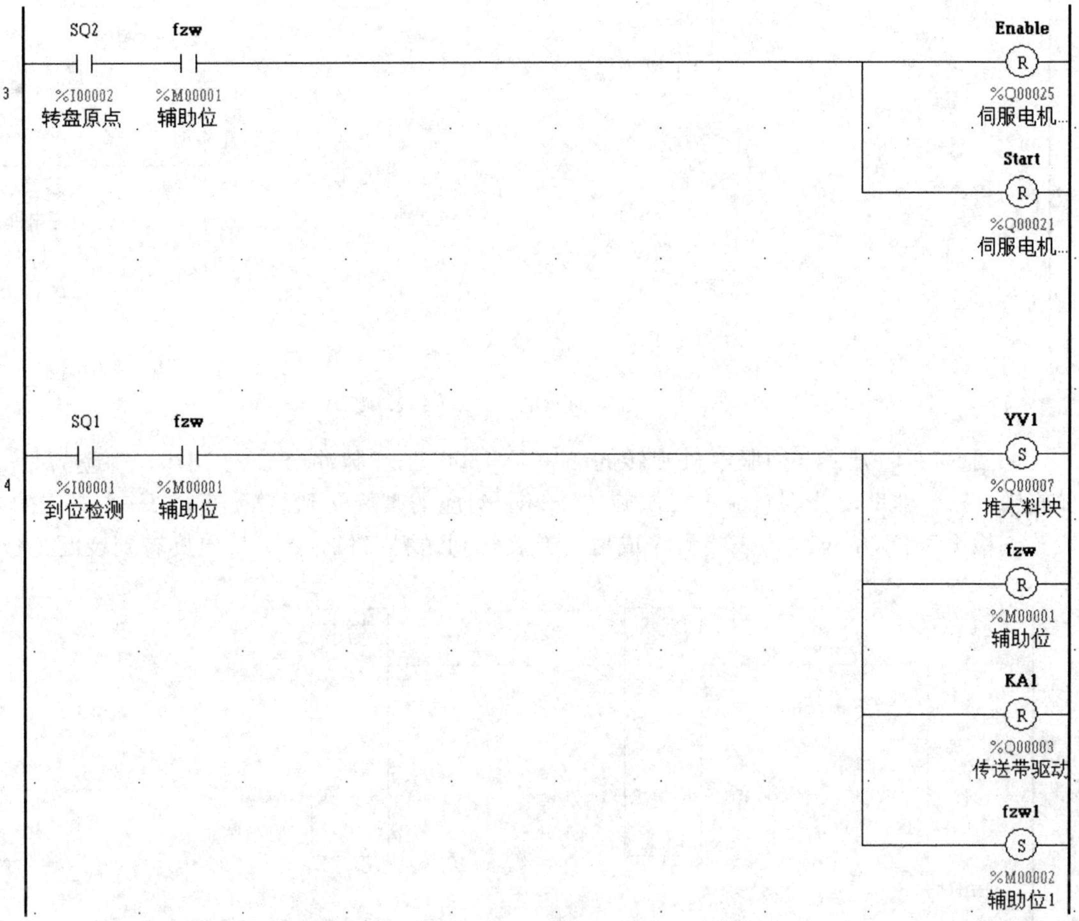

图 S3－13　工作台到原点

如图 S3－14 所示，辅助位 fzw1 接通定时器 Dsq，延时 2 s 后，再次接通高速脉冲起动伺服电动机，同时接通下一个辅助位 fzw0，使得工作台旋转 90 度，到下一个工位。

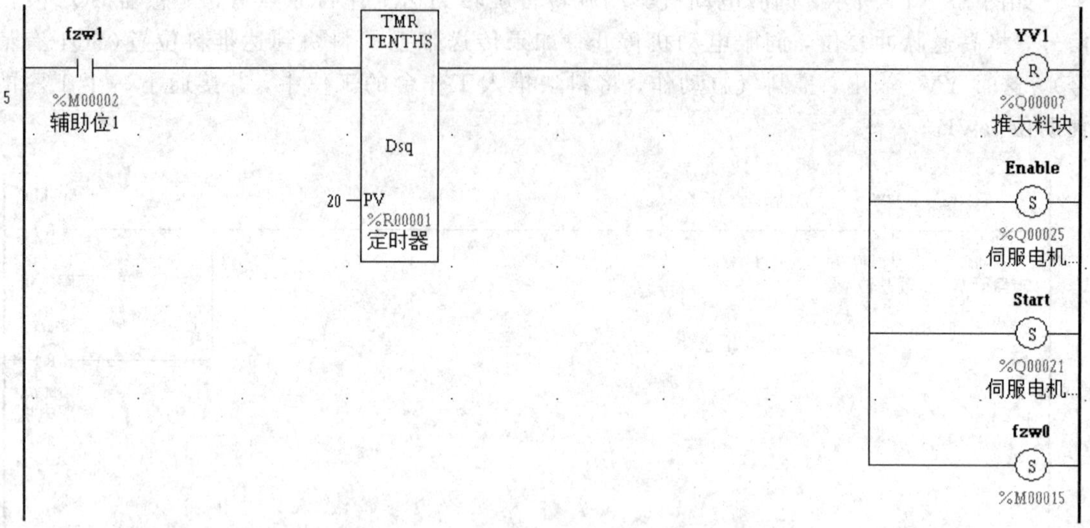

图 S3-14　起动伺服电机(旋转到装配工位)

如图 S3-15 所示，伺服电机旋转的频率是 1500 Hz，脉冲个数是 1875，对应的是 90 度旋转。三个辅助位分别对应了三次旋转，fzw1 对应的是旋转到装配工位，fzw8 对应的是旋转到检测工位，fzw10 代表检测完成后要么旋转到送料工位，要么反向旋转到装配工位。

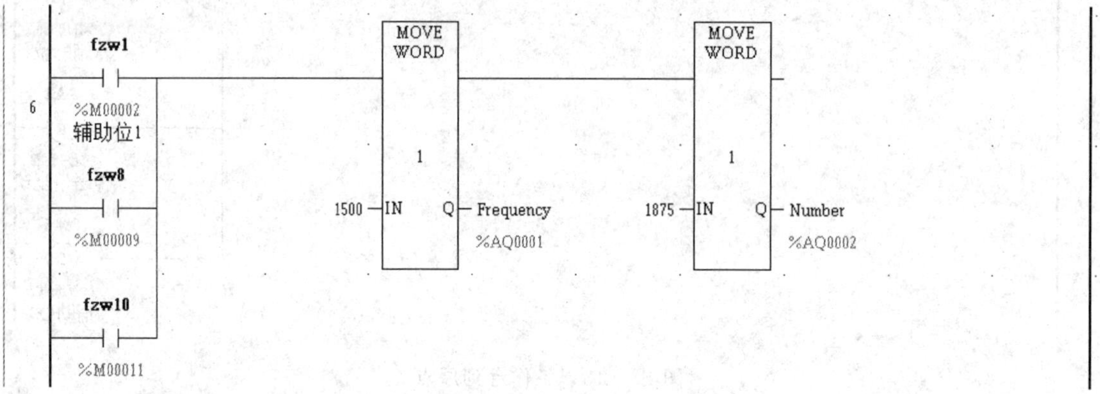

图 S3-15　高速脉冲的频率和个数

如图 S3-16 所示，MC 是高速脉冲的完成位，就是说，每次发出的高速脉冲走完以后，该位会接通一个周期。用辅助位 fzw2 的上升沿脉冲停止高速脉冲的使能位和起动位，从而停止工作台旋转。此时工作台已经到达装配工位，同时接通辅助位 fzw3 并复位辅助位 fzw0。

图 S3－16　停止高速脉冲

如图 S3－17 所示，辅助位 fzw3 接通定时器 Dsq2，延时 2 s，2 s 后接通辅助位 fzw4 并复位辅助位 fzw3。如果此时 SQ3 检测到供料塔中有料柱，则 YV2 输出，气缸推出，顶紧大料块，使得料块在装配位置准确定位。

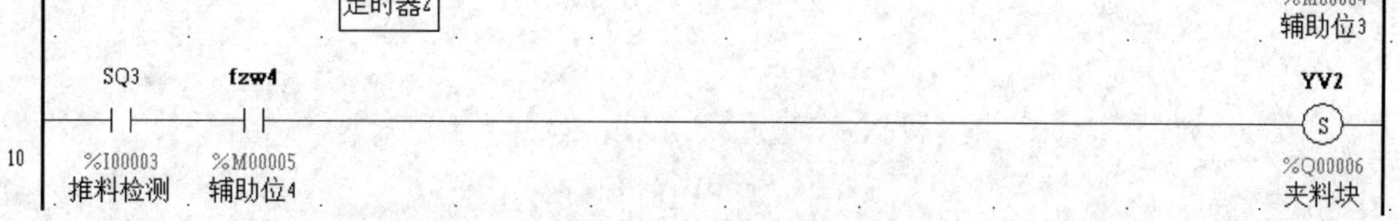

图 S3－17　延时 2 s 顶夹料块

如图 S3－18 所示，如果 SQ3 检测到供料塔中有小料柱，接通定时器 Dsq3，延时 2 s 后 YV4 输出，气缸动作将小料柱从供料塔中推出，同时复位辅助位 fzw4 并接通辅助位 fzw5。

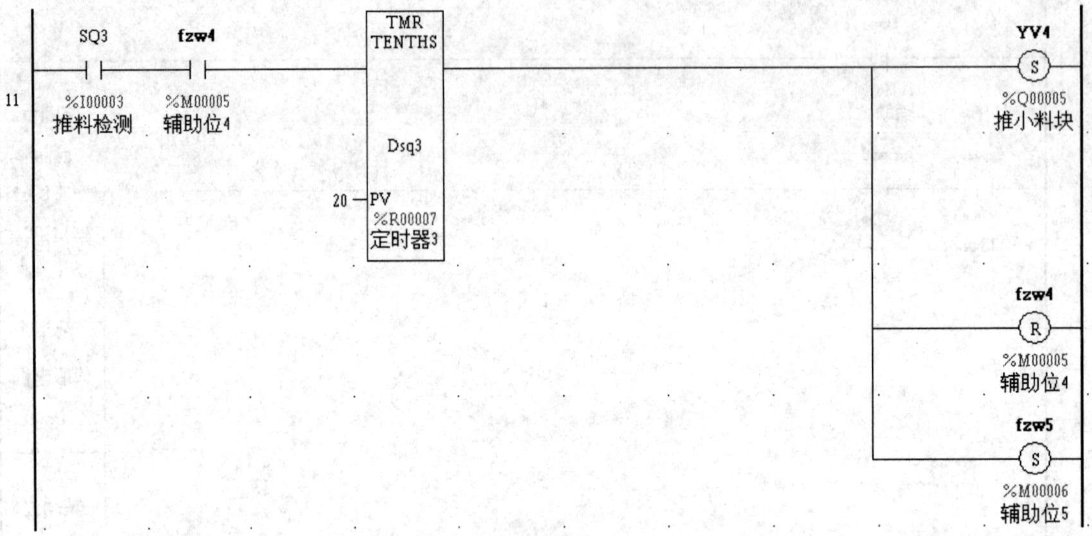

图 S3-18　延时 2 s 推小料柱

如图 S3-19 所示，定时器 Dsq4 延时 2 s 后，接通 YV3，将小料柱装入大料块内。

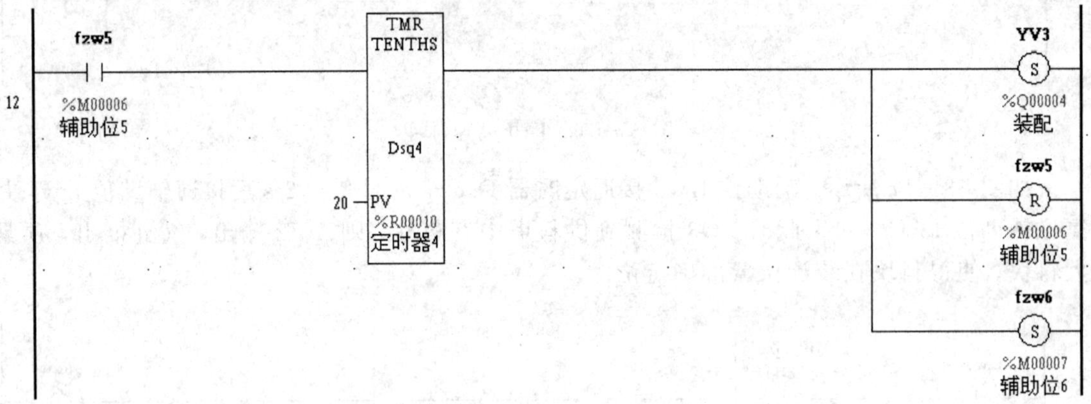

图 S3-19　延时 2 s 装配

如图 S3-20 所示，辅助位 fzw6 接通定时器 Dsq5，延时 2 s 后复位 YV2 和 YV4，撤回推料柱和顶料块的气缸。同时辅助位 fzw6 复位，fzw7 置位。

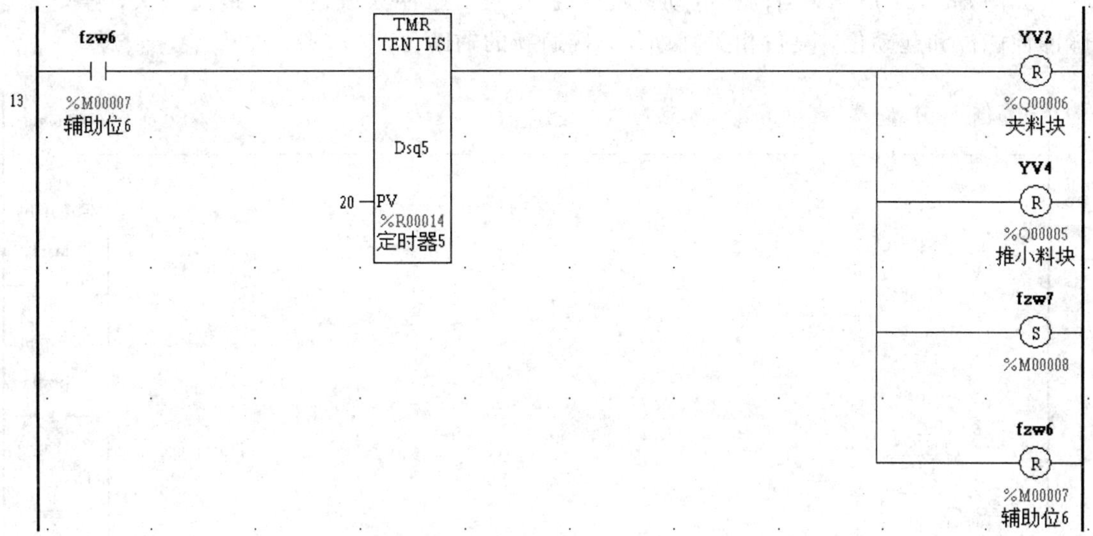

图 S3－20　延时 2 s 撤回气缸

如图 S3－21 所示，辅助位 fzw7 接通定时器 Dsq6，延时 2 s 后 YV3 复位，撤回装配气缸。同时辅助位 fzw7 复位，fzw8 置位，然后接通定时器 Dsq7，延时 2 s 后再次接通高速脉冲，起动伺服电动机，旋转 90 度。

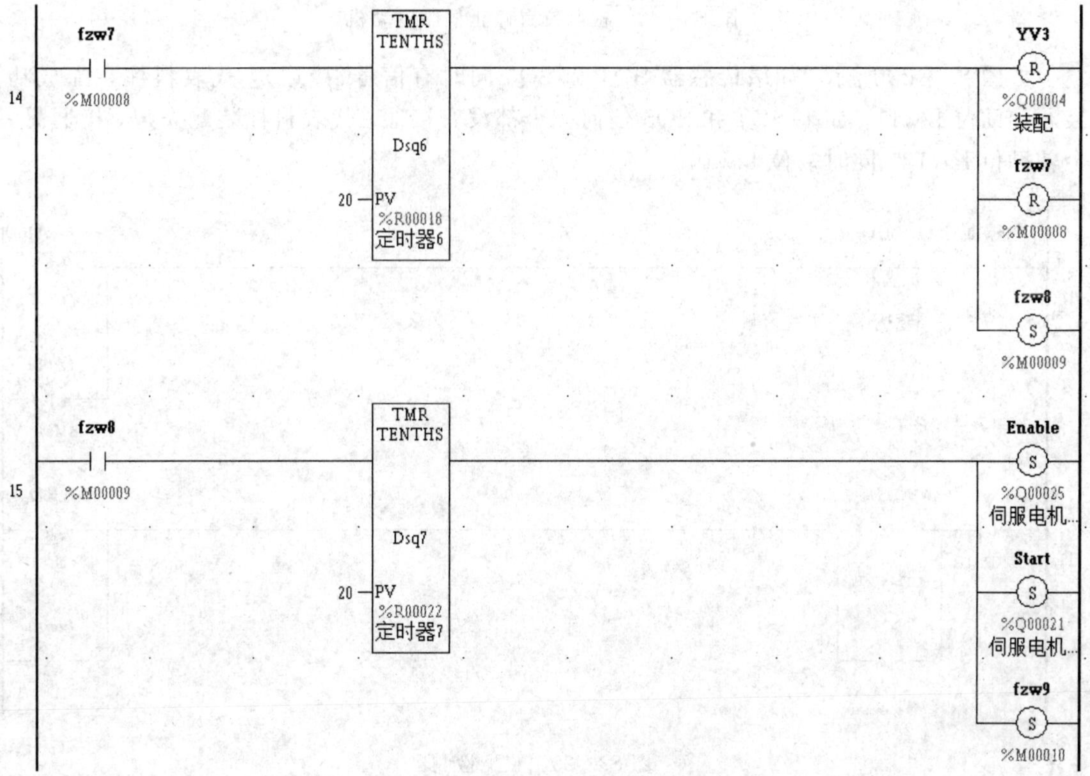

图 S3－21　延时 2 s 撤回装配气缸并起动伺服

如图 S3－22 所示，当伺服电动机旋转完 90 度，脉冲完成位 MC 接通一次，停止高速脉冲使能位和起动位，复位相关辅助位，接通新的辅助位。

图 S3－22　检测位置停止伺服电动机

如图 S3－23 所示，如果传感器 SQ4 和 SQ5 同时有信号(接通)，代表料柱装配成功，接通辅助位 fzw11；如果 SQ4 和 SQ5 任何一个都没有接通，代表料柱装配失败，接通另一个辅助位 fzw12，同时复位 fzw10。

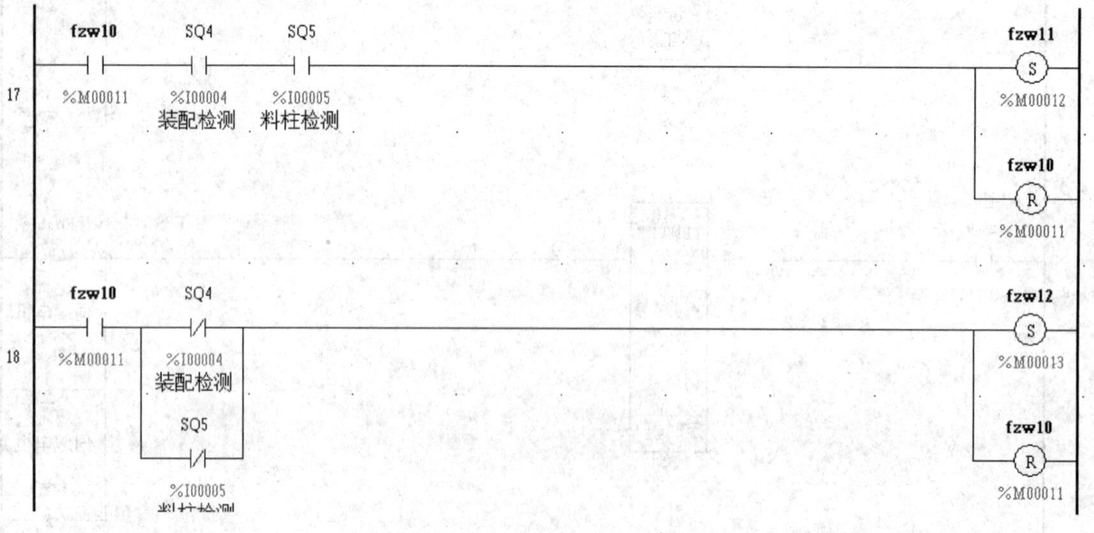

图 S3－23　装配检测

如图 S3－24 所示，检测到装配成功后，fzw11 接通定时器 Dsq8 延时 2 s，然后接通高速脉冲起动伺服电动机顺时针旋转90度，到达终点送料工位，同时接通辅助位fzw13。

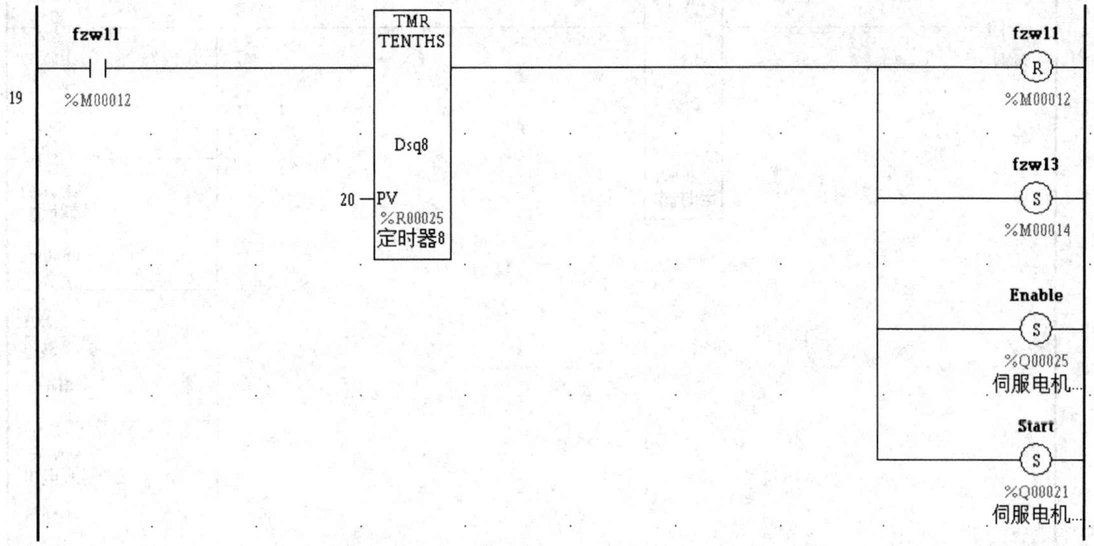

图 S3-24 装配检测成功后延时2 s起动伺服

如图 S3-25，当工作台旋转到送料工位时，脉冲完成位MC接通一次，复位高速脉冲使能位和起动位，并置位辅助位fzw，该辅助位是用来控制工作台找原点的，将会使自动程序从头开始进行下一轮的循环。

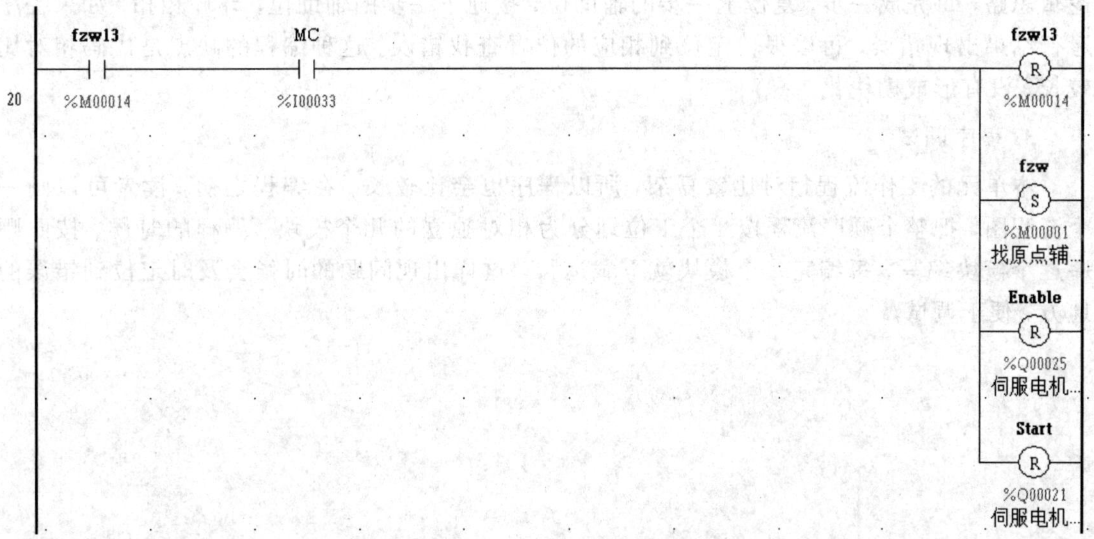

图 S3-25 到达送料工位后停止伺服电动机

如图 S3-26 所示，如果检测到装配失败，延时2 s后起动伺服电动机，逆时针旋转90度，再次到达装配工位，接通辅助位fzw3，重新进行装配。

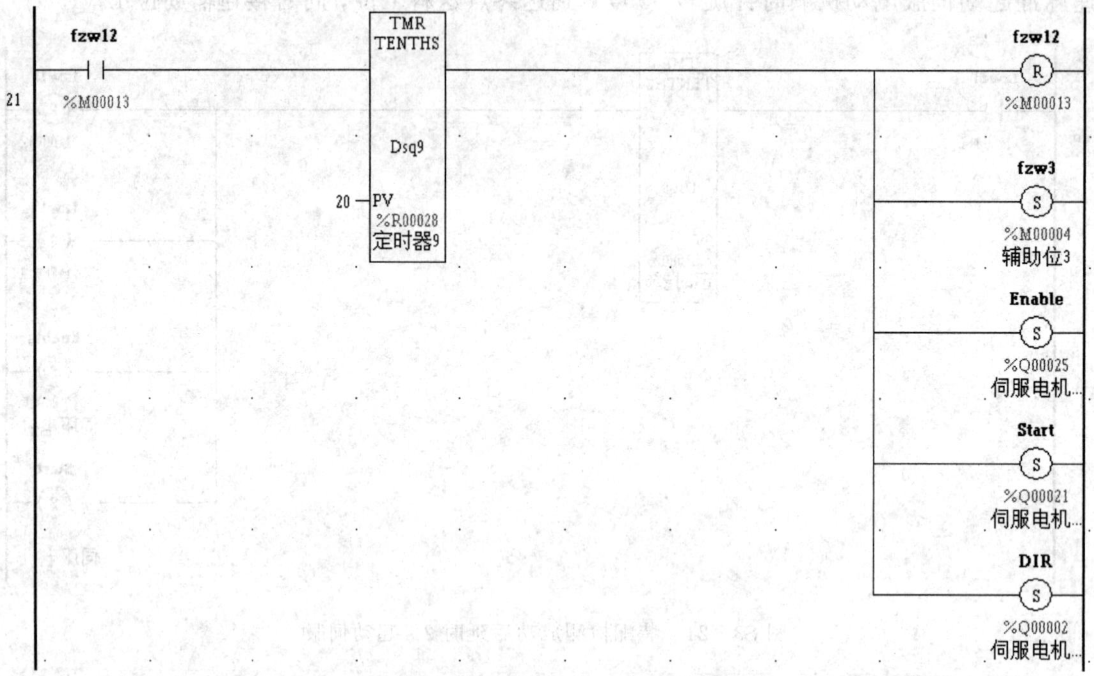

图 S3－26　逆时针旋转 90 度回到装配位

程序到这里就分析结束了。这种每一次启用一个辅助位的控制方式，属于顺序编程的逻辑思路，每完成一步，复位上一步的辅助位，接通下一步的辅助位，环环相扣。如果程序运行结果出现错误，可以很快定位到相应的位置查找错误。这种编程的缺点是代码相对比较长，没有形成模块化。

3. 程序调试

本单元的工作流程相对比较复杂，所以程序也会比较长。在编程之初，读者可以画一个流程图，把整个顺序流程按 4 个工位划分为相对独立的几个模块。编程的时候，按照顺序逐个模块编写，每编完一个模块就下载运行，这样出现问题的时候会及时定位到错误的地方，便于调试。

项目 4　表面处理单元设计与调试

工业生产中，表面处理工艺主要包含预处理、电镀、化学镀、化学转化膜、表面涂敷、金属的着色和染色、气相沉积等方面。在自动线中，是由多工位加工单元传送带把加工完的料块传输给表面处理单元，进行相应的表面加工。

任务 4.1　认识表面处理单元

表面处理单元主要完成工件的自动喷漆、电镀、煮黑等工艺，如图 S4－1 所示。

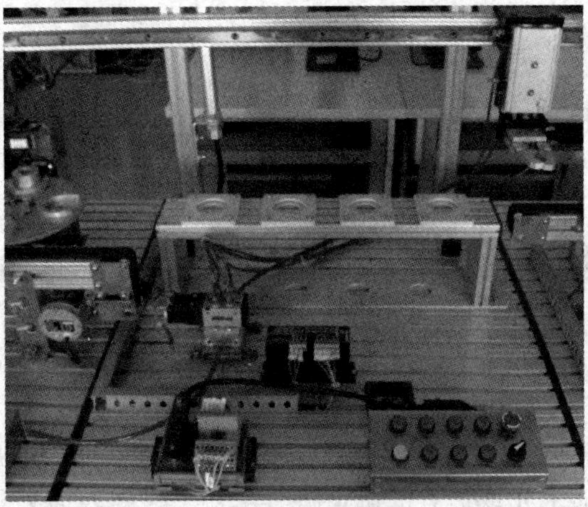

图 S4－1　表面处理单元实物图

下面我们来认识一下表面处理单元的主要结构组成。

1. 框架式底板及支架

框架式底板及支架由不锈钢网孔板、型材基体组成。其工作台尺寸为 500 mm×660 mm×1500 mm。

2. 系统调试维修控制单元

系统调试维修控制单元包括急停保护装置以及手/自动切换开关、点动控制按钮。

3. 可编程控制器接口单元

可编程控制器接口单元包括 GE VersaMax PLC 的相应模块。

4. 表面处理工作台

表面处理工作台由清洗槽工作台、回收液槽工作台、镀槽工作台、中转台等四个工位组成。

5. 直线行走搬运装置

直线行走搬运装置由直线行走机构、抓取机构、步进电机等组成。步进电机采用57BYG系列混合式步进电动机，电流为1.5A/相，步距角为0.9度/1.8度，如图S4-2所示。抓取机构由抓手气缸、升降气缸、电磁阀等组成，可完成货物的抓取、上下移动等功能。

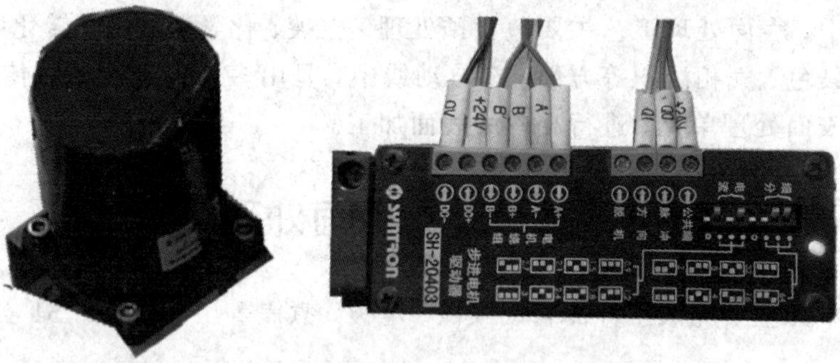

图S4-2　步进电机及驱动器

注：由于多数部件和其他单元一模一样，此处就不再放图片了。

练一练：面对表面处理单元的实物，认真识别每一个元件组成部分。

任务4.2　表面处理单元的控制

针对表面处理单元的结构特点，下面给出其典型的设备运行控制要求与操作运行流程。

(1) 系统自检搬运机械手是否在原点，如果不在原点则回到原点；

(2) 当上一个单元加工完成后，机械手将其取出，移到表面处理一工位。

(3) 在第一工位，对料块进行表面处理。

(4) 处理完成后机械手将其转移至下一个工位处，进行表面处理。

(5) 依次完成4个工件的工艺处理后将其移至下一个单元的传送带处。

(6) 当下一个单元的传送带移走货料后，机械手回到原点，等待下一个任务。

练一练：读者可根据表面处理单元的结构和自动运行的控制要求进行分析，确定本单元的输入元件和输出元件。

任务4.3　表面处理单元技能训练——硬件设计

子任务一：填写表面处理单元清单表

读者可参考前面内容自行对元器件进行选型，并列出清单表。

子任务二：设计表面处理单元的PLC I/O地址分配表

读者在确定出输入元件和输出元件的I/O地址以及符号后，可自行补全表S4-1中的空白部分。

表 S4－1　表面处理单元 PLC I/O 地址分配表

序号	设备名称	功能描述	I/O 地址	I/O 符号
1	反射式光电开关	工作台原点检测		
2	反射式光电开关	工作台限位检测		
3	按钮	紧急停机		
4	按钮	自动/手动切换		
5	按钮	手动机械手下降		
6	按钮	手动夹紧控制		
7	按钮	手动机械手后退		
8	按钮	手动机械手前进		
9	步进驱动器脉冲	控制步进电动机运行		
10	步进驱动器方向	控制步进电动机方向		
11	电磁阀	机械手上升		
12	电磁阀	机械手夹紧		
13	绿色灯	运行指示灯		
14	黄色灯	报警指示灯		

子任务三：绘制表面处理单元的 PLC I/O 接线图

图 S4－3 所示是表面处理单元的 PLC 的 I/O 参考接线图。读者可使用 Visio 软件，参考下图，画出本单元 PLC 接线原理图。

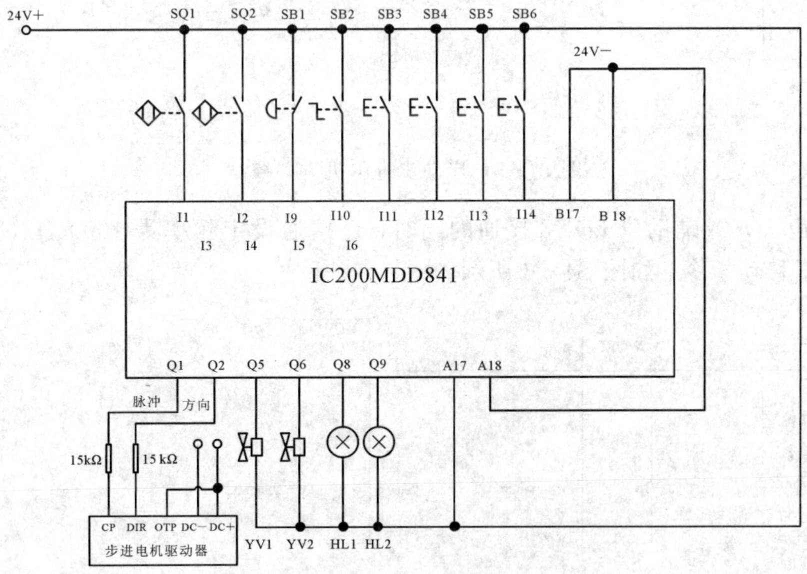

图 S4－3　表面处理单元 PLC 接线原理图

任务 4.4 表面处理单元技能训练——程序设计与调试

表面处理单元中用到了步进电动机，它是通过步进驱动器来驱动的。其驱动原理和上一单元伺服驱动器的驱动原理基本一致，也是采用 PTO 高速脉冲进行驱动的。

本单元主程序和手动子程序读者自行完成。

1. 自动运行子程序分析

当辅助位 fzw 接通或辅助位 fzw56 接通时，传感器 SQ1 常闭触点形成互锁，步进电机使能位(enable)和步进电机启动线圈(start)接通，如图 S4-4 所示。

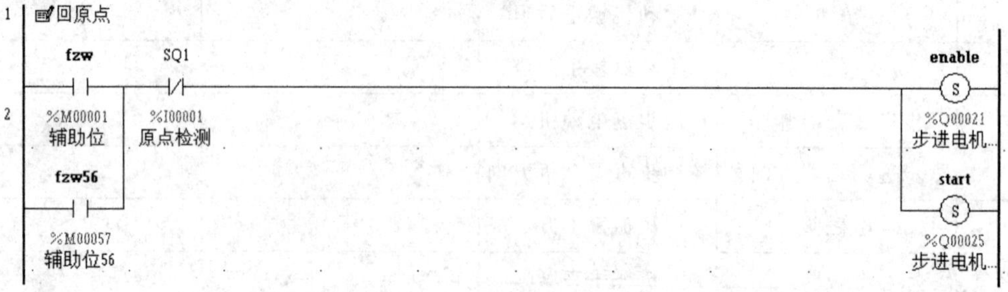

图 S4-4 启动步进电机

当辅助位 fzw 接通或辅助位 fzw56 接通时，上述步进电机使能位和启动线圈接通的同时步进驱动方向位(dir)接通，机械手左移，如图 S4-5 所示。

图 S4-5 启动步进电机方向控制

当辅助位 fzw 或辅助位 fzw56 接通的同时，还接通设定频率为 1000 Hz，脉冲数量为 15000 的数据移动指令，如图 S4-6 所示。

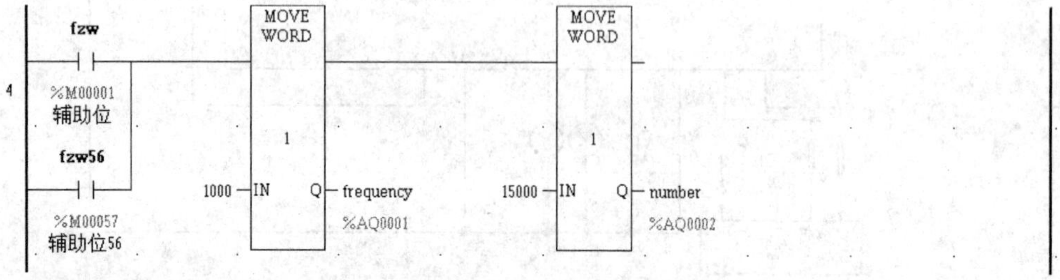

图 S4-6 设置步进电机脉冲和频率

当机械手到达原点，它的传感器 SQ1 接通，步进电机允许(enable)断开，步进电机启动(start)断开，辅助位 fzw 断开，辅助位 fzw1 接通，辅助位 fzw52 断开，步进驱动方向位 dir 断开，辅助位 fzw56 断开，如图 S4－7 所示。

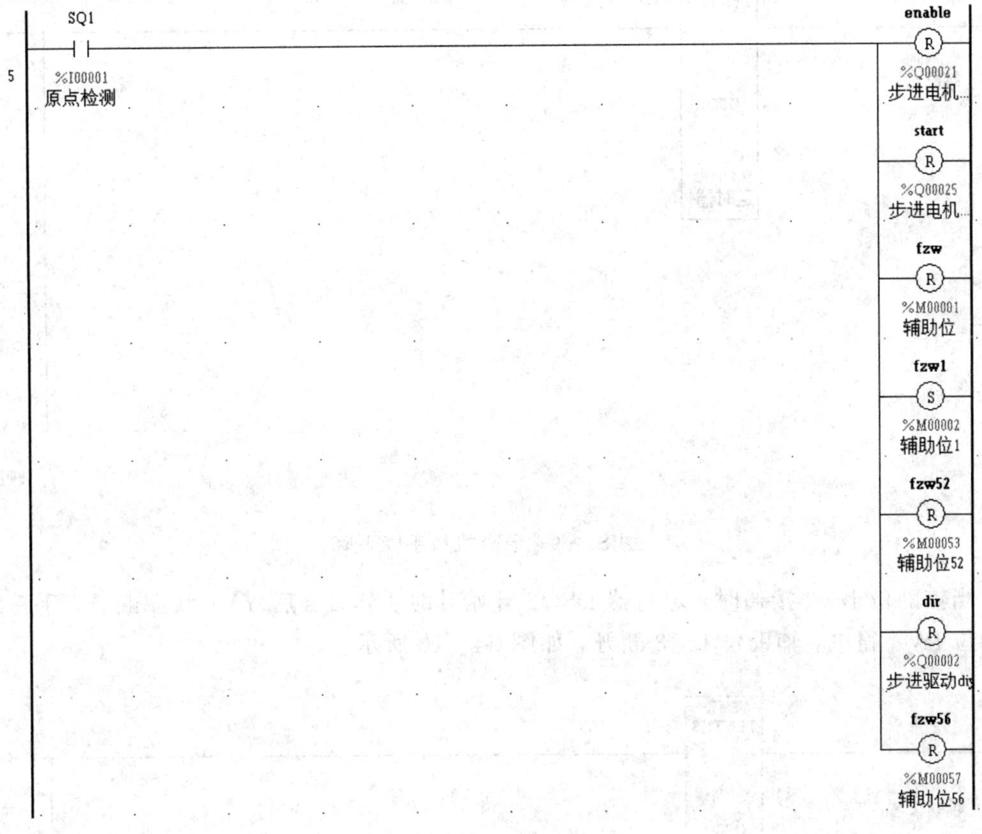

图 S4－7　原点停止并接通辅助位

当辅助位 fzw1 接通时，定时器 DSQ 开始计时 1 s，1 s 后 YV2 线圈得电，手爪张开，辅助位 fzw2 得电，辅助位 fzw1 断开，如图 S4－8 所示。

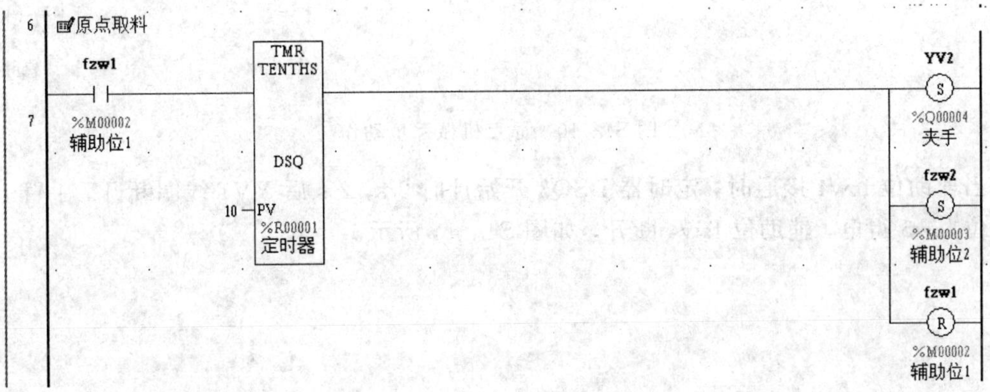

图 S4－8　原点机械手动作

当辅助位 fzw2 接通时，定时器 DSQ1 开始计时 1 s，YV1 线圈得电，机械手臂下降，辅助位 fzw3 得电，辅助位 fzw2 断开，如图 S4 - 9 所示。

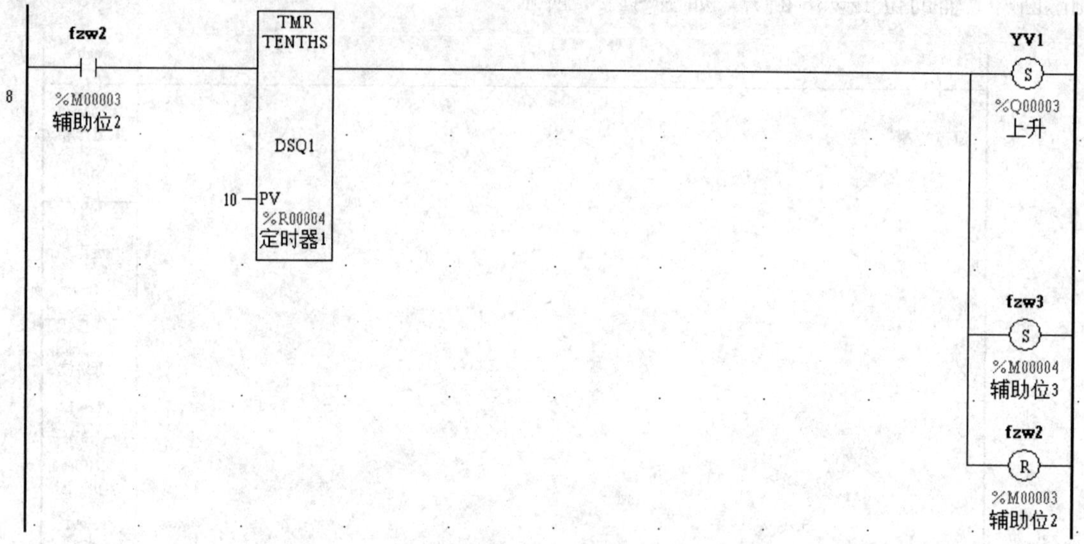

图 S4 - 9　原点机械手臂下降

当辅助位 fzw3 接通时，定时器 DSQ2 开始计时 1 s，1 s 后 YV2 线圈断开，手爪缩合，辅助位 fzw4 得电，辅助位 fzw3 断开，如图 S4 - 10 所示。

图 S4 - 10　原点机械手爪动作

当辅助位 fzw4 接通时，定时器 DSQ3 开始计时 2 s，2 s 后 YV1 线圈断开，手臂上升，辅助位 fzw5 得电，辅助位 fzw4 断开，如图 S4 - 11 所示。

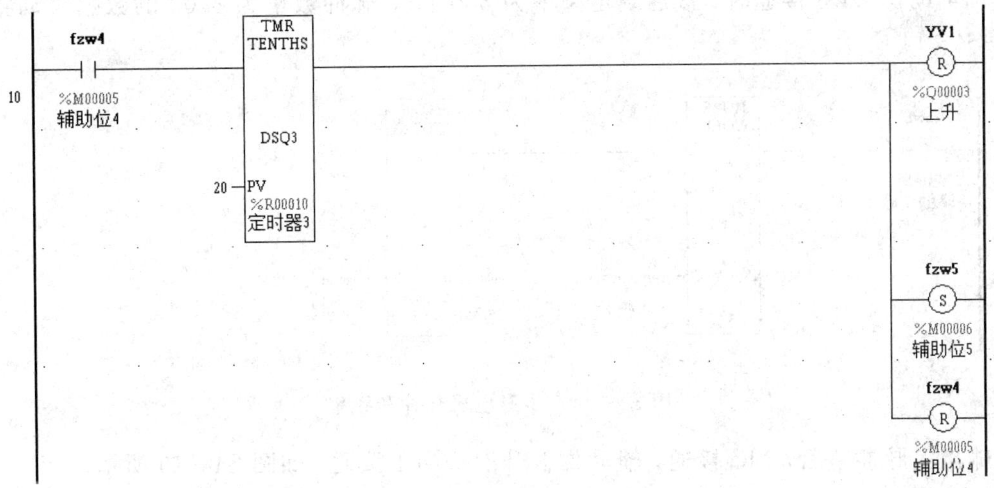

图 S4－11　原点手臂上升

当辅助位 fzw5 接通时，定时器 DSQ4 开始计时 1 s，1 s 后辅助位 fzw6 得电，辅助位 fzw5 断开，如图 S4－12 所示。

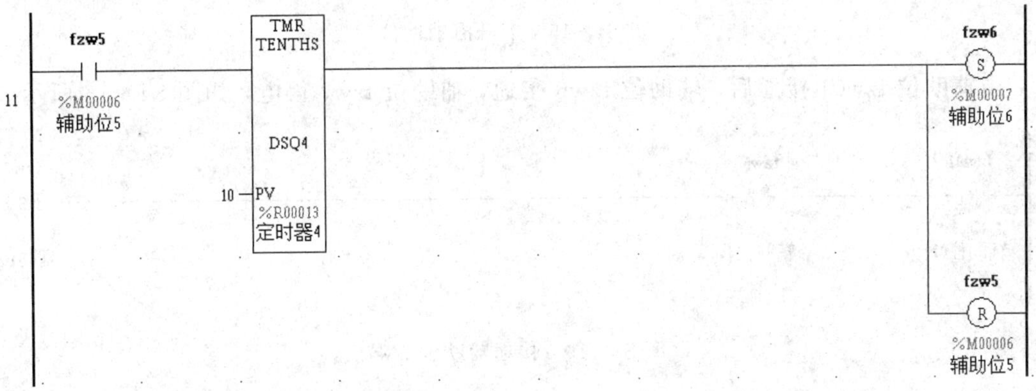

图 S4－12　延时接通辅助位

当辅助位 fzw6 接通时，步进电机允许线圈得电，步进电机启动线圈得电，如图 S4－13 所示。

图 S4－13　原点启动步进电机

当辅助位 fzw6 接通时，接通设定频率为 500 Hz，脉冲数量为 3400 的数据移动指令，如图 S4－14 所示。

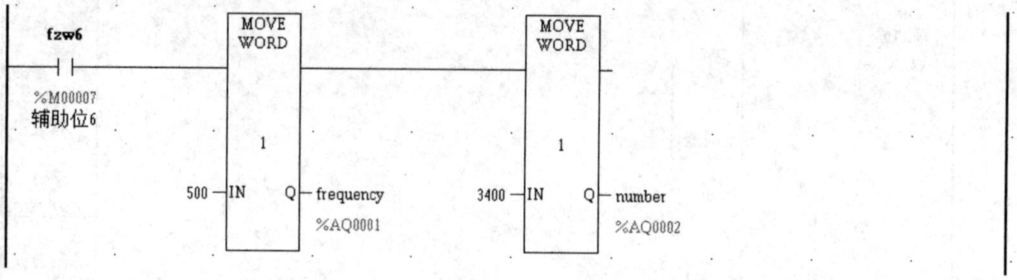

图 S4－14　步进电机脉冲和频率

输出完脉冲量后，MC 接通，辅助位上升沿 fzw01 接通，如图 S4－15 所示。

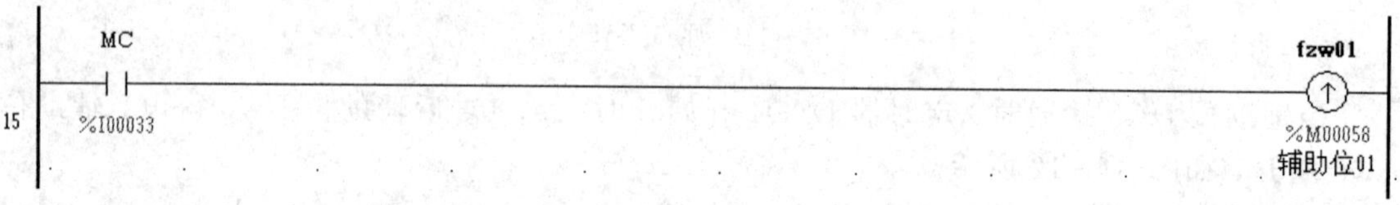

图 S4－15　上升沿辅助位

当辅助位 fzw01 接通后，辅助位 fzw6 接通，辅助位 fzw7 得电，如图 S4－16 所示。

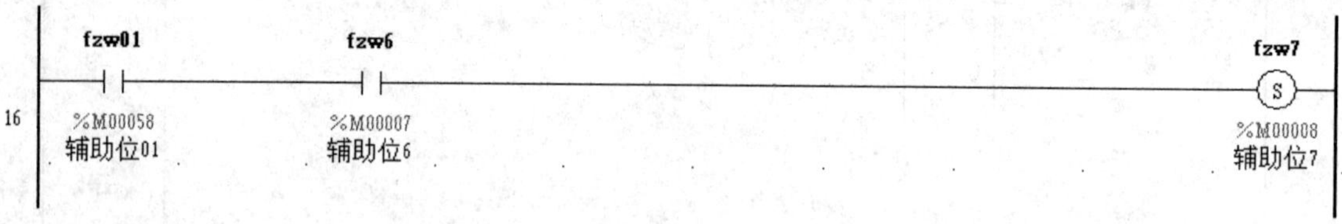

图 S4－16　接通辅助位 fzw7

当到达第一工位后，辅助位 fzw01 接通，辅助位 fzw6 接通，步进电机允许线圈断开，步进电机启动线圈断开，辅助位 fzw6 断开，如图 S4－17 所示。

图 S4－17　一工位停止步进电机

当辅助位 fzw7 接通时，定时器 DSQ5 计时 1 s，1 s 后 YV1 线圈得电，手臂下降，辅助位 fzw8 得电，如图 S4 - 18 所示。

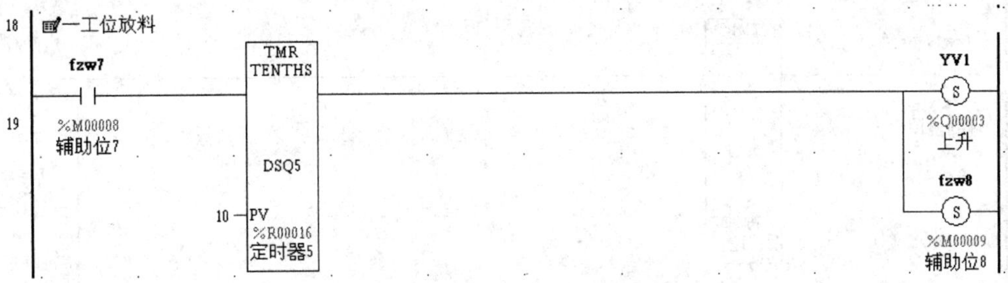

图 S4 - 18　一工位手臂下降

当辅助位 fzw8 接通时，定时器 DSQ6 开始计时 1 s，1 s 后 YV2 线圈得电，手爪张开，辅助位 fzw7 断开，辅助位 fzw8 断开，辅助位 fzw9 得电，如图 S4 - 19 所示。

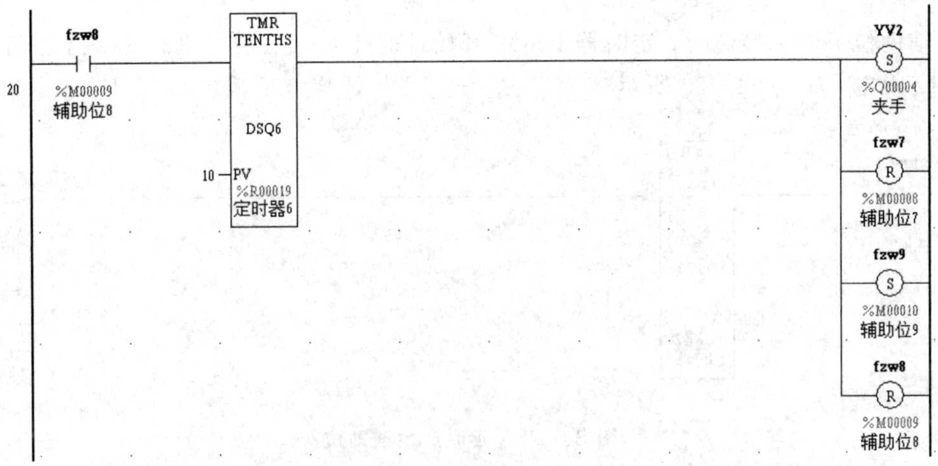

图 S4 - 19　一工位手爪张开

当辅助位 fzw9 接通时，定时器 DSQ7 开始定时 1 s，1 s 后 YV1 线圈断开，手臂上升，辅助位 fzw9 断开，辅助位 fzw10 得电，如图 S4 - 20 所示。

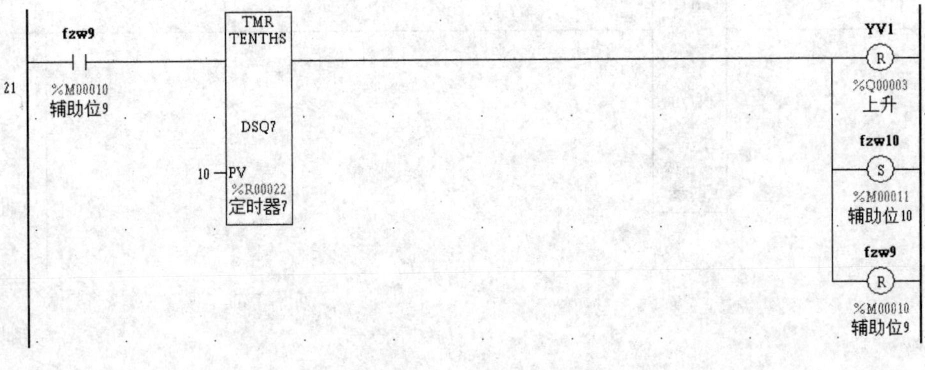

图 S4 - 20　一工位手臂上升

当辅助位 fzw10 得电时，定时器 DSQ8 开始定时 1 s，1 s 后 YV2 线圈断开，手爪缩合，辅助位 fzw10 断开，辅助位 fzw11 得电，如图 S4－21 所示。

图 S4－21　一工位手爪加紧

当辅助位 fzw11 接通时，定时器 DSQ9 开始计时 1 s，1 s 后辅助位 fzw11 断开，辅助位 fzw12 得电，如图 S4－22 所示。

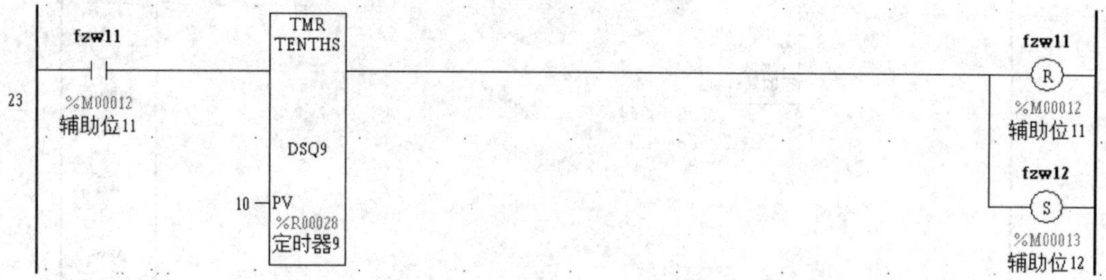

图 S4－22　延时产生辅助位

当辅助位 fzw12 接通，定时器 DSQ10 开始计时 1 s，1 s 后 YV2 线圈得电，手爪张开，辅助位 fzw12 断开，辅助位 fzw13 得电，如图 S4－23 所示。

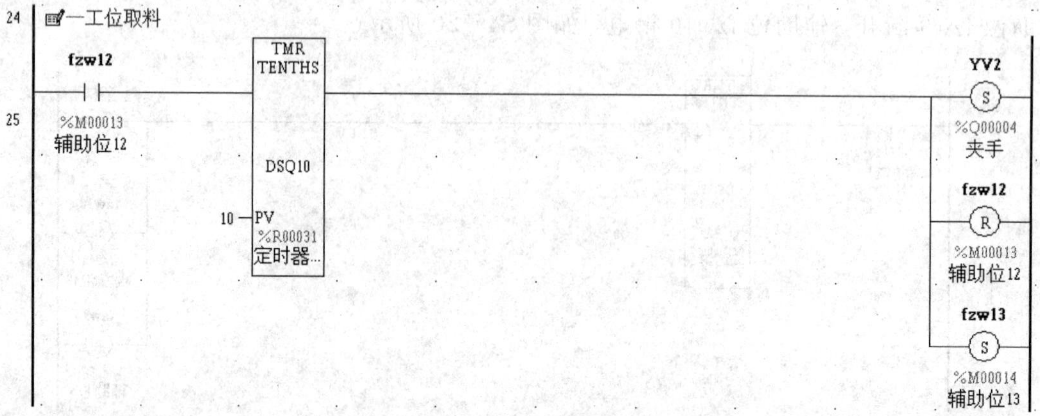

图 S4－23　延时手爪张开

当辅助位 fzw13 接通时，定时器 DSQ11 开始计时 1 s，1 s 后 YV1 线圈得电，手臂下降，辅助位 fzw13 断开，辅助位 fzw14 得电，如图 S4－24 所示。

图 S4－24　延时手臂下降

当辅助位 fzw14 接通时，定时器 DSQ12 开始计时 1 s，1 s 后 YV2 线圈断开，手爪缩合，辅助位 fzw14 断开，辅助位 fzw15 得电，如图 S4－25 所示。

图 S4－25　延时手爪缩合

因为程序较长，就不再继续截图分析了，读者自行完成后续的程序。

2. 程序调试

配置 CPU 模块的 IP 地址，连接 PLC，下载程序，使用 SB2 切换手动自动模式，观察自动运行的工作情况。如果不符合控制要求，根据症状判断可能出现问题的位置，进行局部程序修改，并下载运行。

项目 5　加热单元设计与调试

经过表面加工后的料块，需要进行加热处理，所以下一个要进行设计的单元就是加热单元。加热单元的功能是用传送带将上一个单元送来的工件送至加热炉的加热区，并通过PLC 进行加热控制将工件加热到指定的温度，保温一定时间后，再启动传送带将工件送至下一单元。

任务 5.1　认识加热单元

加热单元主要由可编程控制器及其接口模块、Pt100 热电阻温度传感器及电阻-电压转换模块(温度变送器)、加热电压驱动模块(光电隔离单相调压模块)、加热炉及电阻加热器、传送带等部分组成。加热单元外观图如图 S5-1 所示。

图 S5-1　加热单元外观图

下面介绍加热单元的主要结构和组成。

1. 框架式底板和支架

框架式底板和支架构成的工作台由不锈钢网孔板、型材基体等组成。其工作台尺寸为500 mm×660 mm×1500 mm。

2. 系统调试维修控制单元

系统调试维修控制单元主要用于操作人员通过按钮进行正常生产操作；调试或维修时，进行手动/自动状态的切换；在出现安全事故或其他必要情况下紧急停车等。它包括手动/自动切换开关、急停按钮和点动控制按钮等。

3. 加热炉

加热炉由炉体、屏蔽炉丝、温度传感器、隔热层、型材基体等组成。图 S5-2 所示是加热炉内的元件，包括屏蔽加热炉丝、温度传感器、温度变送器以及调压模块。

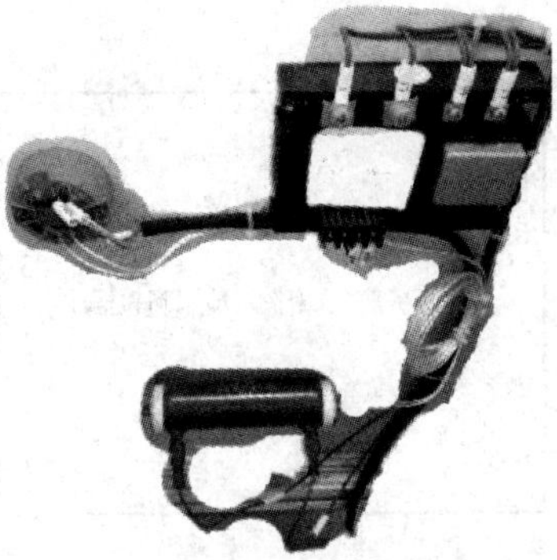

图 S5-2　屏蔽加热炉丝及温度传感器变送器

4. 传送带

传送带由平行带、交流电机、同步带张紧装置、动力驱动装置、型材基体等组成。

5. 可编程控制器

可编程控制器采用 VersaMax PLC 的离散量模块以及模拟量输入模块和模拟量输出模块。

认一认：打开加热炉区的上盖，认识一下温度传感器、变送器、调压器以及热电阻。认识一下 PLC 的 5 个模块，注意型号和参数。

任务 5.2　加热单元的控制

系统对加热单元的自动运行控制要求如下：

(1) 当上一个单元将工件移至传送带后，传送带开始运行。

(2) 当光电传感器检测到有工件进入时，延迟一段时间后传送带停止运行，工件进入加热炉的加热区。

(3) 系统根据触摸屏上的设定值，自动进行温度调节，当温度达到指定值并保温一定时间后，传送带再次启动运行，将工件送到出料口。

(4) 在系统加热过程中，触摸屏上会显示当前的温度值。

(5) 如需中途停止加热，也可通过触摸屏上的手动按钮驱动传送带运行，将工件移出。

练一练：分析控制要求，确定出输入元件和输出元件。

任务 5.3　加热单元技能训练——硬件设计

子任务一：绘制加热单元的 PLC I/O 接线图

根据系统的分析，设计出各个元件和接口电路之间的接线原理图。

1. 调压模块 0～5 V 电压输入接线图

图 S5-3 所示为调压模块的接线原理图。A0＋和 A0－连接到 PLC 的模拟量输出模块的输出端，其中 1/2/3/4 端子是将 220V 交流电压经过调压输出，连接到热电阻的两端。

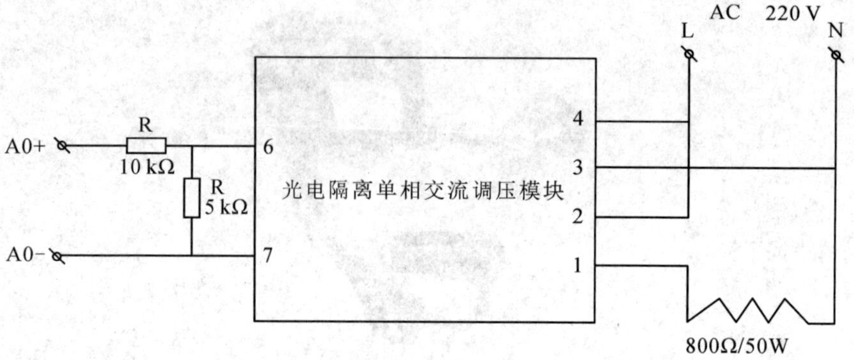

图 S5－3　输出调压模块接线图

2. 加热单元 PLC 接线图

图 S5－4 所示为 PLC 的 I/O 离散量混合模块与各个开关量输入/输出点的接线原理图。

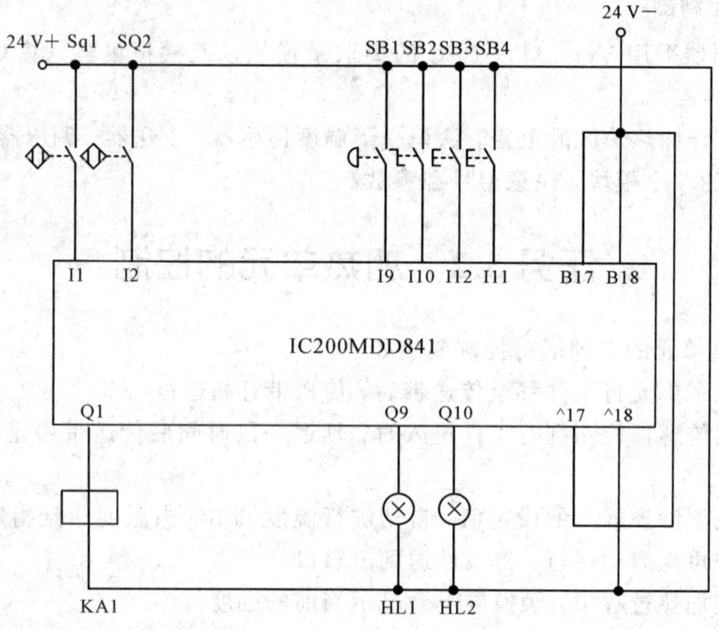

图 S5－4　PLC 的 I/O 接线原理图

子任务二：设计加热单元的 PLC I/O 地址分配表

读者可根据项目的分析，参考图 S5－4，自行完成加热单元的 PLC I/O 地址分配表的空白部分，如表 S5－1 所示。

表 S5－1　加热单元的 PLC I/O 地址分配表

序号	设备名称	功能描述	I/O 地址	I/O 符号
1	反射型光电传感器	来料检测		
2	反射型光电传感器	到位检测		

续表

序号	设备名称	功能描述	I/O 地址	I/O 符号
3	温度传感器	温度采集		
4	按钮	紧急停机		
5	按钮	自动/手动切换		
6	按钮	手动传送带起动		
7	按钮	手动加热		
8	输出	传送带驱动		
9	调压输出	加热电压		
10	绿色灯	运行指示灯		
11	黄色灯	报警指示灯		

任务 5.4　加热单元技能训练——程序设计与调试

练一练：打开 PME 软件，创建一个新工程，命名为 Unit_5，添加控制器、硬件配置及 PLC I/O 模块，结果如图 S5-5 所示。其中 Slot2 模块型号是 IC200ALG240，这是一个模拟量输入模块，分辨率是 16 位，共 8 路模拟量输入通道，用于接收温度传感器 Pt100 的输入信号，检测加热炉区的温度值。Slot3 模块型号是 IC200ALG326，它是一个模拟量输出模块，分辨率是 16 位，支持 8 通道电压电流输出，用于控制调压模块，通过调压模块来控制加热炉的温度。

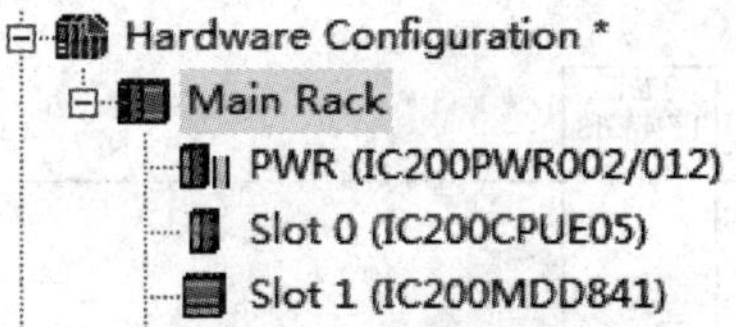

图 S5-5　加热单元模块配置

使用 PME 软件配置完模块以后，开始创建变量表。这里要增加两个 INT 型变量，一个是温度传感器，设置 I/O 地址为%AI0014，另一个是调压输出变量，设置 I/O 地址为%AQ0021。

本单元的主程序和手动子程序由读者自行设计。

下面进行自动子程序的分析。

图 S5-6 所示梯级 1 中，当 SQ1 传感器检测到有信号以后，传送带起动，并产生一个运行辅助位 YunXing。梯级 2 中，当传送带起动以后延时 4 s，4 s 后传送带停止运行；梯级 3 中，当检测到料块以后，将设定温度 1 写入输出调压地址单元。

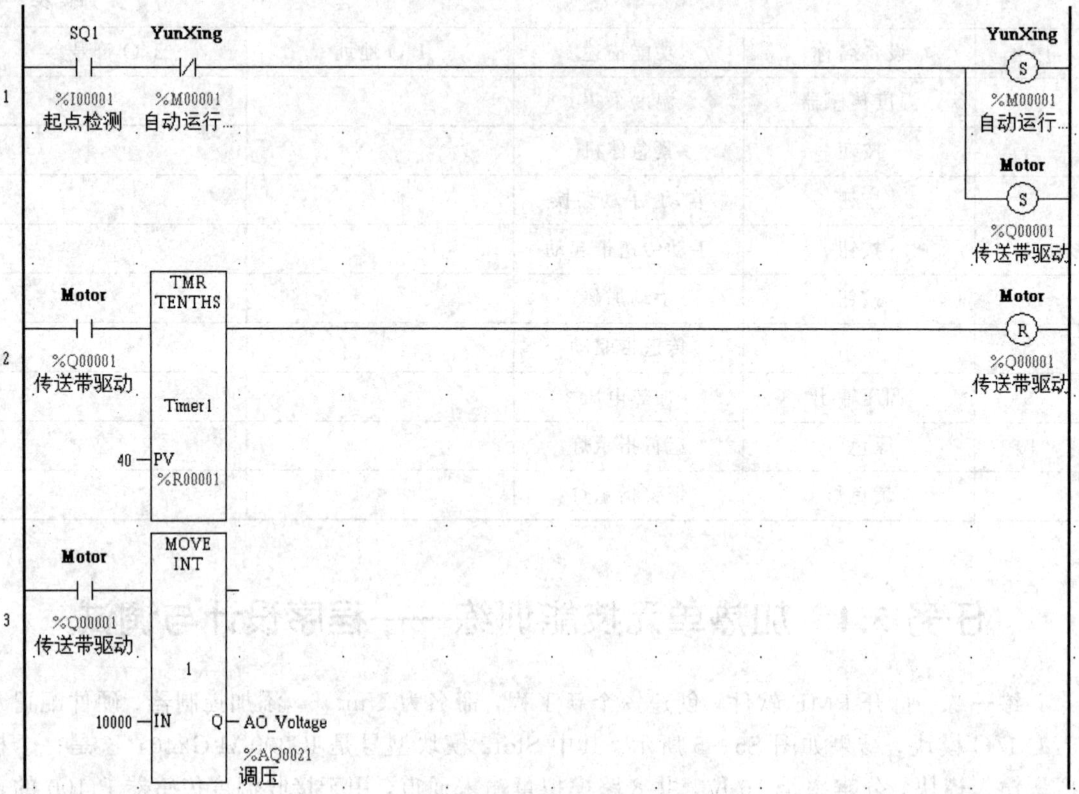

图 S5－6　自动子程序(a)

图 S5－7 自动子程序(b)所示梯级 4 中，通过比较指令，当温度达到 90℃左右的时候，起动定时器，延时 5 s，5 s 后起动传送带。

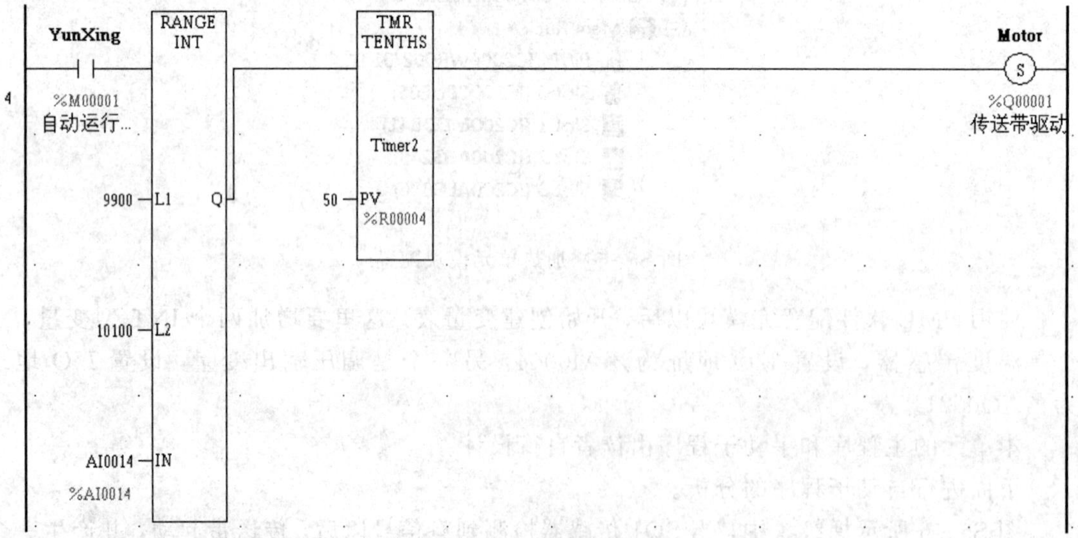

图 S5－7　自动子程序(b)

图 S5－8 所示梯级 5 中，如果温度大于 90℃，将输出设置为 50℃。

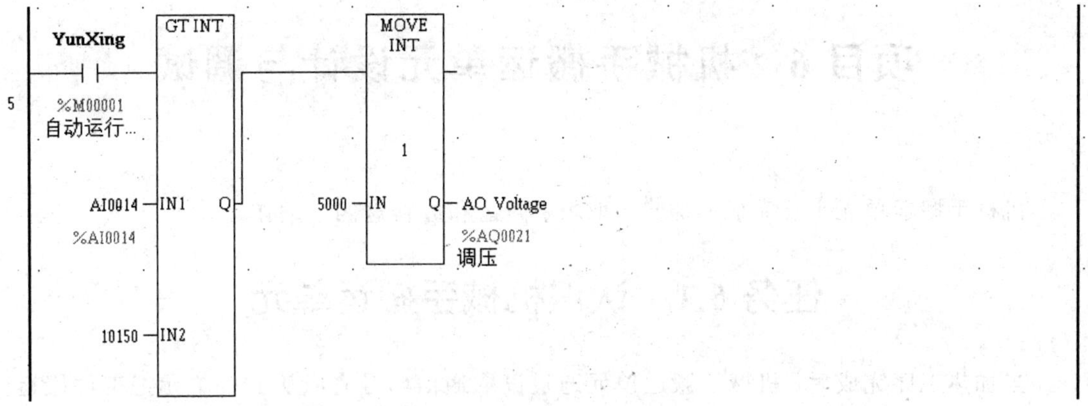

图 S5－8　自动子程序(c)

图 S5－9 所示梯级 6 中，当料块被送到终点传感器 SQ2 的位置时，延时 0.5 s，0.5 s 后停止传送带，并复位运行辅助位。

图 S5－9　自动子程序(d)

加热单元的温度控制是一种模拟量的控制，不像开关量的控制那么准确，要想使温度达到理想的设定温度是很难的，比较接近的控制方式是采取 PID 控制。首先要对 PID 的概念进行深入理解，然后要学习 VersaMax PLC 的 PID 指令，掌握 PID 指令参数的使用，才能够编写出合适的温度调节程序。作为一个拓展任务，读者可以自己去研究设计 PID 控制加热单元的程序。

项目 6　机械手搬运单元设计与调试

机械手搬运单元主要完成回原点、取料、搬运和放料这四个动作。

任务 6.1　认识机械手搬运单元

当加热工序完成后，机械手搬运单元通过读取通信信号完成从上一单元把工件搬运到下一单元的指定区域，起衔接两模块先后加工的作用。

机械手搬运单元实物图如图 S6-1 所示，其主要结构和组成如下所述。

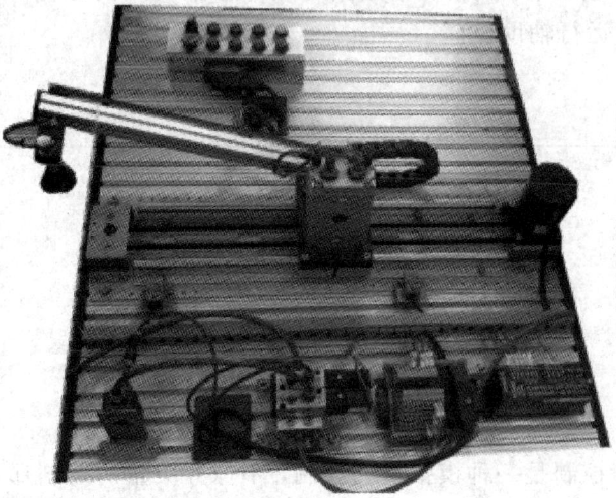

图 S6-1　机械手搬运单元实物图

1. 框架式底板及支架

台面和机体架为铝合金材料，其上为供部分元器件安装用的不锈钢网孔板，与地面接触处还有四个滑轮。工作台整体尺寸为 500 mm×660 mm×1500 mm。

2. 系统调试维修控制单元

系统调试维修控制单元带有急停保护装置、手/自动切换开关、点动控制按钮、正常运行指示灯、故障急停指示灯控制单元。

3. 可编程控制器接口单元

可编程控制器接口单元主要中转以下 3 类信号。

（1）中转按钮控制调试单元的信号。

（2）中转步进电机驱动器、电磁阀、传感器的信号。

(3) 中转其他线路以及预留有九孔、九针并行接口。

4. 机械手装置

(1) 行走机械手由滑轨、同步带、基座、旋转气缸、旋转手臂、真空吸盘组成。基座下方与皮带轮连接旋转手臂可自动复位，吸盘为橡胶材料。

(2) 电气方面由步进电机及驱动电源模块、传感器和电磁阀等部件组成。其中，步进电机参数：1.7A/相，步进角 1.8°，驱动电压 DC24V，额定转矩 0.44 N·m；驱动模块为混合式，二相，二相八拍，最大相电流 3.0 A，工作电压 DC24～40 V；传感器采用位置检测的接近开关。

(3) 接口处为专用中继器接口单元。

认一认：根据机械手搬运单元实物和结构简介，识别每一个元器件以及功能模块。

任务 6.2　机械手搬运单元的控制

针对机械手搬运单元的结构特点，下面给出其典型的设备运行控制要求与操作运行流程。

(1) 到原点：当机械手不在原点位置时，系统自检后回到原点。

(2) 去终点：当上一个单元的光电传感器检测到加热完成后，机械手模块读取到通讯信号，步进电机通过同步带驱动基座沿滑轨反向运行(往东)。基座到达终点时 PLC 接收终点传感器信号，步进电机停止。

(3) 逆时针旋转＋吸气：同时旋转摆臂逆时针旋转、真空吸盘吸气，吸取物料工件。

(4) 顺时针旋转：通过程序内部的定时器，4 s 后机械手吸着工件正向(往西)运行同时摆臂沿顺时针方向摆回。

(5) 回原点＋放料块：机械手继续向前运行，基座到达终点时 PLC 接收原点传感器信号，步进电机停止，2 s 后真空吸盘停止动作将工件放在下一个单元的取件槽内。

(6) 如没有读到前一模块有料的信号，机械手就一直停在原点，如有物料则按以上所述反复运行工作。

练一练：根据控制要求的描述，确定出输入元件和输出元件。

任务 6.3　机械手搬运单元技能训练——硬件设计

练一练：读者自己设计表格，填写机械手搬运单元元器件清单表。

子任务一：设计机械手搬运单元的 PLC I/O 地址分配表

如表 S6－1 所示，是机械手搬运单元的 PLC I/O 地址分配表，读者自行分配输入输出元件的 I/O 地址和 I/O 符号，填写下表的空白部分。

表 S6 - 1　I/O 地址分配表

序号	设备名称	功能描述	I/O 地址	I/O 符号
1	反射式光电开关	工作台原点检测		
2	反射式光电开关	工作台限位检测		
3	按钮	紧急停机		
4	按钮	自动/手动切换		
5	按钮	手动回原点		
6	按钮	手动去终点		
7	按钮	手动吸盘启停		
8	按钮	手动旋转及返回		
9	步进驱动器脉冲	控制步进电动机运行		
10	步进驱动器方向	控制步进电动机方向		
11	电磁阀	机械手旋转		
12	电磁阀	吸盘		
13	绿色灯	运行指示灯		
14	黄色灯	报警指示灯		

子任务二：绘制机械手搬运单元的 PLC I/O 接线图

读者可参考下图，绘制出 PLC 的 I/O 模块与输入输出元件的连接图，如图 S6 - 2 所示。

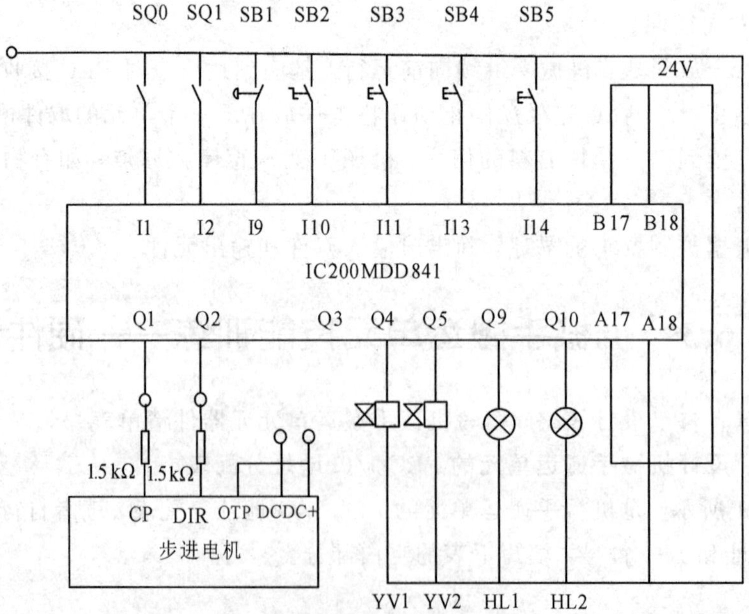

图 S6 - 2　机械手搬运单元的 PLC I/O 接线原理图

任务 6.4　机械手搬运单元技能训练——程序设计与调试

练一练： 打开 PME 软件，新建工程 Unit_6，创建项目，添加控制器，配置 3 个模块。建立变量表。

根据本单元自动运行的功能分析，将程序划分为手动子程序(Hand)和自动子程序(Auto)。如图 S6－3 所示。

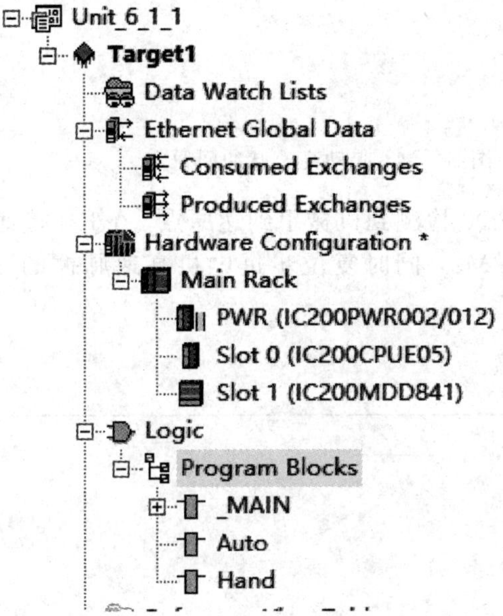

图 S6－3　行走机械手单元程序结构

读者自行编写主程序和手动子程序。下面针对自动子程序进行分析。

如图 S6－4 所示，设置步进电机驱动脉冲的频率是 1500Hz，脉冲个数是 4682，这个脉冲个数要保证机械手无论在任何位置，都能一次性到达原点。

梯级 2 中这个 Fst 是在主程序里初次上电扫描产生的一个辅助位，利用这个辅助位，接通并置位驱动步进电机的高速脉冲使能位和启动位，以及方向控制位。步进电机得以起动，带动机械手朝原点方向运行。

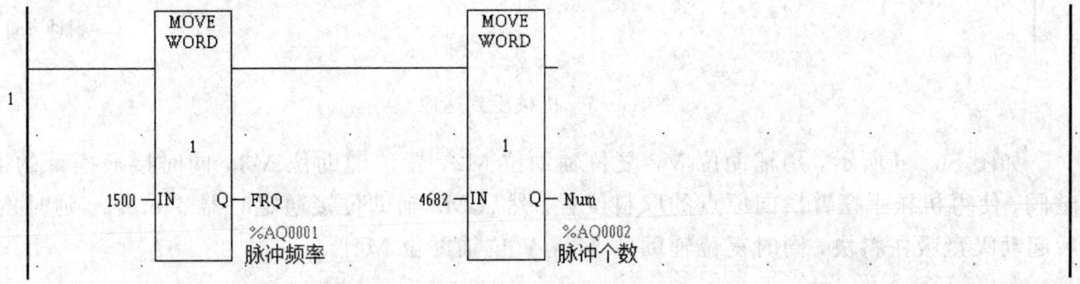

图 S6－4　起动高速脉冲回原定

如图 S6－5 所示，传感器 SQ0 检测到机械手到达原点，在 Fst 接通的前提下，复位 Fst 辅助位，并置位下一个辅助位 M2，同时复位步进电机高速脉冲的 3 个控制位，机械手停止。

图 S6－5　机械手到达原点

如图 S6－6 所示，用辅助位 M2 复位辅助位 M2，置位辅助位 M3，同时接通摆臂的电磁阀，使得机械手摆臂摆向原点的取料位置。然后 M3 辅助位接通定时器 Timer1，延时 4 s 后起动吸盘吸住料块，同时复位辅助位 M3，置位辅助位 M4。

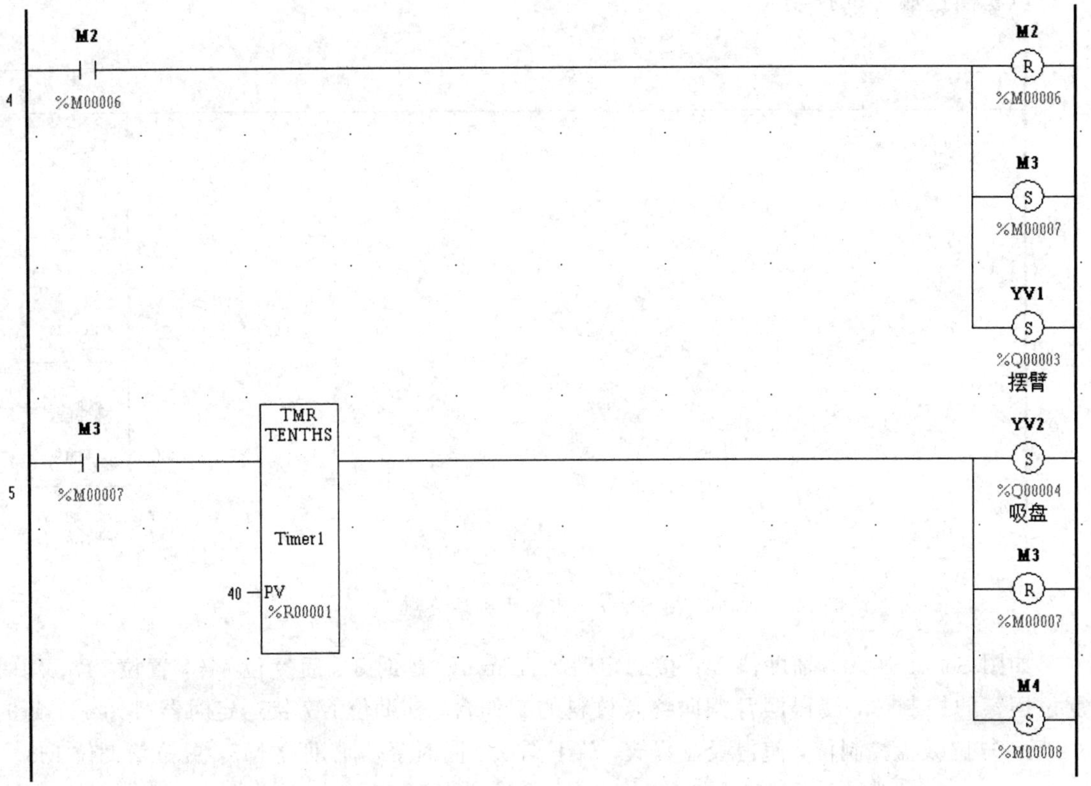

图 S6－6　机械手取料

如图 S6－7 所示，M4 辅助位接通定时器 Timer2，延时 2 s 后起动高速脉冲控制位，使机械手反方向运行去往终点送料，同时复位辅助位 M4，接通辅助位 M5。

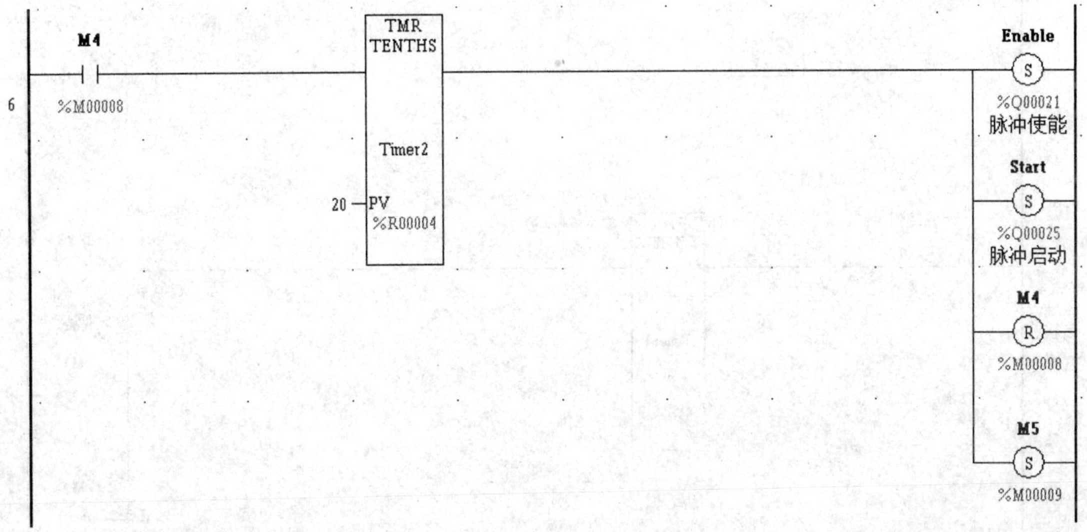

图 S6－7　机械手送料

如图 S6－8 所示，传感器 SQ1 机械手到达终点，复位辅助位 M5，置位 M6，同时复位步进电机高速脉冲的控制位。

图 S6－8　机械手到达终点

如图 S6－9 所示，辅助位 M6 接通定时器 Timer3，延时 3 s 后复位 M6，置位 M7，同时复位摆臂的控制位，使得摆臂摆向终点放料的工作台。辅助位 M7 接通定时器 Timer4，延时 3 s后，复位吸盘控制位，使得吸盘释放，放下料块。同时复位辅助位 M7，置位辅助位 M8。

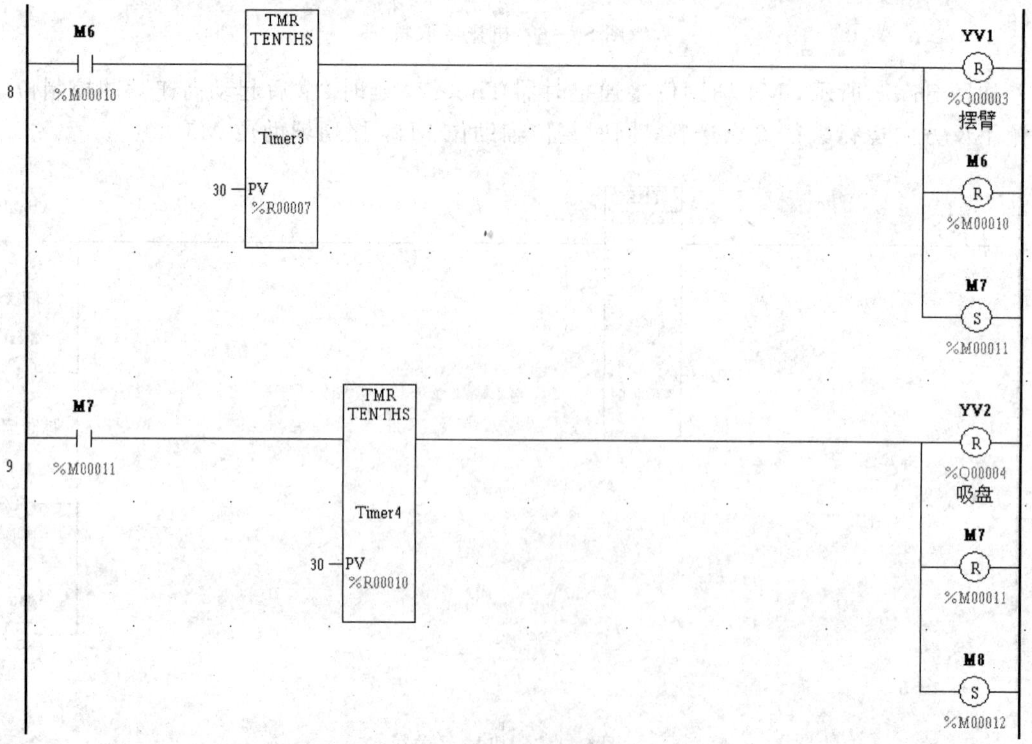

图 S6－9　机械手摆臂到放料位

如图 S6－10 所示，辅助位 M8 接通定时器 Timer5，延时 3 s 后复位辅助位 M8，置位辅助位 Fst，使得系统回到自动运行的初始状态，开启下一轮的循环。

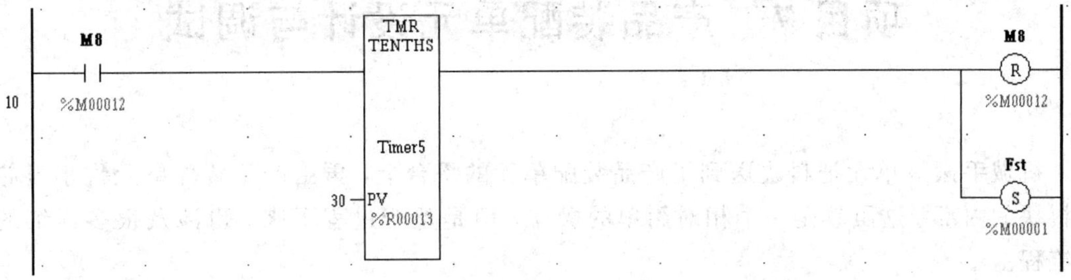

图 S6－10　回到初始状态

项目 7　产品装配单元设计与调试

机械手搬运单元把料块送到了产品装配单元的平台上，再由产品装配单元将小料芯装入料块的内部。这虽然是一个相对简单的操作，但是整个过程下来，也涉及很多详细的操作流程。

任务 7.1　认识产品装配单元

产品装配单元主要完成工件的自动装配以及搬运等功能，可实现自动控制、手动操作、自动手动切换及与前一单元通信等功能。

产品装配单元主要包括底板及支架、系统调试维修控制模块、井式供料机、气动搬运装置、输送导轨、冲压装配装置操作控制盘、可编程控制器等部分。

底板支架由不锈钢网孔板、型材基体组成，如图 S7－1 所示；井式供料机由井式供料塔、物料检测传感器、出料气缸、型材支架等组成。料芯检测传感器是一对光电传感器。装配气缸和平台气缸都有磁性开关作为气缸位置检测传感器。气动搬运装置由控制电磁阀、旋转气缸、摆臂、真空吸盘等组成。操作控制盘包括电源指示灯、现场输入输出信号指示灯、急停保护按钮以及手/自动切换开关、点动控制按钮等。

图 S7－1　产品装配单元

认一认：根据产品装配单元实物识别出每一个元件和器件。

任务 7.2　产品装配单元的控制

产品装配单元的自动运行控制要求如下：

(1) 当上一个单元的机械手到达入料工件后，取料气缸动作，将取料槽伸出等待工件。

(2) 当工件放入到槽内后，取料气缸停止动作，取料槽回缩，将工件送到装配工件台。

(3) 传感器检测井式供料塔中是否装有料芯，当检测到料芯时，推料芯气缸动作，然后装配气缸动作，装配杆向下运行，将料芯压入到料块中去，然后推料气缸和装配气缸复位。

(4) 装配完成后，取料气缸动作，将取料槽伸出，摆臂机械手逆时针摆动，到达工件上方后真空吸盘动作，将料块吸住。

(5) 摆臂机械手顺时针摆动，到达下一个单元后吸盘停止动作，将料块放下。

练一练：读者可根据控制要求描述，确定出输入元件和输出元件。

任务7.3　产品装配单元技能训练——硬件设计

子任务一：填写产品装配单元元器件清单表

读者根据单元实物以及功能描述，确定装配单元的元器件选型，并列出清单表。

子任务二：设计产品装配单元的PLC I/O地址分配表

读者自行补全表S7-1中的空白部分。

表S7-1　产品装配单元的PLC　I/O地址分配表

序号	设备名称	功能描述	I/O地址	I/O符号
1	磁开关	平台检测		
2	磁开关	推料检测		
3	磁开关	装配检测		
4	反射式光电开关	料柱检测		
5	红色蘑菇头按钮	紧急停机		
6	转换开关	自动/手动		
7	点动按钮	手动平台移动		
8	点动按钮	手动推料柱		
9	点动按钮	手动装配		
10	点动按钮	手动旋转		
11	点动按钮	手动吸盘		
12	电磁阀	平台移动		
13	电磁阀	推料柱		
14	电磁阀	装配		
15	电磁阀	旋转CW		
16	电磁阀	吸盘		
17	绿色指示灯	自动运行指示		
18	黄色指示灯	报警指示		

子任务三：绘制产品装配单元的 PLC I/O 接线图

读者可参考图 S7－2 所示，完成本单元的 I/O 接线原理图的绘制。

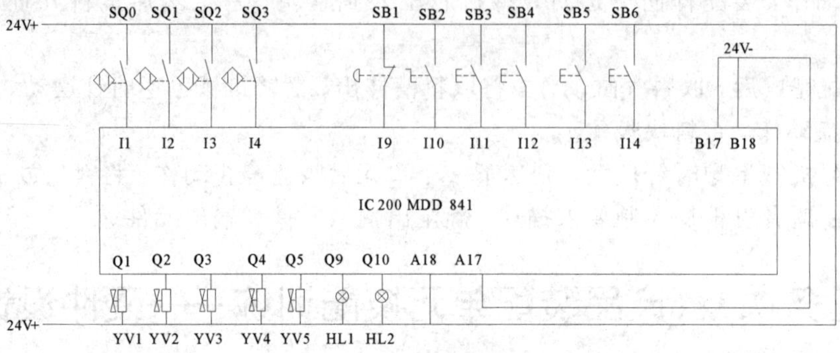

图 S7－2　产品装配单元的 PLC I/O 接线原理图

任务 7.4　产品装配单元技能训练——程序设计与调试

练一练： 打开 PME 软件，新建工程 Unit_7，添加控制对象，配置模块，建立变量表，并添加子程序，建立的本单元程序结构如图 S7－3 所示。

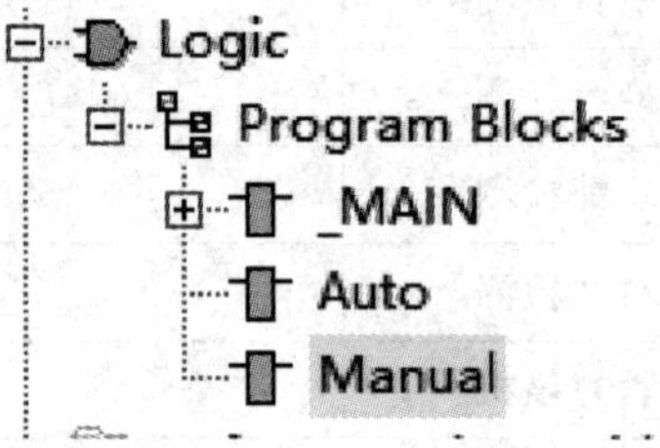

图 S7－3　主程序与子程序

主程序和手动子程序读者可自行完成。下面针对自动子程序进行分析。

图 S7－4 所示是自动子程序。梯级 1，点亮绿灯，代表自动运行。梯级 2，当 SQ4 检测到料仓中没有料芯时，黄灯闪烁。梯级 3，接通定时器 Timer1 延时 3 s，3 s 后送料台缩回，同时置位辅助位。梯级 4，当料仓中有料芯时，接通定时器 Timer2 延时 2 s，2 s 后推料芯。梯级 5，推完料芯后接通定时器 Timer3 延时 2 s，2 s 后推料芯气缸返回。梯级 6，推料芯气缸返回后定时器 Timer4 延时 2 s，2 s 后装配气缸动作。

读者可参考上述步骤，完成自动子程序后续的编写。

产品装配单元的工作过程属于顺序控制。这种顺序控制的编程基本思路是把整个加工流程分成若干个步，每一步用一个辅助位来控制。每一步工作过程，都是由一个辅助位开启，然后在结束的时候接通下一个辅助位，同时复位本次的辅助位。

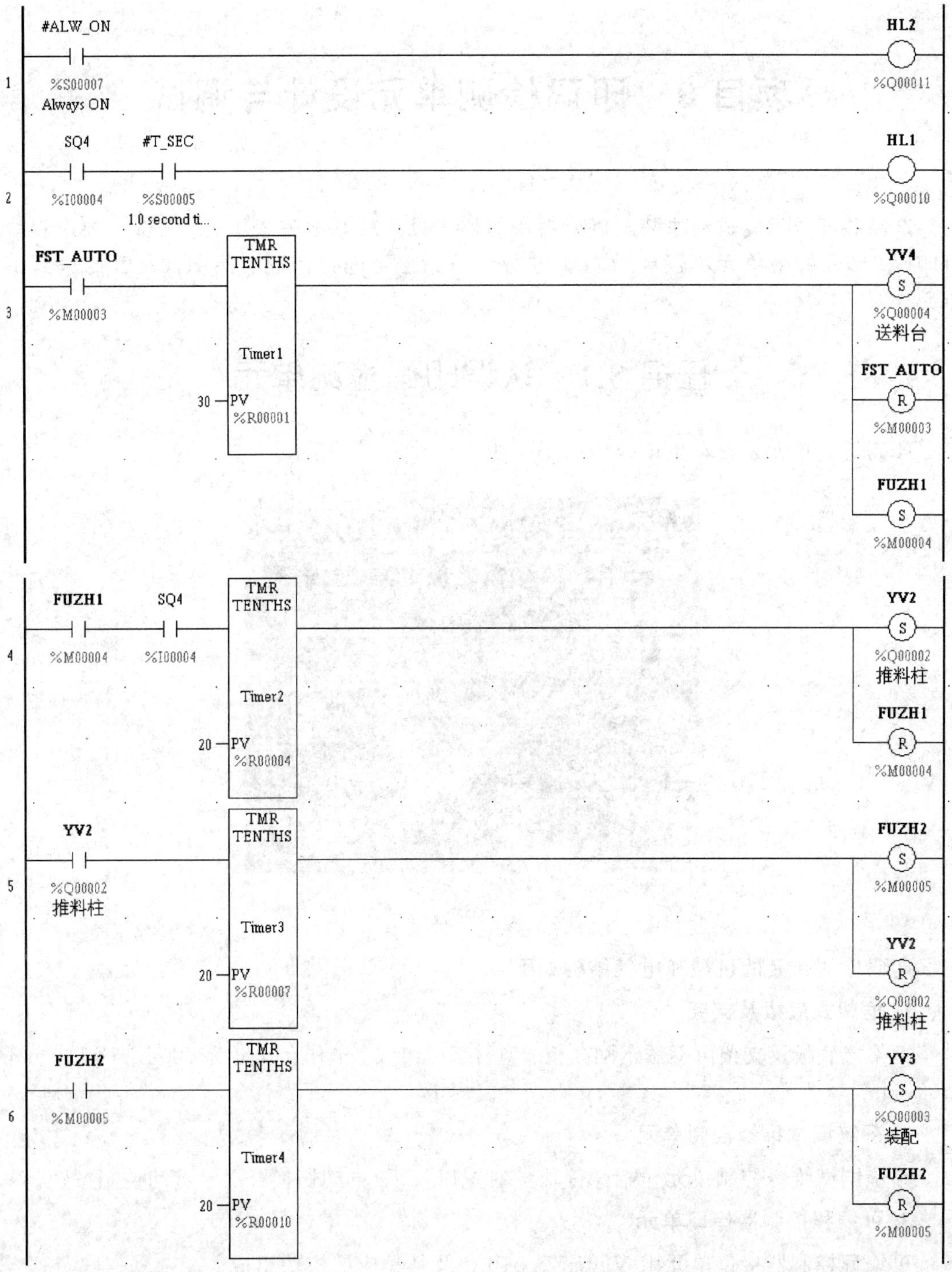
#ALW_ON
HL2
1
%S00007
Always ON
%Q00011
SQ4
#T_SEC
HL1
2
%I00004
%S00005
1.0 second ti...
%Q00010
FST_AUTO
TMR
TENTHS
YV4
3
%M00003
Timer1
30
PV
%R00001
%Q00004
送料台
FST_AUTO
%M00003
FUZH1
%M00004
FUZH1
SQ4
TMR
TENTHS
YV2
4
%M00004
%I00004
Timer2
20
PV
%R00004
%Q00002
推料柱
FUZH1
%M00004
YV2
TMR
TENTHS
FUZH2
5
%Q00002
推料柱
Timer3
20
PV
%R00007
%M00005
YV2
%Q00002
推料柱
FUZH2
TMR
TENTHS
YV3
6
%M00005
Timer4
20
PV
%R00010
%Q00003
装配
FUZH2
%M00005

图 S7－4　自动子程序

项目 8　印码检测单元设计与调试

产品装配单元完成料块装配以后料块的加工过程就基本完成了，接下来，要对料块进行印码。印码检测单元不仅要对料块进行传输，还要进行印码、检测，最后传送到下一单元。

任务 8.1　认识印码检测单元

印码检测单元是自动生产线的第八模块，如图 S8－1 所示。

图 S8－1　印码检测单元

印码检测单元的机械和电气结构如下。

1. 框架式底板及支架

框架式底板及支架由不锈钢网孔板、型材基体组成。工作台尺寸为 500 mm×660 mm×1500 mm。

2. 系统调试维修控制单元

系统调试维修控制单元包括急停保护装置以及手/自动切换开关、点动控制按钮。

3. 可编程控制器接口单元

可编程控制器接口单元由 VersaMax PLC 及其相应的模块组成。

4. 传感器检测组

传感器检测组由 3 个光电传感器和 1 个电感检测传感器组成。

5. 带式输送机

带式输送机具备双向可逆运行功能。它由平行带、交流电机、同步带张紧装置、动力驱动装置、型材基体等组成。

6. 印码装置

印码装置由打码气缸、印油供给气缸、电磁阀等组成。它能完成工件的印码操作。

除以上 6 部分，印码检测单元还有专用中继器接口单元和次品回收装置。

认一认：根据印码检测单元实物，识别每一个元器件的型号、性能和参数。

任务 8.2　印码检测单元的控制

印码检测单元的自动运行控制要求如下：

(1) 当上一个单元的传送手臂将物料放入平台检测工位动作的时候，此模块传感器感应随气缸杆开始动作；

(2) 当平台工位传感器检测到物料时启动定时器 T4:0 计时 2 s，当计时 1 s 时气缸杆推料块至传送带，2 s 时收回气缸杆同时启动传送带完成第一步操作；

(3) 当印码工位传感器检测到物料时停止传送带同时启动定时器 T4:1 计时 6 s，当计时 1 s 时推出印泥盘、计时 2 s 时印码气缸杆蘸取印泥、计时 3 s 时收回印码气缸杆、计时 4 s时收回印泥盘、计时 5 s 时开始印码、计时 6 s 时停止印码同时再次启动传送带完成第二步操作；

(4) 当库检测工位传感器检测到物料时停止传送带同时启动定时器 T4:2 计时 4 s，当计时 2 s 时推料块进库、计时 4 s 时停止推料块；

(5) 当库满检测工位传感器检测到库满时启动黄色报警指示灯报警同时停止推料块进库；解除警报后传送带启动并将物料传送至下一工序；

(6) 当到达检测工位传感器检测到物料后，停止传送带，进入下一工位。

练一练：读者可根据控制要求，确定出输入元件和输出元件。

任务 8.3　印码检测单元技能训练——硬件设计

练一练：读者自行设计本单元的清单表。

子任务一：设计印码检测单元的 PLC I/O 地址分配表

读者可根据项目分析，完成表 S8－1 所示的空白部分。

表 S8－1　印码检测单元的 PLC　I/O 地址分配表

序号	设备名称	功能描述	I/O 地址	I/O 符号
1	光电开关	平台检测		
2	光电开关	印码检测		
3	光电开关	次品检测		
4	光电开关	库满检测		
5	光电开关	到达检测		
6	红色蘑菇头按钮	紧急急停		

续表

序号	设备名称	功能描述	I/O 地址	I/O 符号
7	转换开关	自动/手动		
8	点动按钮	手动带运行		
9	点动按钮	手动推料块		
10	点动按钮	手动蘸取印泥		
11	点动按钮	手动印码		
12	电磁阀	推料块进库		
13	继电器	传送带驱动		
14	电磁阀	推料块		
15	电磁阀	推印泥盘		
16	电磁阀	印码		
17	电磁阀	推料块进库		
18	绿色指示灯	运行指示灯(绿)		
19	黄色指示灯	报警指示灯(黄)		

子任务二：绘制印码检测单元的 PLC I/O 接线图

图 S8－2 所示为印码检测单元 PLC 接线原理参考图。读者可以参考它进行本单元的接线图绘制。

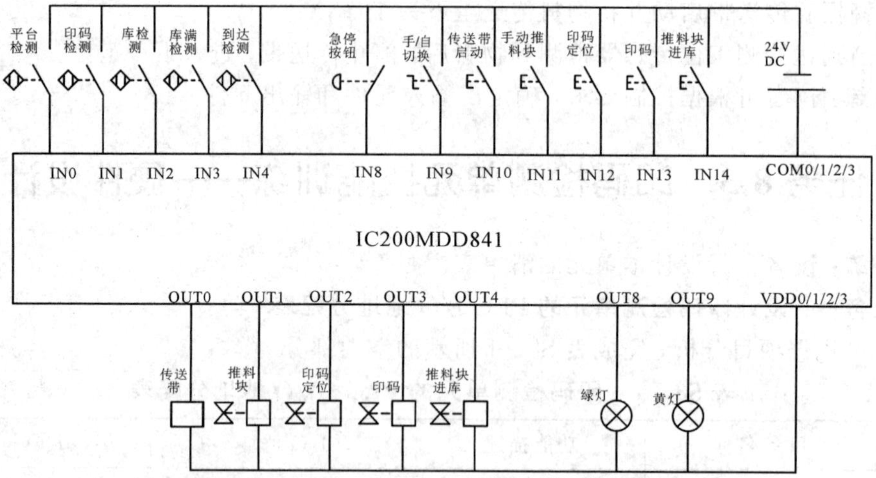

图 S8－2　印码检测单元 PLC I/O 接线原理图

任务 8.4　印码检测单元技能训练——程序设计与调试

根据本单元自动运行的功能分析，将程序划分为手动子程序(SD)和自动子程序(ZD)。如图 S8－3 所示。

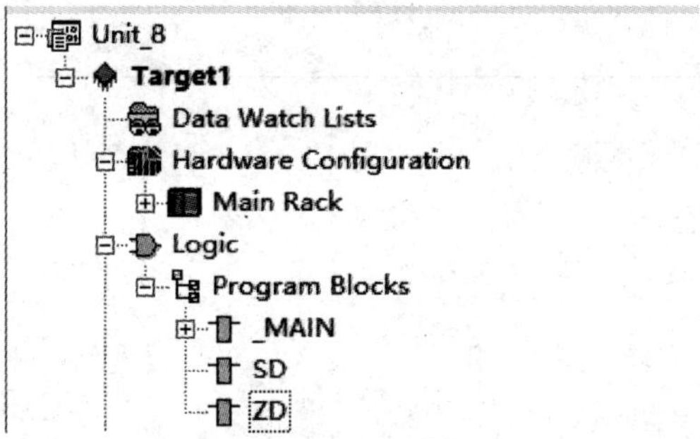

图 S8－3　程序结构图

1. 自动程序分析

如图 S8－4 所示是印码检测单元的自动子程序，M1 是初次上电产生的辅助位，传感器 SQ1 检测到平台上有料块，置位电磁阀 YV4，气缸将料块推出到传送带上，延时 1 s 后，传送带运行，同时复位电磁阀 YV4。该自动子程序全程使用辅助位来严格控制每一步的操作，这样的好处是不会因为传感器的干扰错误信号引起程序逻辑的紊乱。在此针对辅助位的分析就略过，请读者自行理解。

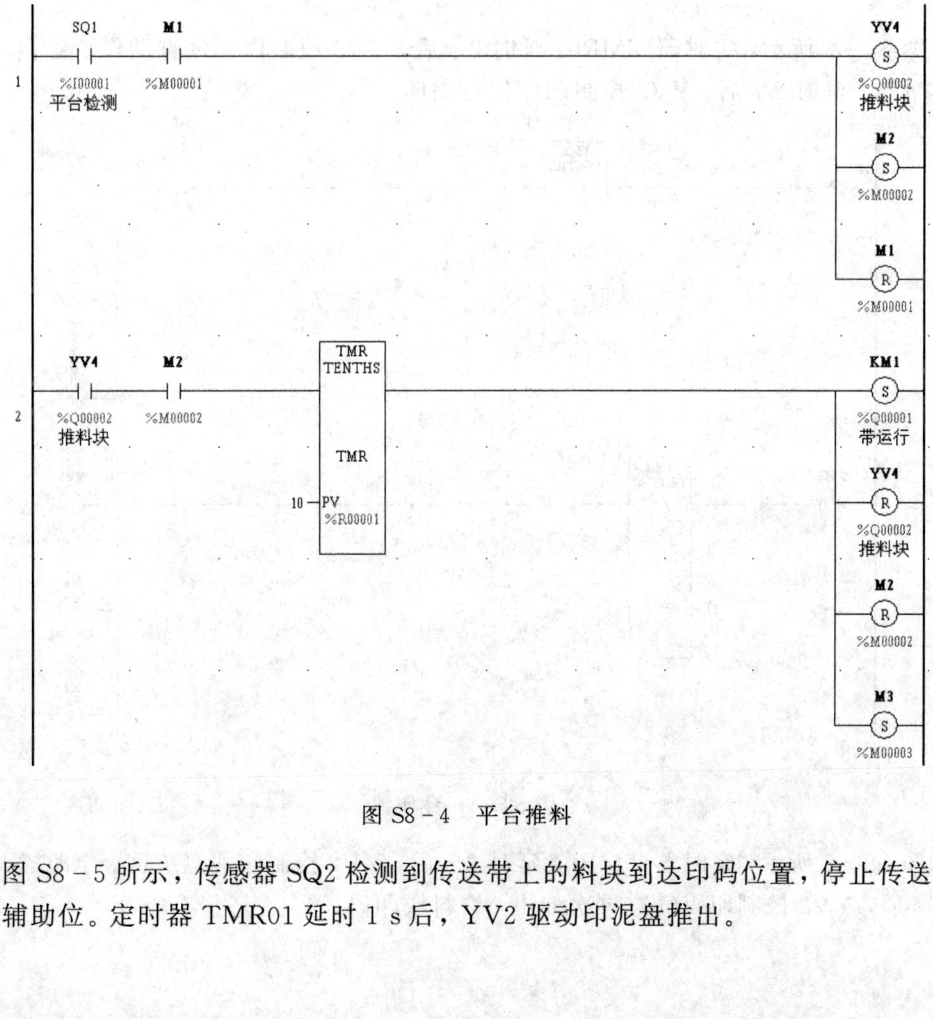

图 S8－4　平台推料

如图 S8－5 所示，传感器 SQ2 检测到传送带上的料块到达印码位置，停止传送带，接通相关辅助位。定时器 TMR01 延时 1 s 后，YV2 驱动印泥盘推出。

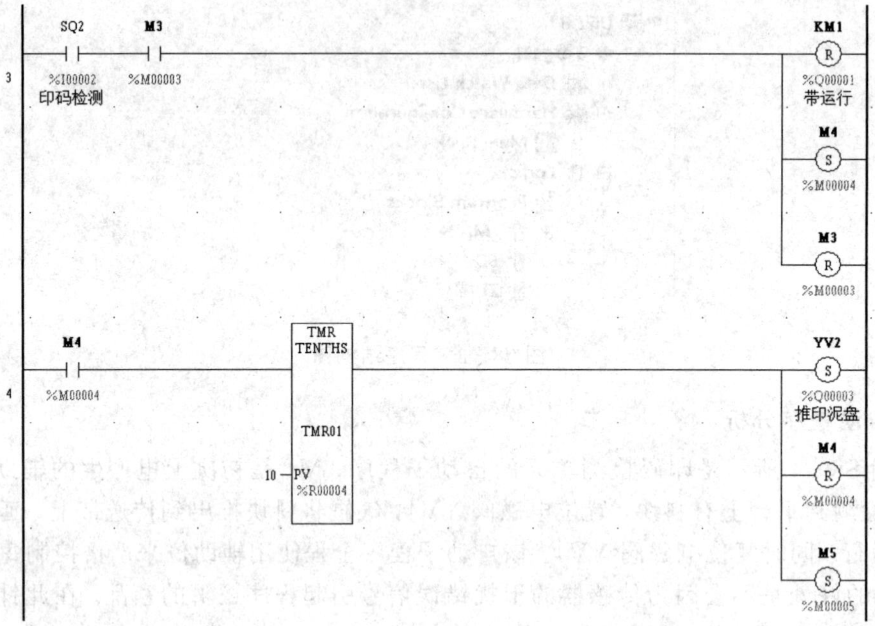

图 S8-5　停止传送带

如图 S8-6 所示，定时器 TMR02 延时 2 s 后，YV3 控制印码气缸动作，蘸上印油，定时器 TMR03 延时 2 s 后，YV3 控制印泥气缸缩回。

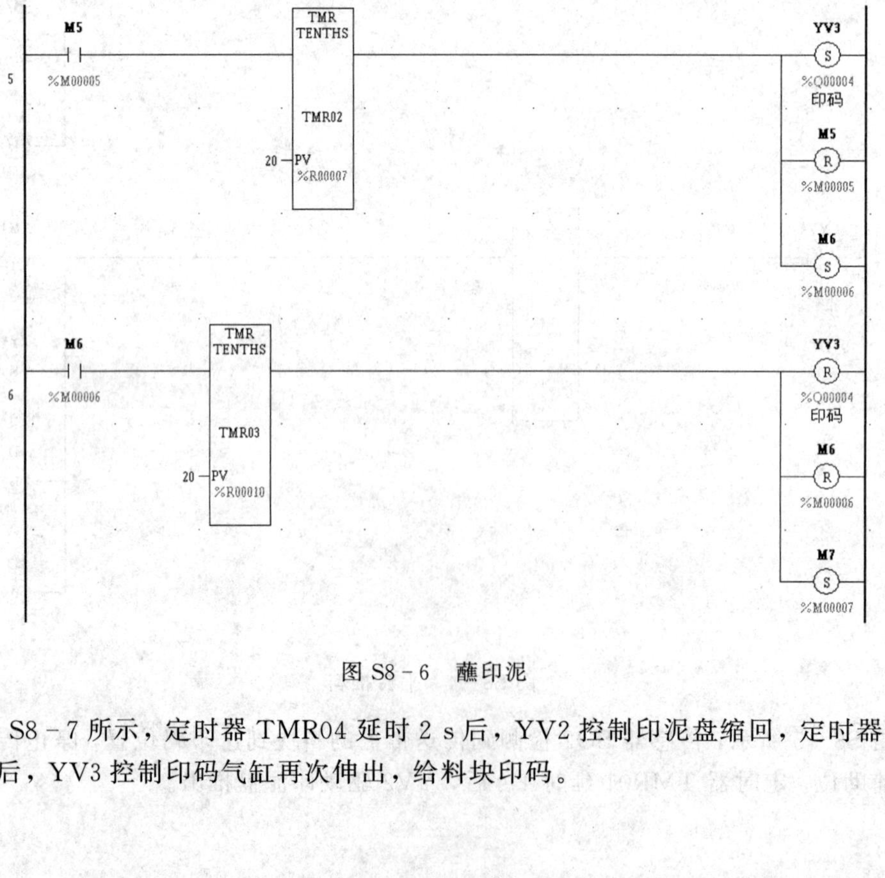

图 S8-6　蘸印泥

如图 S8-7 所示，定时器 TMR04 延时 2 s 后，YV2 控制印泥盘缩回，定时器 TMR05 延时 2 s 后，YV3 控制印码气缸再次伸出，给料块印码。

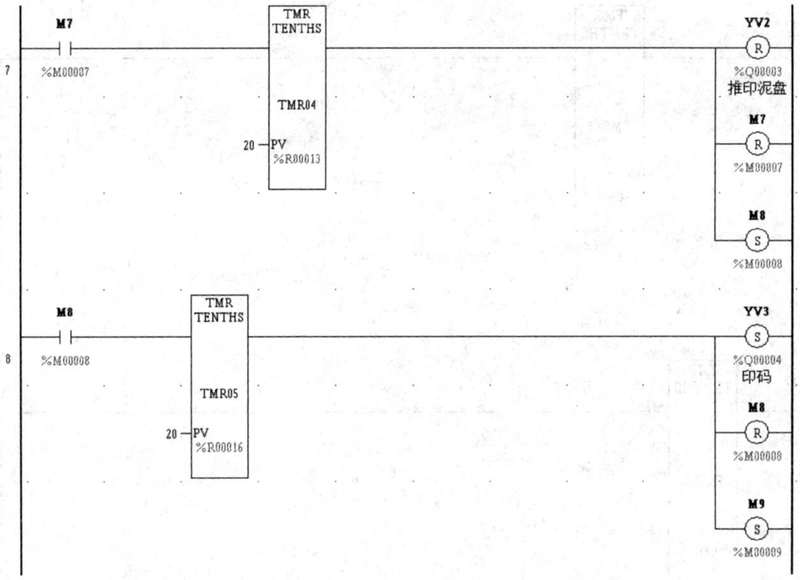

图 S8 - 7　印码

如图 S8 - 8 所示，定时器 TMR06 延时 2 s 后，YV3 控制印码气缸缩回，同时起动传送带，去往终点送料。传感器 SQ3 检测到传送带上的料块，认为料块印码不合格，停止传送带。

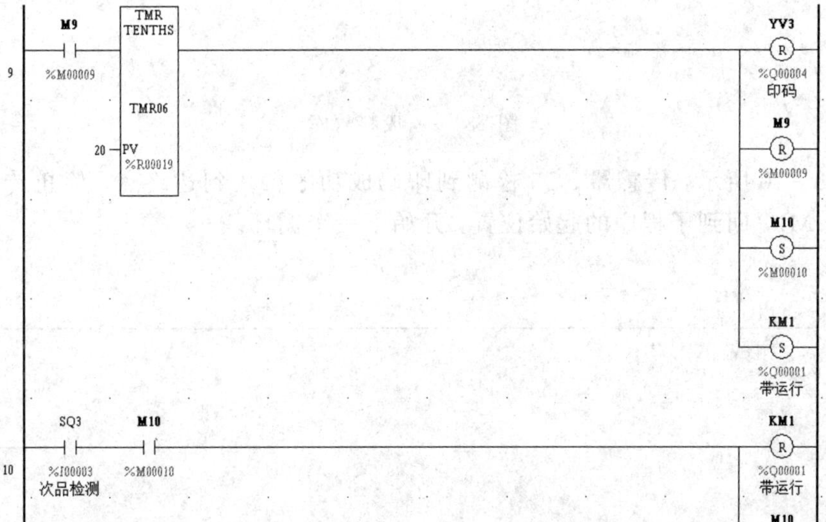

图 S8 - 8　传送带送料及次品检测

如图 S8 - 9 所示，定时器 TMR07 延时 2 s 后，YV1 控制气缸将料块推入废料库，定时器 TMR08 延时 1 s 后，YV1 控制气缸缩回，同时起动传送带。

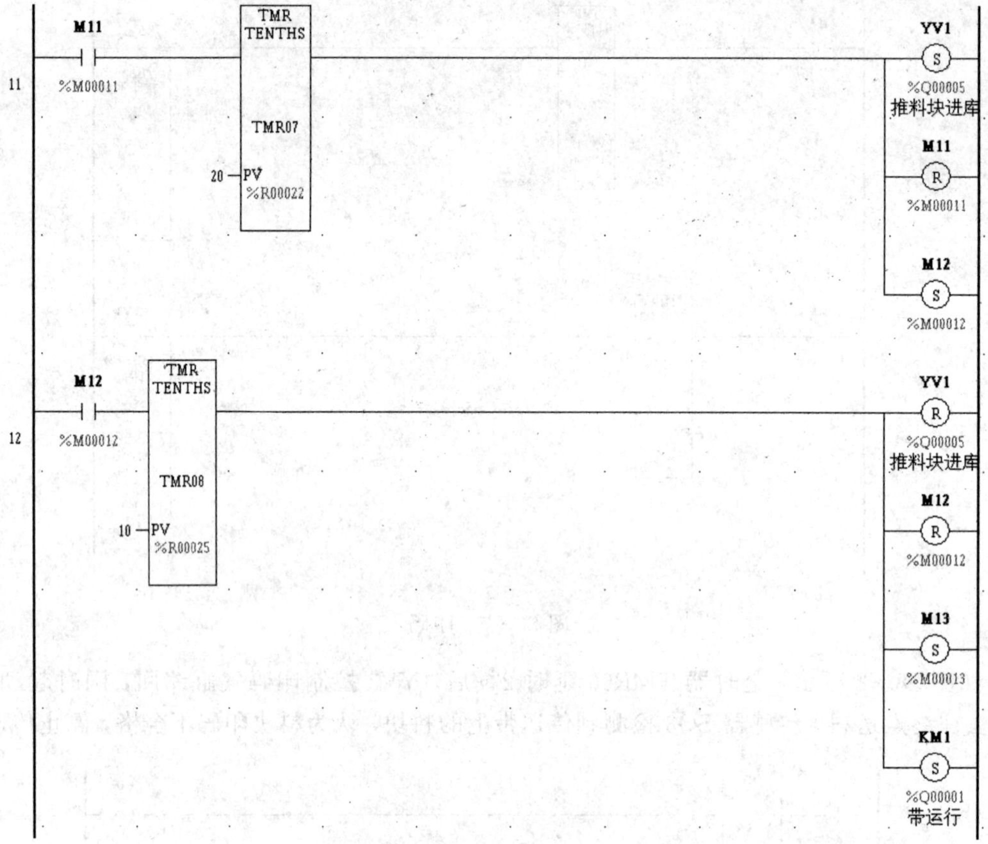

图 S8－9　废料入库

如图 S8－10 所示，传感器 SQ5 检测到印码成功的料块到达终点，停止传送带，同时接通辅助位 M1，回到子程序的起始位置，开始下一个循环。

图 S8－10　到达终点

2. 程序调试

手动子程序和主程序在这里就不做分析了，读者自行设计。将设计好的程序进行检查，没有错误以后，连接 PLC，然后下载，查看运行结果是否符合控制要求。

项目 9　自动化仓库单元设计与调试

印码检测是料块加工的最后一道工序，将印码合格的产品运送到仓库，使用机械手把料块分别放置在不同的仓位上，完成自动入库过程，这是自动化仓库单元的任务。

任务 9.1　认识自动化仓库单元

自动化仓库单元主要完成货物的自动入库和自动出库，实现将货物自动送入到指定仓位，同时将指定的货物自动出库，如图 S9－1 所示。

图 S9－1　自动化仓库

自动化仓库模块主要包括框架式底板及支架、系统调试维修控制单元、立体仓库主体、传动机械部分、伺服电机驱动模块以及可编程控制接口部分。

框架式底板及支架由不锈钢网孔板、型材基体组成；系统调试维修控制单元包括急停保护装置以及手/自动切换开关、点动控制按钮；立体仓库主体由底盘、三层十五个仓位库体、巷道起重机、气动夹手等四部分组成；传动机械部分采用滚珠丝杠、滑轨、同步带、气缸等机械元件组成，电气控制采用伺服电机作为拖动元件；每个库位应采有微动开关进行货物检测；伺服电机采用松下伺服电机和德国西门子伺服电机。

认一认：根据自动化仓库单元的实物，识别每一个元器件的型号、性能和参数。

任务 9.2　自动化仓库单元的控制

自动化仓库单元的自动运行控制要求如下：

（1）当巷道起重机不在原点时，系统自检回到原点。

（2）当入库位检测到料块后，气动抓手张开并伸出，到达料块位置后抓手夹紧并回缩，巷道起重机动作，将工件依次送入到仓位中去。

(3) 当系统没有入库操作时，系统检测到仓库中有货物时，巷道起重机动作，将货物取出并送入到下一个单元中去。

练一练：根据控制要求，确定本单元的输入元件和输出元件。

任务 9.3　自动化仓库单元技能训练——硬件设计

练一练：自行列出自动化仓库单元的清单表。

子任务一：设计自动化仓库单元的 PLC I/O 地址分配表

读者自行完成表 S9－1 中的空白部分。

表 S9－1　自动化仓库单元 PLC　I/O 地址分配表

序号	设备名称	功能描述	I/O 地址	I/O 符号
1	限位开关	X 轴原点		
2	限位开关	X 轴限位		
3	限位开关	Y 轴原点		
4	限位开关	Y 轴限位		
5	限位开关	Z 轴原点		
6	微动开关	仓位第 1 列		
7	微动开关	仓位第 2 列		
8	微动开关	仓位第 3 列		
9	微动开关	仓位第 4 列		
10	微动开关	仓位第 5 列		
11	红色蘑菇头按钮	紧急停机		
12	转换开关	自动/手动		
13	限位开关	Z 轴限位		
14	电磁阀	伸缩		
15	电磁阀	夹手		
16	X 轴步进电机	X－CP 脉冲		
17	Y 轴步进电机	Y－CP 脉冲		
18	X 轴步进电机	X－DIR 方向		
19	Y 轴步进电机	Y－DIR 方向		
20	Z 轴步进电机	Z－CP 方向		
21	Z 轴步进电机	Z－DIR 方向		
22	微动开关	仓位第一行		
23	微动开关	仓位第二行		
24	微动开关	仓位第三行		
25	绿色指示灯	运行		
26	黄色指示灯	报警		

子任务二：绘制自动化仓库单元的 PLC I/O 接线图

本单元仓库传感器的接线参考图如图 S9－2 所示。

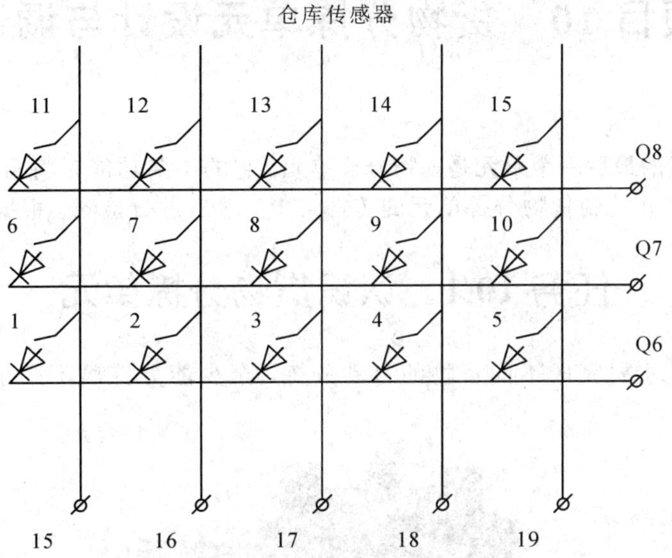

图 S9－2　仓位传感器接线图

练一练：根据自动化仓库单元的 PLC I/O 地址分配表，读者自行设计 PLC 接线原理图。

项目 10 货物分拣单元设计与调试

自动化生产线的最后一个单元是货物分拣单元，它的主要功能是将自动仓库中的货物，使用机械手取出来并放到货物分拣单元的传送带上，然后进行检测，根据材质分类存放。

任务 10.1 认识货物分拣单元

货物分拣单元主要完成不同货物的自动分拣，至少能分拣出不少于 3 种货料，如图 S10 - 1 所示。

图 S10 - 1 货物分拣单元外观图

货物分拣单元模块主要包括框架式底板及支架、系统调试维修控制单元、气动分拣单元、传感器检测单元、传送带以及可编程控制接口部分。

框架式底板及支架由不锈钢网孔板、型材基体组成。系统调试维修控制单元包括急停保护装置以及手动/自动切换开关、点动控制按钮。气动分拣单元由推料气缸、电磁阀、滑道等部件组成，提供 3 个滑道，滑道的数量可扩展。气缸有 3 个，对应电磁阀数量也是 3 个，规格分别为 DC 24 V，5～40 mA；AC 110 V，5～20 mA。传感器检测单元由传感器组及传感器固定网孔板等组成。传感器组包括电容传感器、电感传感器。电容传感器采用欧姆龙品牌，检测距离为 8 mm，具有检测显示灯。电感传感器检测距离为 8 mm。传送带由交流电机、皮带传送装置、光电传感器等组成。传送带电机为单相电机，电压为单相 220 V，频率为 50 Hz，额定转矩为 3000 N · m，转速为 60 r/min，电流为 0.22/0.4 A。

认一认：根据货物分拣单元的实物，识别每一个元器件的型号、性能和参数。

任务 10.2　货物分拣单元的控制

货物分拣单元的自动运行控制要求如下：

(1) 当传送带上检测到有工件时，传送带运行。

(2) 当料块来自一层仓库时，到达第一个料槽处由推料气缸将其推入。

(3) 当料块来自二层仓库时，到达第二个料槽处由推料气缸将其推入。

(4) 当料块来自三层仓库时，到达第三个料槽处由推料气缸将其推入。

(5) 当其中一个料槽满仓时，推料气缸停止动作，等待手动移走货物。

练一练：根据控制要求，确定本单元的输入元件和输出元件。

任务 10.3　货物分拣单元技能训练——硬件设计

练一练：自行列出货物分拣单元的清单表。

子任务一：设计货物分拣单元的 PLC I/O 地址分配表

读者自行补全表 S10－1 空白列内容。

表 S10－1　货物分拣单元 PLC　I/O 地址分配表

序号	设备名称	功能描述	I/O 地址	I/O 符号
1	旋转编码器 A	传送带电机测速		
2	旋转编码器 B	传送带电机测速		
3	电感式接近开关	金属检测		
4	电感式接近开关	金属检测		
5	电容式接近开关	物料检测		
6	光电开关	1 库满		
7	光电开关	2 库满		
8	光电开关	3 库满		
9	红色蘑菇头按钮	急停		
10	转换开关	自动/手动转换		
11	点动按钮	手动运行		
12	点动按钮	手动推料 1		
13	点动按钮	手动推料 2		
14	点动按钮	手动推料 3		
15	继电器	传动带驱动		
16	电磁阀	推料块 1		
17	电磁阀	推料块 2		
18	电磁阀	推料块 3		
19	绿色指示灯	运行指示(绿)		
20	黄色指示灯	运行指示(黄)		

子任务二：绘制货物分拣单元的 PLC I/O 接线图

根据系统功能和硬件选型，设计出 PLC I/O 的接线原理图，如图 S10－2 所示。

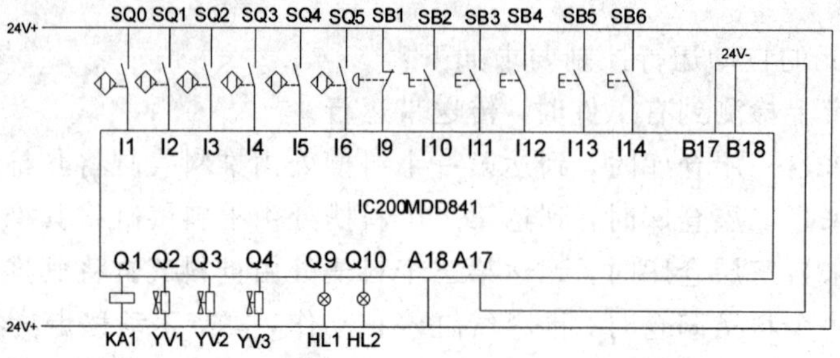

图 S10－2 货物分拣单元 PLC I/O 接线原理图

任务 10.3 货物分拣单元技能训练——程序设计与调试

本单元程序结构如图 S10－3 所示。

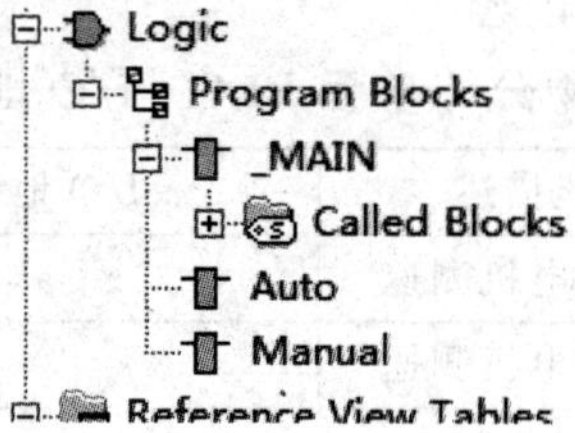

图 S10－3 货物分拣单元程序结构

读者自行设计本单元的主程序和手动子程序。下面对自动子程序进行分析。

如图 S10－4 所示，FST_AUTO 是主程序产生的辅助位，用于起动传送带。传感器 SQ3 检测到传送带上的料块后，停止传送带，并置位辅助位。如果 SQ6 检测到第一个仓库满了，那么就不会停止传送带。

图 S10－4 传送带控制

如图 S10－5 所示，定时器 Timer1 延时 4 s，第 1 秒的时候，YV1 控制气缸将料块推入仓库 1。

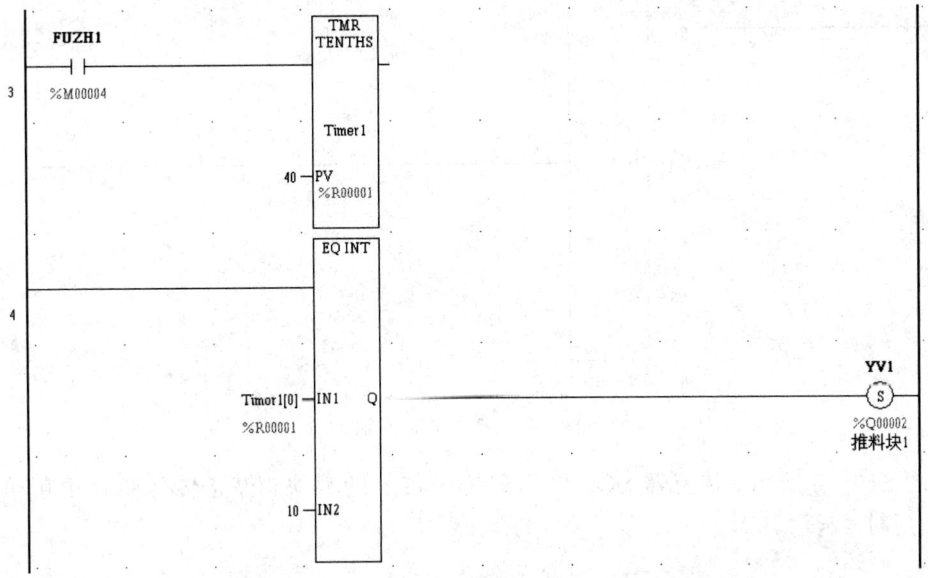

图 S10－5 延时推料块

如图 S10－6 所示，定时器 Timer1 延时到 2 s 的时候，YV1 控制气缸缩回，定时器 2.5 s后再次起动传送带。

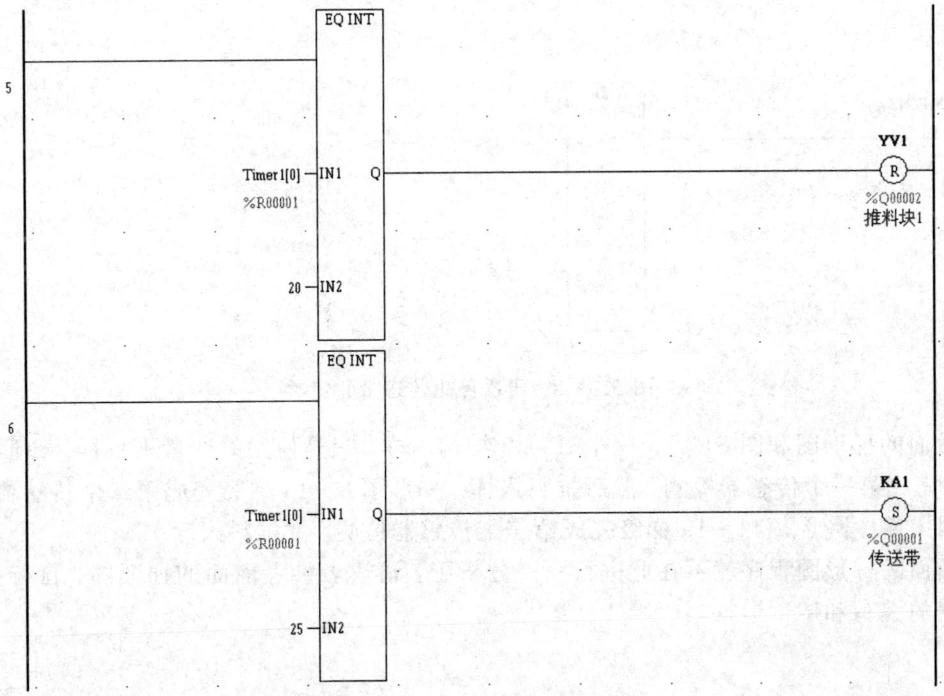

图 S10－6 推料完起动传送带

如图 S10－7，定时器延时 3.5 s 的时候，复位辅助位。

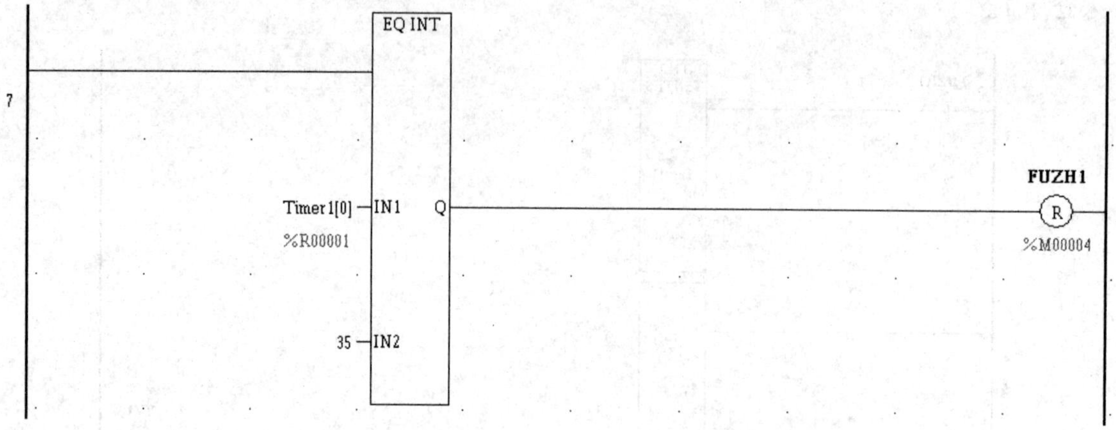

图 S10－7 复位定时器辅助位

如图 S10－8 所示，传感器 SQ5 检测到传送带上的料块，停止传送带，并起动定时器 Timer2 延时 4 s。

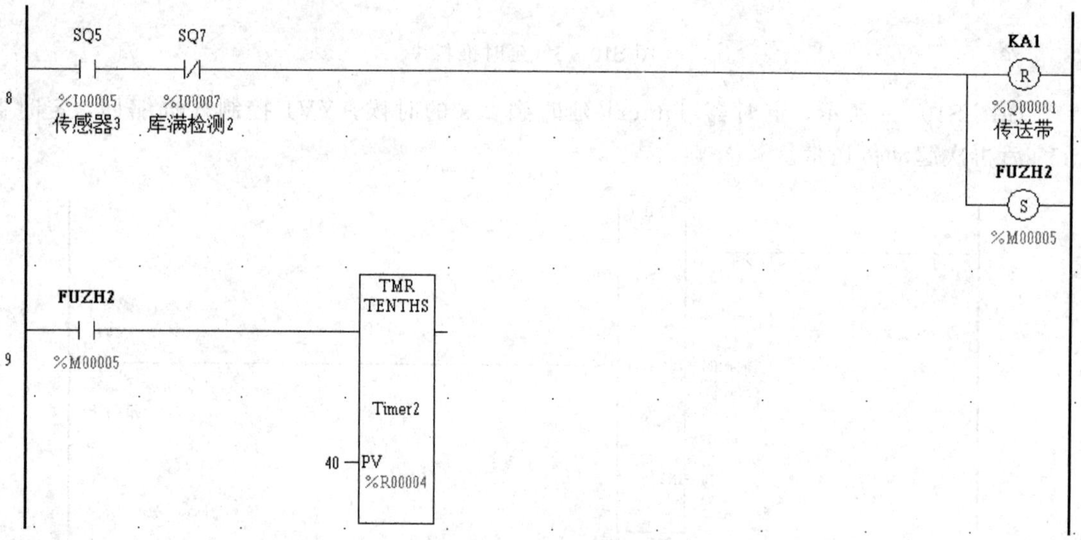

图 S10－8 再次停止传送带并定时

后面的梯形图和图 S10－5～图 S10－7 结构一样，只是使用的变量不一样。梯形图 1～7 梯级完成第一个传感器检测，然后推料入库。梯形图 8～13 梯级完成第二个传感器检测，并推料入库。梯形图 14～19 梯级完成第三个传感器检测，并推料入库。

后面的梯形图程序就不在此进行一一分析了，请读者参考前面的梯形图，自行完成整个程序的编写和调试运行。

参考文献

[1]　吕景泉. 自动化生产线安装与调试. 北京：中国铁道出版社，2009.

[2]　何瑞. 自动化生产线安装与调试. 北京：中国电力出版社，2012.

[3]　章国华. 典型生产线原理、安装与调试. 北京：北京理工大学出版社，2011.

[4]　田淑珍. 电机与电气控制技术. 北京：机械工业出版社，2010.

[5]　胡孟谦，张晓娜. 传感器与检测技术项目化教程. 青岛：中国海洋大学出版社，2011.